U0153682

圖解系列

五南圖書出版公司 印行

服務業管理

陳耀茂 / 編著

讀文字

理解內容

觀看圖表

圖解讓
服務業管理
更簡單

序言

美國行銷協會（American Marketing Association）對「行銷」所下的定義為：「行銷是規劃和執行理念、價錢、推廣，以及分散構想、產品和服務的過程，用以交換個人欲望的滿足和組織目標的達成。」簡單地說，行銷就是去「營造一個能夠銷售的環境，達到企業的目標」。所謂「服務行銷」，是一門探討如何將服務推銷給顧客，如何使顧客對服務感到滿意，以及如何建立有效的服務行銷體系等相關課題的學問。一般人對「服務行銷」這句話並不很熟悉，那是因為它是近代才有的一門學問。

今日的社會已經很少有人會再為沒飯吃而煩惱（尤其像歐、美、日這樣的先進國家），幾乎所有的人都有能力穿得暖、吃得飽、吃得好。但是，50多年前，情況可不是如此，幾乎每個人都無法有充裕的物質生活。但是，這50多年來，台灣為了使物質生活更充裕，拼命地努力建設，終於造就台灣出現經濟奇蹟，使它躋身全球名列前茅的經濟先進國家。

人在物質生活上獲得滿足之後，接著就會去追求服務方面的消費，例如教育、醫療、休閒等方面。隨著接受教育人數比率的提高與醫療水準的提升，國人的平均壽命也逐漸提高。享受出國旅行等休閒生活的人數也急速成長。當物質條件齊備之後，人們就會想要追求更舒適、更方便的生活。因此，提供各種方便的服務（例如快遞送貨到家、郵購服務、外燴服務、外食宅配等）便應運而生。這些趨勢再配合資訊、通訊技術、AI技術的快速發展，使得新的服務不斷推陳出新。而台灣也在這樣的情況下，和歐美日其他先進國家一樣，開始銳變成一個服務化的社會。

一些以服務為主題的經營、管理理論，也因應上述這些社會變化而產生。目前，國內外所產生出來的財富當中，大約六成左右都與服務有關。而服務行銷就是探討這些新課題的一門新學問。

如果各位所從事的是與服務有關的行業，相信在工作當中您一定會碰到各種的問題及疑問。例如，為什麼在服務業裡，一切都必須要求沒有過失，只要稍有不盡完善，顧客會立刻發現並感到不滿（第4章）。為什麼在餐飲業涉及接待顧客的服務裡，客人過多或過少都會使服務品質下降（第8章）？為什麼地理條件

相同的分店，有的生意興隆，有的卻門可羅雀呢（第 14 章）？

　　有很多從事服務相關行業的人會認為比起其他行業，自己所從事的這一行有其獨特的經營方針及行銷方法，因此，他們的觀念一直認為一般的經營理念是無法運用在自己的領域。在過去服務產業還不是很發達，比起製造業一直位居下風的時代裡，情況或許是如此。

　　但是，如今已經不是這樣的時代了。服務業對於自己特有的經營也有相當的研究，而本書就是試圖以簡明的方式將服務業在經營上的一般性理論及方法，做一個扼要的整理說明。

　　根據新聞報導指出，在最近這幾年之間，於世界各地新建的主題樂園有如雨後春筍般地出現，但是，除了東京迪士尼樂園等少數的主題樂園之外，大部分的業者都陷於艱苦的經營。為什麼會發生這樣的情形，原因在於業者以為只要有能吸引人的硬體設施，遊客自然會上門，可是真的是這樣嗎？在本書第 14 章的後面，我們會分析迪士尼樂園的服務管理體系，相信各位在讀完之後，一定可以了解迪士尼樂園成立的背後，原來是有那麼穩健的服務管理理念！在一個服務化的社會裡，服務業者彼此之間的競爭會愈來愈激烈，所以一定要有很踏實的服務管理的理念以及新的服務方式作為其依據才行，如最近的網路行銷、APP 行銷更是銳不可擋。

　　本書總共分成第 1 篇與第 2 篇兩個部分。在第 1 篇當中，我們以回答「服務究竟是什麼樣的商品？」作為主要的分析內容。在第 2 篇當中，我們將以簡明的方式解說晚近的「服務行銷理論」，藉此讓讀者明白如何有體制、有組織地去經營服務，以及如何讓顧客獲得滿足進而公司可以獲利。所以，各位讀者不妨仔細閱讀本書的每一個部分。並仔細玩味個中道理。

　　此外，本書是以事例與圖解的方式，佐以案例並以循序漸進的方式解說，閱讀本書時，當不至於覺得枯燥無味，反而可從中掌握服務行銷的要訣，若您從事服務業，相信您也可以很快地成為一位服務行家。最後，書中如有誤植之處，尚請賢達賜正。

陳耀茂

謹誌於東海大學

CONTENTS 目錄

第 18 章　服務行銷的新方向

第1篇
了解什麼是服務：
新的服務商品的開發

在第 1 篇裡，我們說明服務化社會的到來，回答很多人關心的「什麼是服務及服務商品」，它與有形的商品有何區別，同時探討服務的分類與構成要素。

一些以服務爲主題的經營、管理理論，也因應上述這些社會變化而產生。目前國內所產生出來的財富當中，大約六成左右都與服務有關。而服務行銷就是探討這些新課題的一門新學問。

如果各位所從事的是與服務有關的行業，相信在工作當中您一定會碰到各種的問題及疑問。例如，爲什麼在服務業裡，一切都必須要求沒有過失，只要稍有不盡完善，顧客會立刻發現並感到不滿。爲什麼在餐飲業這類必須涉及接待顧客的服務裡，客人過多或過少都會使服務品質下降？服務達人是如何做好款待的工作？以上這些問題第 1 篇的各章中將會陸續詳細的解說。

第1章
帶您去了解什麼是服務行銷

1.1 服務是什麼樣的工作？

不知道您是否看過一部美國的電視劇，劇名叫做「急診室的春天」（ER）？本劇是以美國東岸某個都市的大醫院急診室為舞台，以極快的節奏描寫該處所發生的各種小插曲。這是一部很出色的戲劇，就算本來只是隨意地觀賞，最後也會被劇情深深所吸引。本劇的角色包括各個不同專業領域的醫師、實習醫師、護士，劇情以友情、對立、戀愛為背景進行，但是主軸則在於相繼被送進急診室之病患的生與死。劇中醫師面對治療時的嚴謹態度、醫師們對於面對死亡、失去奮鬥意志的患者們的關切，以及無法兼顧個人生活的各種苦惱、糾葛，都深深打動觀眾的心弦。

其中令人印象特別深刻的是醫師們會針對治療的方針與處理是否正確，彼此互相批評，有時甚至會訴諸調查委員會以取得公斷。從這些都不難看出他們對自己所提供的醫療服務抱持著如何嚴謹的品管態度。在他們之間是沒有所謂的互相包庇與祖護。看了本劇之後，總是不免讓人深思國內的醫療現場又是怎樣的一個情景？

當徘徊於生死之間的病患得以獲救時，醫師與護士們難以言喻的欣喜之情是最能引起觀眾共鳴的一部分。他們對醫療工作所抱持的榮譽感與成就感，像一股巨大的浪潮，不斷傳給觀賞本劇的我們。

治病這種醫療服務是以人為對象的一種服務，它的顧客是病患。這種對人的服務，由負責服務的人以顧客為對象，在彼此的互動之下進行。餐飲、百貨、便利商店、飯店、航空公司、教育機構、電腦公司等提供服務的企業，都是在與顧客互動的情況下進行的。與顧客之間的互動包括很多種形式，有的是提供勞務，例如與顧客會話、提供商品、餐飲等有形的東西，或是介紹場地、搬運行李等。有的是協助收集引進電腦系統所需要的資訊等。兩者之間的這些互動都有一個主要的前提，那就是為了滿足顧客本身所具有的一些具體需求。就如同急診室對病患施與治療一樣。

顧客會因服務負責人的這些活動，感到欣悅、失望、滿足或不滿，而負責服務的人，就如同急診室的醫師和護士一樣，左右著顧客在這些生活面上的幸與不幸。就算與顧客的關係只是極短暫的一時，要讓顧客感受到真正的滿意，卻不是那麼容易的一件事。雖然每項服務工作的具體內容不盡相同，但是，讓顧客獲得真正的心滿意足時的那種充實感卻不會有什麼不同。那種感覺和醫師把病人的命救回來時的成就感是一樣的。服務這種工作就是這麼一種可以從實際行動中獲得成就、回報的工作。但是，問題是在於工作者的工作熱忱與組織的制度。

知識補充站 1

　　要讓顧客感受到真正的滿意，卻不是那麼容易的一件事。可以將顧客滿意細分成 5 個階段：

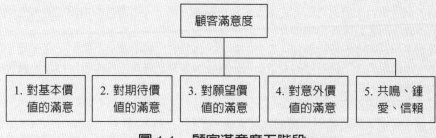

圖 1.1　顧客滿意度五階段

1. 對基本價值的滿意：對商品或服務必須具備的價值。
2. 對期待價值的滿意：對商品或服務理當存有的期待獲得滿足。
3. 對願望價值的滿意：願望被滿足。
4. 對意外價值的滿意：超乎預期的商品或服務觸發感動。
5. 共鳴、鍾愛、信賴：連觸發感動的背景因素都贊同。

知識補充站 2

　　人性化的服務，才有辦法讓顧客感動，被你感動了的顧客才是你最有價值的資源，他會一輩子跟著你走，不斷地為你帶來機會。人性化服務是服務的最高境界，是每一個銷售員的目標。

　　當企業對顧客提供有價值的服務時，讓顧客感到非常好而有些難以置信時，此種服務謂之「驚人性的服務」（Fabulous service）。

　　當顧客感到滿意，心中湧起想讚賞服務提供者，並有想告訴其他人的念頭，此種水準的服務謂之「讚賞性的服務」（Renowned service）。

　　當此種服務被顧客口口相傳下去就容易成為神話的力量，而此種神話會讓人留下非常強烈的印象，達到此種層次的服務謂之「傳說性的服務」（Mythical service）。

1.2 諾得斯頓百貨的神話

　　諾得斯頓（Nordstorm）是美國的一家百貨公司，在此我們將分享它在服務方面的一些趣聞，這些話題也常被提及。諾得斯頓是一家以銷售中級以上婦女服飾及相關產品為主的百貨公司。它之所以有名在於它非常徹底地力行對顧客的服務。因此，在服務方面，它締造了許多佳話（傳說）。所謂傳說，我們無從確定是否真有發生過這些事情，但是他們如何對待顧客的傳說，藉由顧客一傳十、十傳百的口頭宣傳，也相對地使得該店的名號因此大幅提升。

　　傳說可以對顧客形成一種強而有力的訴求，因為它已將形象與品牌結合在一起。事實上，諾得斯頓並不像其他的百貨公司一樣花很多錢在電視上做廣告。但是，儘管如此，它還是能夠創造很高的利潤。

　　以下是有關服務的一則傳說：

　　有個中年婦人來到諾得斯頓的女鞋賣場，拿起店內的一雙鞋，說道：「咦？這裡也有同款的鞋！」賣場的服務人員見狀，趨前問道：「還喜歡嗎？」這位婦人的回答是：「不，其實我已經在隔壁的百貨公司看到同樣的鞋子，因為很喜歡它的設計，所以就買了下來。但是這家百貨公司沒有我要的尺寸，我心想雖然小一號，勉強一下應該還是可以穿，所以就買了。但是你們這裡卻有我想要的尺寸，真是遺憾得很，要是先來這裡就好了。」

　　店員聽完她的話後，回答說：「原來如此，真是太遺憾了。不過，如果妳願意的話，我可以把我們的鞋子換給你。你是多少錢買的呢？」

　　「真的可以嗎？價錢是一樣的。」

　　「那麼我就換這雙給妳了。」

　　最後這個婦人換了合適的尺寸，高高興興地回家了。

　　像這樣的情形是否有可能發生在國內的百貨公司呢？若依一般的常識來看，應該是不可能發生的。這段傳說其實要追溯到諾得斯頓本身的經營理念：凡事要站在顧客的立場去思考，為了讓顧客歡欣滿意，只要可以做得到的事，什麼都可以去做。

　　另外，聽說諾得斯頓還曾公開聲明這樣的一個政策：即使商品已經被使用過了，只要顧客提出要求，公司仍然接受退貨。

以下是有關服務的另一則神話：

曾經有個客人拿了兩個輪胎進來，說是與自己車子的輪胎尺寸不合，要求退貨。受理的店員聽完後，二話不說依照對方所報之價錢，同額退還給他。但是，在諾得斯頓裡其實是不銷售輪胎的。

我們再回頭來看看前面婦人換鞋的那則話題。在這則傳說裡，我們還必須說明它的另一個背景。那就是所有諾得斯頓的賣場負責人，對於自己賣場內的一切銷售活動，都賦予決定的權責。所以更換不同尺寸的鞋子給客人，對負責的店員而言，並不會產生任何程序上的不方便。組織本身所持有的這些制度上的條件，是提供顧客更高品質服務時不可忽略的重要因素。諾得斯頓的從業人員就業規則只有非常簡單的一句話：

「不論在任何狀況之下，凡事依照自己的良識去判斷。除此之外別無其他規則。」

以顧客的立場為立場、重視顧客滿意度的經營理念，使成員能夠依據這樣的理念去行動的組織體制，以及信任從業人員、授與現場充分權限的方針，這些條件的相互配合，諾得斯頓才能提供顧客幾近神話的服務品質。

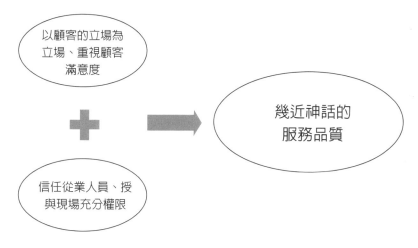

圖 1.2　諾得斯頓百貨的神話來源

1.3 服務好比是一部戲劇

　　服務的整個提供過程，好比是一部在劇場中上演的戲劇。這裡我們把戲劇與服務活動做一個對比，讓各位簡單地了解生產高品質的服務，需要具備哪些要素？首先，戲劇裡的演員、大道具、小道具、照明負責師等人員，相當於服務業裡的從業人員，觀眾則相當於是顧客。劇場的負責人是經營者，製作人則可視為監督現場從業人員的管理者（例如餐廳的店長）。

　　觀眾的目的是欣賞演員在舞台上的演技，我們從演員們逼真的演技、精彩的對白，獲得歡笑與感動。這其中重要的不只是演員的演技而已，觀眾席的照明、舞台上的燈光、各舞台場景的安排、設計，以及各種背景音樂的相輔相成才能完成整體的效果，觸動觀眾的心弦。

　　在服務工作裡也是一樣，要讓顧客感到滿意，首先不可缺少的是服務負責人員的活動（演出）。不論是百貨公司裡的店員，乃至醫師對病患的治療，他們對顧客的活動內容，都將左右服務的品質。服務者的演出包括很多層級，有的可以在瞬間掌握顧客的心，有的知道如何將顧客的不滿引導出來，前者是屬於比較高段的一種技巧。因此，他們和演員一樣，必須具備必要的技能、經驗與知識才行。想要提升從業人員的能力，必須像舞台的演技一樣，藉由練習及訓練去完成。正如戲劇有情節的進展程序一樣，提供服務時也有一定的步驟與程序。以餐廳的例子來說，從客人進門時「歡迎光臨」的招呼，到客人付帳離去時的「謝謝惠顧」，都有其一定的預定程序，負責人員必須在各個階段，依照預定的步驟去做適當的演出才行。此一程序的好壞也會影響到服務的品質。另外，身為管理者的人必須像戲劇的製作人挑選合適劇本的演員，分配演出的角色一樣，他必須知道如何將有合適能力的從業人員安排在合適的位置才行。

　　如果把演員接觸觀眾的表演舞台稱為前台，則與顧客直接接觸的服務業從業人員，便是構成前台的成員。另外，在戲劇裡，舞台的製作、照明、音樂、製作人等的後台工作人員也是很重要的。而服務業裡，後台的活動也是極重要的一部分。

　　在日本某大型飯店的制服管理部門，正如演員要穿符合角色的戲服一般，飯店的多數從業人員也必須依照負責的部門，穿著規定的制服。這家飯店的總從業人員共計有 1,000 人左右，他們所穿著的各式日式、西式制服都整整齊齊掛在衣架或疊放在一個大房間內。各部門每隔幾天必須更換一次制服都有明確規定，而這些相關的衣物領取、清洗及修護的工作，由 4～5 名的中年婦女負責。飯店裡目光所及的每個從業人員，每位都是筆挺整齊，這些是構成整個飯店形象、氣氛的一部分。但是這些都有賴那些我們眼睛看不到的後台工作人員的作業，才得以辦到。

接待顧客一般都是前台的工作人員，但是，我們所接受的服務，卻有一部分是靠後台工作人員的作業。以飯店為例來說，打掃客房及整理床舖的清潔組員；管理房間空調溫度及負責修理各種故障的維修部門；負責準備餐廳用品、床單、毛巾、盥洗用品等消耗品的採購部門；電話總機、醫務人員、事務人員等都屬於後台人員。我們到飯店裡所享受到的一切，從櫃台辦理住宿、進入客房、用餐、洗澡、睡覺到隔天退房等，不但所有家庭中每日進行的日常活動，在此依然可以毫無問題的進行，還可以體驗一流大飯店的服務，這些無一不是靠那些後台人員與前台人員的共同合作才得以完成。他們的目標是在有限的時間內提供顧客高密度的體驗，這與一部戲劇上演時的後台作業，本質上其實是相同的。

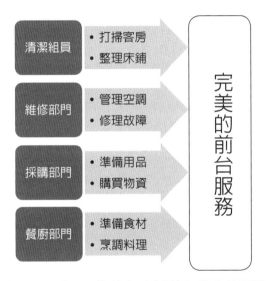

圖 1.3　看不見的後台支援前台的完美服務

1.4 讓我們來了解一下什麼是服務行銷(1)？

比起有形的商品，由於服務沒有物理的形狀，因此一般來說會比較不容易掌握、理解。但是，在日常的生活裡，我們卻不斷在消費著許多服務性的商品。例如搭乘電車、到便利商店或百貨公司買東西、到家庭餐廳用餐、到健康中心運動、到錄影帶店租片，或是感冒到醫院看醫生。而且，服務的商品並不只限於個人生活而已，很多則是以法人顧客爲對象，企業裡的許多活動常常就會牽涉到這方面。在下一章裡，我們將會提到現代是一個「服務化的社會」，而如何將這些服務性的商品銷售給顧客，就是我們這裡要談的主題：**服務行銷**（service marketing）。

歐美從 1950 年代開始，從經營活動的觀點針對服務進行過研究。但是，直到 1980 年代之後，服務行銷的研究才廣泛受到注意。尤其是美國，政府對 80 年代以後開業的服務事業，採取大規模的放寬規定政策，此舉對服務業有極大的影響。公共交通機構、金融、醫療、電信、電話等業種都是放寬規定的對象，結果這些業界產生激烈的企業競爭，不知何去何從的經營幹部們，也開始向大學或專業機構求助，尋求有關服務行銷的建言。

這個時期裡，服務行銷爲了因應社會的需求，不但有了更進一步的研究發展，研究者的人數也跟著增加。目前，歐美的各商業學校幾乎都設有服務的相關科目。研究服務而取得博士學位的年輕研究者，每年都達到二位數以上的數字。由此可見，在歐美服務已成爲經營科學方面的新興學問，廣泛受到世人的注目。但是，很遺憾的，在國內，服務行銷則顯然還未被充分開拓。不過，最近有不少的年輕研究者也開始注意到這方面，同時展開了各種不同的研究。

那麼，所謂的服務行銷，它所涉及的究竟是服務經營與銷售上的哪些課題呢？其主要內容大致可以分類成以下五大類。

小博士解說

　　1931 年澳洲經濟學者 Clark 將產業分為 1、2、3 級。所謂 3 級產業乃指服務業，其定義為：「無製造有形物品的產業」，內容包括：支援日常生活相關的產業，如住宿、美容、洗衣等；支援企業活動相關的產業，如商業、金融、運輸等；維持人類發展相關的產業，如醫療、教育等。

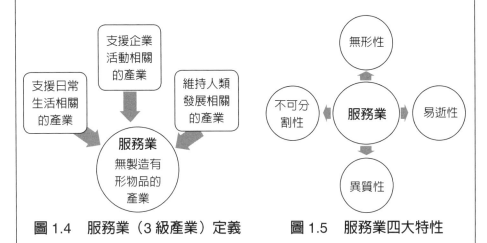

圖 1.4　服務業（3 級產業）定義　　　圖 1.5　服務業四大特性

　　服務業的主要產品為服務，與傳統生產製造業之實體產品不同處，在於下列四大特性：無形性、易逝性、異質性、不可分割性。根據行政院主計處公布之資訊，台灣自民國 76 年起服務業占 GDP 比重首度超過工業占 GDP 比重，至民國 90 年服務業的比重已占 GDP 比重的 67%（Taiwan Statistical Data Book，2001），這正呼應了二十一世紀世界經濟型態，即由工商業時代進入以服務業為主的經濟型態之趨勢。

　　知識經濟的重點不是知識，而是轉知識為利潤。如果知識是重點，教師應是知識經濟的很大受惠者，因為教師是知識傳輸者，也是最直接的知識工作者。但美國的經驗告訴我們，教師的經濟地位並沒有在知識經濟中提高。也可以說，使用科技知識比擁有科技知識更重要，有許多比台灣人口少的國家，如芬蘭、瑞典、新加坡，其在新科技之應用就比台灣廣泛。此外，「知識」經濟亦為「智識」經濟，因為「智慧」、「常識」乃是經過思考或實踐所獲得的知識、經驗與有效的價值。因此，智識經濟時代是一個需要常常動腦的時代，藉由思考去創造或創新價值。

　　服務業行銷管理在商品差異化日趨式微的今天，企業如何使自己的產品甚至於企業文化能在市場上受到重視，去掌握「流行的趨勢（Fashion）」就成為首要的重點。同時，企業除了獲利之外也必須肩負「時代的任務」，以達到企業永續經營的目標，進而受到社會及消費者的認同。為了達成以上二個目標，企業的「有效的行動」將成為關鍵。

1. 服務的商品特徵是什麼

服務與有形的商品在本質上是不同的，因此它有自己獨特的特徵。服務業者必須依據服務本身所具備的特徵去籌組它的體制並運作才行。但是，在國內大部分的人還未能把服務當作一種商品（財）來看待。因此，今後必須努力的是把服務當作一個商品，從這個角度去掌握它，致力開發新的服務商品，並開發配套的銷售方法。否則我們將無法從一個有形產品已達到過度成熟的社會，邁向服務化的社會，同時在服務化的時代裡生根發展。

2. 服務接觸

所謂**服務接觸**（service encounter）是指顧客接觸到服務的那個場面。在此場面下，應就服務所具有的特有特徵，設法滿足顧客的需求，使顧客感到滿意才行（例如觀眾觀看著舞台上表演的戲劇時的狀況）。此一場面是服務消費中最具決定性的一個場面。在面對面的服務裡，提供服務的從業人員，他的能力將會在此刻受到考驗。另外，未與顧客直接接觸的各項後台活動，如何有效地去支援這個場面，也是其存在的重要任務之一。在顧客接觸服務的這一刻，前台與後台工作人員如何攜手合作，合作的品質如何，都將影響到該服務業的成績，甚者足以左右該企業的發展與存亡。所以，如何去建立一個可以提升服務接觸場面之品質的組織，如何在工作的程序上下工夫，以及如何培育人才等是它所要探討的第二個主題。

圖 1.6　提升服務接觸品質要件

3. 服務的品質、顧客的滿足、顧客的維持

一種具有什麼樣特徵的服務，才能滿足顧客的需求，帶給顧客滿足的感覺呢？在大部分的情況下，服務是一個直接與人面對，對人產生作用的活動。所以，它的品質常常無法像有形的商品一樣，輕易就可以測量出來。整個來說，在判定上主觀的成分會占比較多。那麼，究竟有哪些因素會影響對這些服務的主觀評價呢？還有，應該怎麼做才能使評價對顧客滿意度有所幫助？另外，想要以顧客的滿足感為出發點，與顧客之間維持良好的關係，使之成為常客，應該具備哪些條件？

知識補充站

　　任意一方主導服務接觸都會造成衝突；因此，最理想的方式為顧客、服務組織、服務人員三方共同合作創造有益的服務接觸。

1.服務組織主導的服務接觸

　　為了效益及成本領導策略，組織將服務傳遞標準化，即施以嚴格的操作程序並限制服務人員的判斷自由。因此，服務人員被迫「by the book」，無法自行處理個別顧客的需求。如此將造成顧客缺少選擇也無個別服務，不滿意地批評為「官僚系統」；而員工的工作滿意度也會降低。

2.服務人員主導的服務接觸

　　服務人員主導服務接觸時，有兩種狀況。一種是企圖限制服務接觸的範圍，以減少面對苛求的顧客時的壓力。另一種則是處於自主地位時，便認為可以控制顧客，自認為專業而期待進行判斷時獲得信任。最明顯的例子，就是醫生與病人的關係。

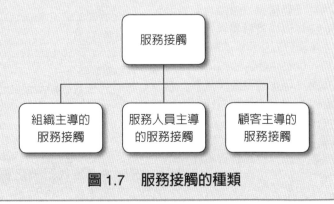

3.顧客主導的服務接觸

　　顧客主導服務接觸可分為標準化和顧客化兩種方式。所謂標準化的服務，就是採用自助式銷售的方式，讓顧客完全控制服務過程，但這是有限制的。例如：自助式加油站。顧客化的服務則是類似於律師辯護，需要由服務組織提供大量的顧客所需的資源，但需以大量的金錢來換取效率。

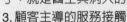

服務接觸

　　　組織主導的　　　服務人員主導　　　顧客主導的
　　　服務接觸　　　　的服務接觸　　　　服務接觸

圖 1.7　服務接觸的種類

1.5 讓我們來了解一下什麼是服務行銷(2) ？

4. 如何設計服務的生產體制

服務是一種以價值作爲主要生產對象的活動，所以它很難採取像物品生產那樣的組織形態，即由各部署去製作零件，然後再加以組合。當然，在服務的生產體制裡也需要某種程度的分工，但是比起物品的生產組織，其各體制之間的相互依賴程度，卻要高得多。另外，服務的生產單位是人，左右其行動的是組織的價值觀與理念，這些對服務活動的品質會造成很大的影響。換句話說，在服務的生產裡，理念、價值觀、工作的流程、從業人員的行動等等要素之間的關連性，會大大影響最終產品（服務的成果）的品質。

知識補充站

現代行銷之演變過程可分為「生產導向」、「銷售導向」、「消費者導向」、「社會導向」等四個階段。

1. 生產導向（Production Orientation）自工業革命末期到十九世紀初，絕大多數的企業都屬於生產導向的行銷，亦為生產種類稀少且相關資源缺乏。當時的行銷模式是，只要製作得出來就一定賣得出去，消費者的選擇性較低。

2. 銷售導向（Sales Orientation）美國的亨利福特一世把汽車的結構「規格化」、「標準化」，不但車廂一元化，也把動力系統、汽車平台（底盤）輪胎等都統一成一個規格，然後利用線型生產線的理論去實踐，1908 年組裝史上大大出名的 T 型車出現，大幅的降低生產成本，也將原本生產導向的行銷模式帶入到以銷售導向的行銷時代。

3. 消費者導向（Consumer Orientation）到 1960 年代，隨著全球經濟的成長，企業的產品銷售量快速增加，行銷人員的重要性因而提高，消費者對商品的反應亦因此受到重視。所謂消費者導向，乃指企業以消費者需求為目標，發展並生產滿足這些需求的產品。

4. 社會導向（Social Orientation）1990 年代，企業除滿足消費者需求外，也必須兼顧社會道德、社會責任與社會福祉。例如企業在生產商品的同時，除了注意其商品是否在市場上銷售外，也必須注意其商品會帶給社會什麼影響。

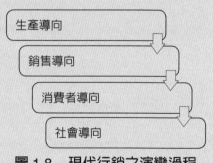

圖 1.8　現代行銷之演變過程

5. 服務的行銷組合體制

　　因服務具有其品質上的特徵，所以談到如何行銷服務時，必須考慮到一些有形商品銷售上不存在的條件。不論是地點、價格、促銷、物的要素或是人才等方面都是如此。如何建立一個符合服務特徵的行銷組合（Marketing Mix）體制，對服務業而言是一個極重要的課題，其內容甚至可以影響企業的營業能力。

　　另外，資訊技術（Information Technology, IT）對服務業的效率與效果也有極大的影響，而且可能影響的程度是難以計測量的。所以，如何依據服務的特徵，有效地利用資訊技術，乃是服務業今後謀圖發展與成長時不可忽視的要素之一。但是，企業應該以什麼樣的策略來面對、因應資訊化的趨勢呢？

　　這些都是服務行銷目前所要面對的課題。本書首先將這些課題分為兩大部分，在第 I 篇中討論的是服務的商品及其本身的問題，在第 II 篇中將討論的是服務組織的問題。在各篇之中，我們會針對各個主題進行個別的檢討。在下一章中，我們將就現代的服務行銷與消費的環境條件來探討服務化社會的問題。

知識補充站

　　服務的整個提供過程，好比是一部在劇場中上演的戲劇。如果把演員接觸觀眾的表演舞台稱為前台，則與顧客直接接觸的服務業從業人員，便是構成前台的成員。另外，在戲劇裡，舞台的製作、照明、音樂、製作人等的後台工作人員也是很重要的。而服務業裡，後台的活動也是極重要的一部分。

　　成功的交響樂團的演出除了前台要有優秀的指揮家和博才多藝的音樂家的共同配合外，後台的場景布置更是不可欠缺。亦即，好的表演就是靠前台與後台的相互支援才能達成。

Note

第2章
服務化社會的來臨

2.1 生活不斷急遽變化(1)

現代雖被稱為是一個服務化的社會。但是能夠實際體會、理解這句話的人，恐怕也不會太多。所謂服務，指的是為了使我們的生活更方便、更豐富所提供的一些活動而言，所謂服務的消費，雖然是指我們去體驗這些活動，但是服務經由我們的體驗（消費）之後，並不會留下任何形跡。旅行、欣賞電影與歌劇、在餐廳用餐、教育、醫療、電視的放映、公共交通機構等的相關活動，都可以使我們的生活更愉快、方便，同時也為我們解決了各種問題。但是，這些都只是日常生活中發生的一件事情，結束之後便什麼也沒留下。

另一方面，如果我們買的是新的電器產品或新車，每當我們在使用或觀賞它們的時候，都可以實際感受到生活變富裕了。換句話說，有形的商品可以不斷反覆引起人的注意，而服務卻不是如此。因此，儘管目前我們在服務方面的消費量已急遽增大，但是大家對「服務化的社會」這樣的一個名詞，仍然沒有很深切的感受。

這裡我們舉三則事例，且以概略描述的方式來看看服務化的社會究竟是什麼樣的一個社會？

知識補充站

過去幾年台灣經濟漸趨繁榮，家長愈來愈重視孩子的課業成績。聯考時代中後期，補習班林立，所教授的內容是以學生在校所學加以變化而來，吸引學生就讀的花招也比以前的多，像是所謂的升學保證班，即是以先交款，考不上再退費的方式作為吸引。同時，補習班也漸漸將聯考「戰鬥化」。許多「戰鬥營」、「魔鬼訓練班」便在此時紛紛出現。

為了解決人們只埋首書本，不做實際學問的問題，台灣政府不斷地發展教育文化。國民政府來台後，致力於提升國民教育素養，不斷地進行教育改革，為的是給學生多元化的學習，而不是只注重於智育。

因此，政府的新政策對補習班所帶來的衝擊，理論上來講是非常大的。因為多元化的社會講求的是「活用」，這剛好和「填鴨式」教學理念相反。政府希望藉由「基本學力測驗」及「九年一貫」的教育改革使學生能夠減輕讀書的壓力，並且了解到五育並重的重要性。這一切是為了將學生及家長對於學習的價值觀。在此時，台灣進入了「基測時代」。

然而，價值觀的改變是相當緩慢的，在我們價值觀轉換的時期，社會很容易混亂。毫無頭緒的人們，便會習慣性地依賴補習班為他們打點一切。正所謂：「上有政策，下有對策。」補習班紛紛掛上了基本學力測驗的保證招牌。在人們還沒改變「唯有讀書高」的觀念前，補習班仍然不會受到太大影響。

・第一則

　傍晚時分，兩三位中學生走在火車站前的商店街，準備去補習班。其中一人使用著iPhone邊走邊愉快地大聲談論著目前最受歡迎的 PC 遊戲「奇俠傳」。走到十字路口的麥當勞時，大家一起到裡面，準備上課前先填飽一下肚子。

・第二則

　黃金假期的前一天，機場的大廳擠滿了準備出國旅行的人潮。旅行團中有三個看起來像上班族的女性，正愉快談論著去年去關島旅行所發生的事情。她們的皮包中有著花旗、萬事達等的信用卡。身上帶著的全新旅行袋是向附近的專門店租借的。

・第三則

　某個星期天的早晨，大樓的門口處停了一台搬家公司的卡車。屋內年約 40 的主婦正在看著貨運公司的人員進行打包工作。貨運公司已準備好紙箱、捆包用具，全部由他們一手包辦搬家的打包工作。主婦特別交待打包人員「那些餐具要小心一點包裝」，原來這些是她以前在委託行買的高級茶杯組。搬完家後，她打算請清潔公司打掃房間。

　第一則中所描述的包括教育、通信、休閒、外食四項服務；第二則裡也有航空、旅行代理業、信用卡、租借業四項服務；最後一則裡也總共利用了四項服務（搬家、委託行、清潔公司）。

　以上所描述的這些情景，在目前的日常生活中可說到處可見。但是在還沒有進入服務化社會的早期年代裡，以上這些都是難以想像的事情。

　在 1970 年代的初期，自從政府提出「10 大建設計畫」之後，國人開始邁入高度經濟成長的週期，人們在物質上的享受愈來愈富裕，而當時的日常生活比現在還要單純、從容，生活方面可以選擇的服務也不像現在那麼多。

小博士解說

　近來社會行銷也受到重視，這是強調在滿足顧客與賺取利潤的同時，企業應該維護整體社會與自然環境的長遠利益。亦即，講求企業利潤、顧客需求及社會利益三方面的平衡。尤其綠色行銷在 1990 年代開始成 重要的企業理念與研究課題。

圖 2.1　社會行銷的重點

2.2 生活不斷急遽變化(2)

　　以主計總處家庭收支調查顯示，2018 年我國家庭平均年消費支出 81 萬 1359 元，以每戶平均 3.05 人來計算，相當於每人每月消費支出 2 萬 2168 元。家庭消費支出重點項目也逐年改變，為因應在家開伙煮飯所需的食物採買支出逐年降低，取而代之的是「餐廳及旅館」支出不斷增加，已攀升到 9 萬 9978 元新高水準，外食的花費約占 20% 以上，當然這當中還必須考慮物價上升的比率，但是數字也不難讓我們了解到最近一般家庭外食比率的大幅增加。自麥當勞開張以後，各種連鎖的外食產業相繼誕生，目前在家庭餐廳用餐對一般的家庭來說，是非常稀鬆平常的一件事。過去在外頭吃飯感覺上是一件很氣派的事，但現在則因為家庭主婦沒有煮飯的時間，或者想改變一下氣氛，外食就變得非常司空見慣了。

　　此外，到國外旅遊必須同時利用多項的服務，例如旅行社、航空、住宿、飲食等，但儘管如此，每年出國旅行的人數仍有增無減。1960 年代當時，1 美元兌換 38 元台幣，那時比較少人到國外旅行。在 1980 年時，包括商業人士在內，每年出國的人數也只不過 10 幾萬人而已。但是，後來一方面由於台幣升值的關係，到了 1990 年代，出國旅行的人數已高達 100 萬人，1995 年則突破 300 萬人。2019 年國人出國計 1,710 萬 1,335 人次，與 2018 年 1,664 萬 4,684 人次比較，成長 2.74%。依首站抵達地分析，以前往日本為最多，計 491 萬 1,681 人次，占整體出國人數 28.72%。21 世紀之後，預計每年可高達 500 萬人，換句話說，每 5 位國人之中，每年就會有 1 人出國旅行一次。

圖 2.2　國人出國目的地人數

資料來源：交通部觀光局網站，觀光統計

　　此外，依據國家通訊傳播委員會（以下簡稱通傳會）公布的行動通信客戶數統計資料，108 年 6 月我國行動通信用戶數達 2,925 萬戶，平均每 100 位民眾持有 124 個手機門號；也因爲 3G 服務已於 107 年底退場，故目前行動通信用戶全數爲 4G 用戶。行動通訊簡訊則數 2019 年第 1 季爲 9 億則，較前一季減少 4.4 億則；行動通訊語音話務量亦下降，2019 年第 1 季爲 31.7 億分鐘數，較前一季減少 2.4 億分鐘，語音營收減少新臺幣 7.7 億元。以上顯示，國人使用傳統語音通話及簡訊發送的習慣正在改變，取而代之是更爲活躍、穩定的網路活動參與。另一方面，國家發展委員會（以下簡稱國發會）107 年個人／家戶數位機會調查報告也指出，不論是一般網路族或是曾使用行動上網者，每 4 人就有 3 人目前是以手機爲主要上網設備，與通傳會統計之趨勢資料吻合。

　　以上顯示，透過手機行動上網對於國人的重要性日增。尤其是，隨著智慧型手機的功能增加，2G 到 5G 的網路發展變化，近年各國數位政策的發展重點和手機使用情形皆出現明顯的改變，在網路使用率、網路應用類型及使用頻率皆持續增加的浪潮中，電腦使用及家戶固網逐年式微，取而代之是對手機功能使用多元和依賴性提高，在在都指向智慧型手機是未來數位機會發展的趨勢，重視我國手機使用情況將更加符合當前全球數位發展與應用趨勢，對於未來調查與數位包容政策亦將更具參考價值。

圖 2.3　台灣行動電話與網路使用者成長趨勢

　　另外，以信用卡利用金融服務的人口也是急速在增加。信用卡持卡人數自 2000 年起逐月增加，至 2005 年底達到高峰時，超過 860 萬人持有有效信用卡正卡，在這段時期內信用卡持卡人數成長幅度超過 60%，顯示在 2006 年之前信用卡市場經歷一段巨幅成長的期間。然而自消費金融市場發生信用卡與現金卡循環信用之市場危機後，信用卡市場規模發展出現衰退潮，自 2006 年起至 2010 年底，信用卡持卡人數減少超過 70 萬人，減少幅度超過 8%（參見圖 2.3）。

　　在信用卡市場成長的階段上，信用卡持卡人平均持卡張數從 2000 年的 2.6 張開始增加，至 2005 年底成長幅度達 95%，平均每人增加 2.5 張以上的信用卡。在信用卡最繁榮的時候，信用卡持卡人平均持有超過 2 張的有效正卡。但自雙卡事件後，信用卡持卡人平均減少近 2 張的有效信用卡，減少幅度超過 30%，目前信用卡客群平均持有有效正卡約為 3.5 張。顯示 2006 年後，不僅造成總持卡人數的減少，也影響持卡人持有信用卡的意願，進而減少持有信用卡張數（參見圖 2.4）。

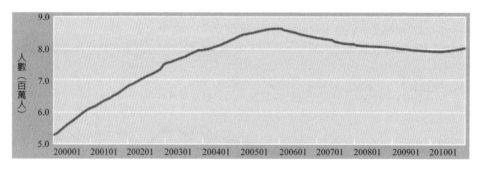

圖 2.4　每月信用卡持卡人數

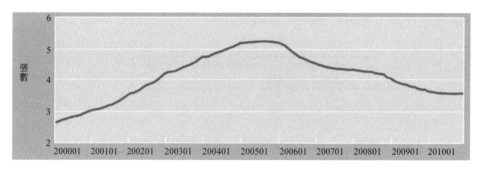

圖 2.5　每月信用卡持卡人平均持卡張數

以上舉出的是四個服務的例子，除此之外的服務商品也不斷急速在增長，同時新的服務相繼產生。事實上，目前每個家庭的家計支出當中，與服務有關的花費是最大的支出。

另外，經濟學上稱服務化社會的進展為「經濟的服務化」。此經濟服務化通常可以從三項指標看出，即①國內總生產額（GDP）之中，廣義的服務生產額（第三次產業的生產額）占國內總生產的一半以上，②第三次產業的就業人口占全體就業人口的半數以上，③製造業裡呈現服務化的進展。

就第①點來說，根據主計處的統計可以看出，包含農林水產業在內的第一次產業的構成比約占了 2%，以製造業為主的第二次產業約占 35%，第三次產業的服務業約占 50% 以上。

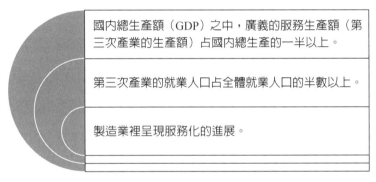

圖 2.6　經濟服務化的指標

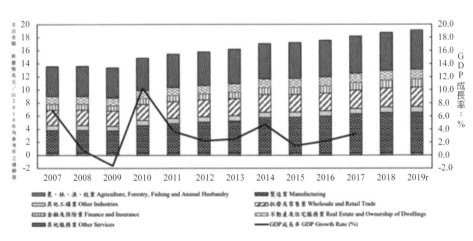

圖 2.7　GDP 各產業產值及 GDP 成長率

　　就第②點的就業人口來看的話，根據主計處的統計可以看出，第一次產業中的農業約占 10%，第二次產業的製造業約占 30%，第三次產業的服務業約占 50% 以上。

單位：%

項目別	合計	農業	工業		服務業
			營建工程業等	製造業	
中華民國					
1975 年	100.00	30.45	34.90	27.50	34.65
1985 年	100.00	17.45	41.57	33.67	40.98
1998 年	100.00	8.85	37.92	28.11	53.23
1999 年	100.00	8.27	37.21	27.44	54.52
2000 年	100.00	7.79	37.23	27.97	54.98

圖 2.8　台灣就業人口的行業結構

　　第③點，製造業裡也呈現服務化的進展。第一，由於產品不斷向多角化的方向進展，製造業裡的設計、開發、宣傳、廣告、銷售、物流、採購等服務部門也跟著壯大。第二，除了銷售產品之外，通常還會附帶裝置、修補、使用方式的教育、信用、保險等與金融有關的服務。這些有時成為以獨立的服務商品來行銷，然而卻因此衍生了服務化。結果，與服務有關的銷售額在製造業銷售收入中所占之比例大為增加。另外，在製造業裡從事商品生產的從業人員，因為工廠的自動化而不斷減少，但從事服務相關產業的員工則不斷在增長。這些都可以稱得上是製造業的服務化。

Note

2.3 哪些是促成服務化社會的環境因素(1)？

　　我們這裡要談的是究竟是哪些因素促成了這樣的服務化社會。其中最基本的部分是由於高度的經濟成長，使得國民的物質生活非常充裕，目前幾乎已經沒有人會因為飢餓而死亡。而且，在物質方面，大部分的人都擁有充分的物資（當然仍有人認為自己不如別人富裕，也有人對未來感到不安、缺乏）。

　　在物質面已達到相當程度的富足，以下的六個因素則進一步推動了服務化。

1. 高齡化
2. 女性就業者的增加
3. 環境問題與健康取向
4. 資訊化
5. 國際化
6. 放寬管制

以下我們概略地來看一下這些因素對服務化的進展有什麼影響。

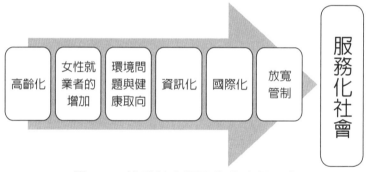

圖 2.9　推動社會服務化的六個因素

 小博士解說

　　根據世界衛生組織 WHO 的定義，65 歲以上人口視為老年人口，而此歲數者占比之於社會總人口代表的含意分別為：

1. 高齡化社會：65 歲以上老年人口占總人口比率達 7%。
2. 高齡社會：65 歲以上老年人口占總人口比率達 14%。
3. 超高齡社會：65 歲以上老年人口占總人口比率達 20%。

　　老化指數係指 65 歲以上（老年人口數）與 0～14 歲（幼年人口數）之比。

1. 高齡化

　　台灣老年人口早在 1993 年時便已超過 7% 成為高齡化社會，之後因為戰後嬰兒潮世代陸續也成為老年人，進而致使我國老年人口自 2011 年起快速成長，在 2017 老年人口數首度多於幼年人口（老化指數達 100.18）；隔一年來到 2018 年 3 月，台灣避不了老化命運，老年人口達 14.05% 成為高齡社會。目前，每 4.5 人的生產人口當中，便要負責扶養一位高齡者，到了 2050 年時，則每 1.7 人需扶養 1 人。與亞洲其他主要國家相比，台灣老年人口比率僅次於日本、和南韓相當。

　　高齡化社會正式到來之後，各種營利與非營利的服務將相繼出現。就算是公益的活動也好，最重要的是在面對顧客時，需提供絲毫不馬虎的高品質服務活動。否則，從事服務活動的單位雖多，高齡者還是無法獲得滿意的服務，整體的效果與效率也將隨之低落。

　　高齡化社會產生各種新的服務需求，從治療、照料高齡者身體的醫療、看護、日常照顧，到食物外送到府、物品外送、文化學校、運動等。最近，很多企業都加入葬儀方面的事業經營，他們看準了未來的超高齡化社會將締造可觀的市場。由於有三成的消費者都是 65 歲以上的人，所以很多過去既有的服務，像是零售業、外食、住宿、交通等，有些部分需配合高齡者的需求，在內容上需做一些必要的更新，以符合銀髮族的需求。

知識補充站

　　美國有一個以高齡者為對象的「美國退休者協會（American Association of Retired Persons, AARP）」，是一個非營利的團體，它的會員人數高達 3,300 萬人，在政治上有很大的影響力。AARP 提供給會員的服務，層面非常的廣泛，有健康保險、醫療用品配送到府、災害保險、投資顧問、信用卡、提供資訊、教育、會員互相之間的義工活動等。

　　最讓人印象最深刻的是 AARP 以一個服務的組織，進行著非常高品質的活動。在國內談到非營利團體的福祉活動，一般給人的印象是立意雖佳，但是缺乏經營，似乎只要顧客默默收受東西且心存感謝即可。但是，AARP 則不然，它的活動與營利企業具有同等的水準，有時所提供的服務，品質甚至高於企業。舉個例子來說，由於它的會員超過 3,000 萬人，每天都有 1,000 通以上的電話打到總部來詢問各種事項。雖然總部有將近 30 人專門負責接聽電話，但是電話中心的牆壁上則裝設著大型的電子看板，上面標示著目前多少人正在電話線上，甚至連已經等了多少分都註記著。這個裝置的目的是為了儘量減少詢問者的等待時間。

2.4 哪些是促成服務化社會的環境因素(2)？

2. 女性就業者的增加

　　女性與男性一樣加入社會就業行業的趨勢，可說愈來愈普遍。過去的女性（特別是已婚女性），不管是國內、日本或是歐美也好，皆以全心照料家務、養育子女為主。現在的情況則大不相同，目前日本的雇用者當中，女性大約占了44.5%。美國成人女性的就業率是74%，其中全職者高達70%。依我國主計處調查知，我國女性勞動力參與率由91年之46.6%上升至107年之51.1%，近7年皆突破50%且逐年穩定成長。

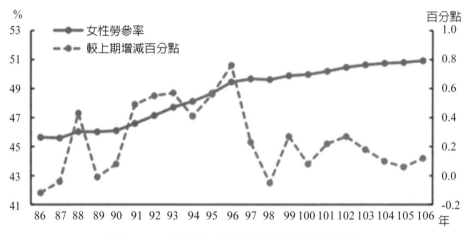

圖2.10　歷年女性勞參率與其增減情形

資料來源：行政院主計總處「人力資源調查」。

　　女性投入就業社會的因素很多，包括高學歷化、子女減少、結婚率降低以及最主要的女性對社會角色的認知變化等，而女性就業人口的增加，也使得新的服務需求相對提升。

　　首先會發生在已婚女性就業者的情況是家事的對外釋放。因為工作、時間變得寶貴的主婦們，會開始去利用外食、洗衣店、清潔公司、保育園、褓姆等的服務。將來，能夠節省時間的通訊購物、能夠送物到家的超市、便利商店、電子銀行、網路等利用率預料將會再增加。

　　在飲食方面，調理好的配菜、便當類等的購買率也預料會提升。在美國，很流行一種叫做 HMR（Home meal replacement）餐點，這是一種直接加熱就可以食用的菜餚。它之所以受到歡迎是因為它可以幫助忙碌的家庭主婦，用很簡便的方法做出可口的食物，讓家人享受團聚的樂趣。

　　未婚的女性就業者因為可以運用的所得比較多，所以她們享受外食、國外旅遊等休閒活動、文化教育、健康俱樂部、美容院等服務的機會，會高於其他年齡層的利用者。單身女性上班族將家事託付外部機構的趨勢也預料會再進一步發展。以這些女性族群為對象的新型服務，目前正蓬勃地發展著。如台積電、智邦等均設有幼兒園，但企業幼兒園設置比率仍低，政策補貼少也是原因。

3. 環境問題與健康取向

　　地球溫室效應等的問題，引起世人對生態破壞的高度關心。就與生活相關的方面來說，垃圾的焚化、廢棄物的回收、再生等基本的服務，有必要再進一步加以充實。未來關鍵在於對垃圾製造者應採取什麼樣的對策。最近，超市、便利商店等的流通業者已紛紛開始採取各種的環境對策。

　　企業在實施環境對策時，必須投入龐大的資金，所以這些活動常常被認為對企業的收益沒有直接的幫助。但是，近來主婦及年輕人對環境問題的意識逐漸高漲，所以未來企業對環境保護所採取的態度，將會逐漸受到顧客的評價。因此，企業若想獲得消費者的認同成為社會企業，必須將對環境問題的考量，列入企業的理念裡，並且設法使這些目標反映在服務的活動中。

　　另外，除了對生態的問題意識之外，注重健康的觀念也漸漸成為消費者的價值觀。注重健康的做法包括很多方面，例如①儘量攝取對身體有益的食品，②鍛練身體、過著健康的生活，③儘量使用接近自然材料的衣物、化妝品、器具、住屋等。最近轎車的行銷幾乎一直處於低迷不振，休旅車 RV 取而代之成為流行，便是這種趨勢的一個反映。

　　在食品方面，國內有許多消費合作社的物資配送業者，不但開始銷售無農藥及有機生產的生鮮食品，同時還進行小規模的商店售貨服務。在美國，自然食品擁有廣大的市場，號稱有機超市的大型商店也正呈現急速的成長。預料今後國內在這方面的市場也會持續擴大。另外，健康俱樂部是針對第②項趨勢的需求而產生的，但是目前因為競爭過於激烈，迫使得各業者不得不推出各種新的服務（例如體能拳擊以及以幼兒和父母為對象的游泳、體操教室等）。至於第③項的衣物、化妝品方面，國內也已像歐美日一樣廣泛成為一種趨勢。目前也有一些專門銷售有機衣與棉布的商店，也有專門銷售萃取天然植物精華為原料的化妝品連鎖品牌。

2.5 哪些是促成服務化社會的環境因素(3)？

4. 資訊化

　　關於資訊化，大家談得非常多。但是，雖然可以感受到它對不斷進展的社會有很大的影響，不過對於往後它將會演變成什麼樣的情形，卻是沒有人很清楚。任何人都可以清楚地看到，電腦與通訊技術結合之下的資訊化，不斷地在改變過去提供服務的體制，同時由於資訊化的影響，新的服務商品相繼地問市。資訊化服務以人為本，行政院衛生署醫院管理委員會推動的醫療資訊系統涵蓋了門診、急診、住院管理、醫療業務、醫務行政等醫療服務。電子病歷的推動，和病人權益至關重大的即屬隱私權保護，「電子簽章法」及「醫療院所電子病歷製作及管理辦法」對強化隱私保護的安全性，具有很大的指導作用。

5. 國際化

　　如果只針對服務來說，我們必須很遺憾地說，幾乎所有新的服務商品及提供服務的體制，都是來自國外。家庭餐廳、便利商店、超市、飯店、快遞等，都是國外先有的事例。即使目前也一樣，在有形產品方面，我國對美國的貿易雖然維持出超，但服務方面卻呈現入超。未來進一步放寬管制之後，國外的金融、廣播、零售業等服務業者，更將相繼登陸我國。就整體來說，在待客業務方面，我國雖也有出色表現的一方面，但由於把服務當作商品看待的意識較淡，以至於我國服務業在整個體制的管理上，可說落後了歐美日而望塵莫及。今後，在服務的管理方面，必須從意識上多方努力去加強，否則在市場走向全球化的趨勢之下，我國恐怕會在競爭中敗給歐美日的企業。除了卡通、電玩軟體之外，我們期待未來會有能夠獨力開發的服務商品，進而進攻國外市場的服務業者可以陸續出現。

6. 放寬管制

　　過去，電信電話、郵政、銀行、證券、保險、航空公司等多數的服務業，都是政府

知識補充站

　　為促進經濟發展，避免過度管制阻礙競爭力的提升，世界各國均將法制革新視為施政要項。據 2017 年世界經濟論壇（WEF）全球競爭力報告，我國在 137 個受評比國家中雖排名第 15，惟相關法制指標表現不盡理想，包括「行政法規之繁瑣程度」（第 30 名）、「法規鼓勵外人直接投資的程度」（第 79 名）。鑑此，加速鬆綁法規、提高彈性及機動性已是我國刻不容緩的工作，政府業將法規鬆綁列為現階段重要施政項目之一，秉持興利、簡政、便民之原則，調整過去以防弊為主的施政態度，優先檢討財經法規，並由上而下，從檢視不合時宜的函釋、行政規則及法規命令等規定做起，期能排除企業投資障礙，建立便民、高效能、友善企業經營的法制環境。

表 2.1　全球化與國際化的比較

	定義	例子
全球化 Globalization	和在不同國家／地區市場中進行營運有關的所有過程或活動，從產品設計到行銷活動。	速食店在 100 個國家／地區內設立了超過 30,000 間餐廳，營運範疇遍布全球。
國際化 Internationalization	企業擴張其產品或服務的銷售至本國以外的跨國市場、跨國區域所採行的各種營運活動。	速食店擬定菜單時，會特意設計能根據不同在地口味與習慣因地制宜的餐點

嚴加管制的對象。從商品的內容、種類，到價格、成立公司等，都必須逐項獲得政府的許可才行。一旦管制放寬之後，各企業在新型服務商品的提案、價格的設定、公司的成立上，將會有更大的自由，以後的競爭全憑自己的智慧去取得優勢。換句話說，市場的競爭將會更為激烈，缺乏智慧的企業將在競爭中被淘汰出局。這麼一來，消費者將有更多選擇商品的機會，同時也可以期待獲得更高品質的服務。中華電信公司及台汽公司就是因為民營化後面對競爭，才使得服務的品質大幅地躍升。

　　美國在 1970 年代後期到 1980 年代之間，實施了大規模的放寬管制政策。歐洲各國見狀也相繼跟進放寬管制，結果使得服務業面對激烈的競爭，許多企業甚至不得不從市場撤退。所以，目前在市場上活動的服務業，都是在這些競爭中存活下來的，在體質上也相對較為健全。我國的企業今後也將因為放寬管制與國際化的關係而面臨嚴苛的市場競爭。所以，企業的當務之急應是努力提高自己的體力。

 小博士解說

　　「全球化（Globalization）」一詞指的是，和在不同國家／地區市場中進行營運有關的所有過程或活動，從產品設計到行銷活動，都是全球化的範疇。由於全球聯繫不斷擴張，人類生活在全球規模的基礎上發展及全球意識的崛起，國與國之間在政治、經濟貿易上緊密互相依存。全球化亦可以解釋為世界的壓縮和視全球為一個整體。無論是對公司還是消費者來說，全球化都有許多好處。全球各地的聯繫更緊密，也對這數十年的全球經濟有正面影響，讓全球 GDP 由 2000 年的 50 兆美元，攀升到 2016 年的 75 兆美元。全球化更與改變 20 世紀面貌的某些進步發展，有密不可分的關係，像是國際航空旅遊和網際網路等。

　　所謂國際化（Internationalization）的定義，根據 Hitt et. al, (2006) 指出國際化意指廠商在擴張其產品或服務的銷售至本國以外的跨國市場、跨國區域所採行的各種營運活動，也就是銷售、研發、製造等營運活動在本國以外的地區完成皆可稱為國際化。國際化是一項公司策略，目的是要盡可能提升產品與服務因地制宜的能力，以便能輕易地打入不同國家／地區的市場。國際化通常需要有主題專家、技術專家，以及具國際經驗人士的協助。以之前提到過的麥當勞為例，他們在 100 個國家／地區內設立了超過 30,000 間餐廳，這樣遍布全球的營運範疇，是「全球化」的例子。而該公司在擬定菜單時，會特意設計能根據不同在地口味與習慣因地制宜的餐點，這樣政策則是「國際化」的例子。

2.6 新的消費者意識(1)

　　以上六項服務化社會的環境要因都是屬於不可逆，亦即不會後退的要因。不管是我們或是服務業者都將不可避免地要去面對這些變化。

　　接著我們要探討的是目前消費者的心理特徵。與環境因素比較起來，這些特徵比較容易轉變，它所代表的是該時代多數人在一定期間內，持續顯現的一個傾向，也就是那個時代所呈現的氣氛、風潮。現在的服務業所提供的服務一定要符合這些新的消費者意識才行。

　　比起過去，目前的個人消費，心理因素發揮了很大的作用。這裡所謂的心理因素指的就是消費的心理特徵，它之所以比過去更能發揮作用的主要原因是因為有形商品已經呈現飽和狀態，日常生活中對有形物品所具備之機能的依賴程度已經降低。因此，個人對商品及消費行為本身所賦予的意義和價值（即前面所謂的心理因素），取而代之成為消費者重視的方向。

　　以下提出的五個傾向是目前較具特徵的消費心理：
1. 重視時間感
2. 重視便利性
3. 重視個性化、充實化
4. 重視體驗
5. 重視合理性

　　特徵之一的「重視時間感」，可以用「快速、效率、隨時」的形容詞來表現。當然，不管任何時代，儘快完成必要的工作都是重要的原則，但是現代的人似乎對時間不再那麼有耐性，快速的服務總是能獲得好評。美國的調查也顯示，人們在超市及購物中心的購物次數及時間都較以前縮短。但是，以電話或電子郵件訂購、送貨到家的服務卻相對呈現成長。

　　2005 年底，台灣麥當勞每家店斥資百萬設備，推出「為你現做」（made for you）服務，平均一張顧客的訂餐單，出菜時間只需 35 秒到 50 秒，約比以前快五倍。「先接單後生產」的模式，帶來顧客滿意度提升 15%、員工生產力成長 7%，食材耗損率降低 30% 的經營效率。

　　同時，消費者也愈來愈希望必要的服務都能 24 小時全天候地提供服務。這個需求反映的是生活時段已愈來愈多樣化，即使是深夜也有愈來愈多的人想利用所需的服務。24 小時營業的便利商店及 ATM 過去就已存在，現在連 24 小時的投幣式停車場、租車公司、影印商店也相繼登場。利用網路及傳真的通訊購物與銀行服務等等，也都是因應「隨時、需要時」的需求而產生之行業。

　　第 2 項的「重視方便性」與前面的重視時間感，在含意與背景上有些延續之處，它講究的是「簡單、方便」。除了要求能夠迅速提供服務之外，還要能夠以簡單、方便的方式去利用它們。對忙碌、時間感敏銳的現代人而言，簡便的服務是他們最需要的。可以在車上購物的速食店，美國甚至還有可以不必下車的藥局和銀行。日本也有

用電話、傳眞將食品、用品送到家的服務，這些都能滿足顧客希望簡便的需求。送貨到家以及利用網路及傳眞的交易，今後將不再只限於披薩或炸雞，預料它將會普及到各種行業。隨著一般家庭設置資訊終端機比率的提高，資訊化可以使商品的查詢、訂購作業大爲簡化。另外，既有的服務也可以變化成爲以便利性爲主的新商品。例如，過去車子刮傷或凹陷往往需要送到修車廠好幾天才能修復，但是現在也已出現可以利用最短的時間、最少的花費提供這項服務的企業。它的修復雖然比以往的板金塗裝工廠差一些，但因爲利用簡便，仍具有吸引顧客的魅力。

　第 3 項裡提到的「個性化、充實化」，剛好與前面的兩項相反，顧客要求的是能夠從容、悠閒地去享受時間的消費，換句話說，它要求的是「從容、愉快、自我、充實」的氣氛。最近出現許多復古風的咖啡、茶飲店，這些一時曾經受到自助式、低價供應之商店及速食店的排擠而消聲匿跡。但是有趣的是現在重新考慮以復古型態展開經營的正是這些新興的茶飲店。當然，它並非要廢除自助式的經營，而是打算讓兩者同時並存。美國有一種叫做雪茄俱樂部的地方，消費者可以在這裡叼著煙斗、在沉靜的氣氛中從容地消磨一個晚上。來自日本的「蔦屋書店」，以「TSUTAYA BOOKSTORE」爲名，於 2016 年 1 月首次在台展店，將書店與咖啡館融合在同一個空間中，讓人可一邊啜飲香醇咖啡、一邊挑選書籍，發掘專屬於自己的生活方式。在這個複合式的人文空間裡，只要在店內享用餐點或飲料，就可以免費翻閱各種書籍和雜誌，體驗嶄新的閱讀風格，成爲文青們流連忘返的場域。類似這種形式的場所目前仍不斷在增加之中。

知識補充站

　隨著消費意識抬頭，年輕的消費者比以往要求更仔細、細節更講究、感覺要明確，也讓包容度更低、反應容易情緒化，「年輕客人最討厭被瞧不起，例如廚師說話時沒看著對方眼睛，服務人員解說菜色時流於背誦沒有注意到個別客人需求，很快就會接到客訴電話。」

　「性別、年齡、職業不同，每個人需求都不同，但每桌一定會有最關鍵的一位，先服務好這位，其他人就好說。」如果是父母帶小孩來，小朋友一定要最先安撫，只要小孩開心，父母也會開心；如果是子女帶爸媽來，那長輩一定要被最仔細問候，當子女覺得爸媽受重視，也就會覺得滿意；如果是商務宴客，那所有服務一定要「以客爲尊」，對客人好，主人才會有面子。

　同時，隨著新經濟時代的到來，人們的消費心理更表現出複雜多變的趨勢。在購物活動中，有的人表現出求新鮮、求時髦的求新心理；有的人則表現出求名牌、信任名牌的求名心理；還有的人追求商品的美學價值，由此形成追求精神體驗的求美心理。沒有任何兩個顧客的消費行為不存在差異。特別在商品豐富、消費多樣化的今天，顧客的個性化意識更具有足夠的條件得以充分展現，並在其購買行為中得以實現。

2.7 新的消費者意識(2)

　　消費者想要透過服務的消費，讓自己活得更像自己，有更充實的時間，應該是物資過剩時代裡的一種基本需求。國外旅遊的情況也是一樣，行程被安排好的團體旅行已漸漸不如個人旅行的盛行，因為後者只要確保機票與飯店，便可自由地在當地活動，如此可以先去看自己想看的東西、拜訪自己想去的地方，讓旅行更為充實。各種才藝或英語補習班等，過去都是採用多數人集中在一個教室上課的方式進行，但是近來一個老師對 2～3 個學生的小班制，反而較受歡迎。也就是說，能夠進一步因應個人需求的形式比較受到青睞。

　　另外，針對帶著小孩的母親無法自由行動而提供服務的事業也愈來愈多。最近，很多音樂會及電影院都有提供托兒服務。也有專門負責音樂會等會場的托兒服務的企業。另外，過去的托兒所是不接受短時間的托兒請求，但現在有所謂的「kids world」，它們便提供這樣的服務。World gym 桃園國強店首創「kids world」兒童活動區的構想，結合專業空間規劃，300 坪空間設計 7 大主題區，包括：滑輪區、感覺統合多功能區、體感遊戲互動室、球類運動區、影片欣賞室、美術勞作室、閱讀區，為 3 歲到 13 歲兒童量身打造符合各年齡層的遊戲互動；這樣的貼心服務，讓 World Gym 會員們可以帶著小孩來運動。

　　從個人自助旅行的例子就可以明白，未來在考慮服務時不可忽視的一個重點是，現在的顧客自己都擁有充分的資訊，而且很有選擇的眼力與高度的評價能力。在消費上，想要滿足這些成熟顧客的自我實現需求，光靠企業本身所提供的單機能商品是不夠的，必須把顧客也一起拉進來，和顧客一起去創造商品才行。關於這一點，未來很重要的是要提供平台（platform）型的商品。至於平台上應實際放哪些東西、賦予什麼樣的意義，應該將創作的權限交給顧客。誘發顧客的想像力，讓顧客自己去描繪他們個人的生活景像。

　　第 4 項的消費心理要素是重視體驗，即「當場、即時」的感覺是很重要的。十幾年前曾流行的 B.B.Call 也是一樣，兩人彼此之間一來一往的溝通，目的並不在於傳達要講的那些內容，重要是溝通這個行為本身。B.B.Call 現在已經被行動電話取代了。令各電信公司感到欣悅的是由於對話這個行為本身很重要，通話時間愈長，他們收的電話費就愈多，年輕人的財務分配也因此產生了改變。

　　對顧客而言，服務的消費是一種體驗，因此服務的行銷也要重視「當場、即時」的感覺，而且國人原本就很重視這些感覺的。例如每當有節慶表演或放煙火就會聚集很多人群，正月初一到廟宇去參拜的人從來沒有減少過，為的是去體會過年的氣氛。現代年輕的一代，這種傾向更是明顯。結婚喜宴的情形也是一樣，一般學生的懇親會等也常座無虛席。年輕人的這些傾向不只是一時興起而已。

　　構成消費者心理的最後一項特徵是「重視合理性」，也就是「能不能認同」的感覺。乍看之下，它似乎與①時間感的「快速、效率」；②方便性的「簡便」；③個性化、充實化的「從容、愉快」互相矛盾，但其實不然，因為現代的消費者會懂得使用必要的服務。當他們發覺自己的當時、當場的需求時，他們會合理地去選擇適合當時需要的服務。

　　顧客對價格也會依合理的基準去判斷。價格剛遭到破壞的當初，低廉的商品雖然吸引了很多人，但經過沒多久，這種情況的熱潮就退了。目前的傾向是人們對於日常必要的日用雜物會希望儘量買便宜的，但是對於自己真正想要的東西，一般則不會計較是否昂貴。物質富裕的國人，其實已經比較少會因為東西便宜而買來囤積，因為大家都有「買便宜貨等於浪費錢」的觀念了。

知識補充站

　　對顧客訴求的不只是商品所具有的機能而已，還要讓消費者知道這個商品能給他們帶來什麼價值。所謂「價值」，是指該商品所帶來的整體效用除以取得該商品之成本（如價格等）。換句話說，價值的評價是以合理的計算為其基礎。所謂「划算」，完全是要看購買者的價值判斷而定。

X、Y、Z世代特徵

X 世代	1960～1970 年代出生個人主義傾向強
Y 世代	1980～1990 年代出生（也稱為千禧年世代）自由的價值觀強
Z 世代	2000 年代～出生從小熟悉智慧型手機及社群網站

　　X 世代的定義在今日有相當多的說法，源於 1991 年道格拉斯‧柯普蘭（Douglas Coupland）出版的小說《X 世代：速成文化的故事》。在該小說中的 X 世代，很明顯的定義為中高學歷、相對低薪、低福利、從事服務業、常感到沒有未來的人們；喜歡在購物商場，消費低價但是跟得上流行的商品。其最大特色在於這個世代相當容易受到媒體影響，舉凡新聞、時尚、運動等重大消息，都有可能決定性的影響了他們的人生觀。

　　Y 世代族群從小到大，經歷過撥號連線到寬頻上網；從錄影帶、MP3、CD/DVD 到串流影音；從按鍵手機到智慧型手機等重大改變，也就是說，Y 世代看著科技進步並且起飛。他們不僅能善用現有的科技，也能適應學習快速變動的新技術。

　　Z 世代則是一出生就享有最進步的科技，在搖籃裡玩著智慧型手機或 iPad、依賴無線網路的小朋友並不少見，科技產品從小就是他們日常生活無法脫離的一部分，更影響了消費及社交方式。

Note

第3章
品質與服務的詮釋

3.1 品質

　　品質是指某個企業為滿足其目標顧客群所選擇的目標水準而言。品質同時也是測量企業是否適合其目標水準的一個衡量尺度。

1. 目標顧客群

　　所謂目標顧客群係指對象的固有期待與需求明確，並可以引導企業達成其服務水準的顧客層而言。目前，不論是產業界也好，一般消費者也好，隨著顧客的多樣化，市場的區分也愈來愈多元化。以飯店的服務來說，學生與商業人士的要求就不同：**選購本田‧喜美小型車**（Honda civic）的使用者，與選擇**梅赫西迪‧賓士**（Mercedes Bentz）的車主，他們對特約代理商的服務期待層次也會有所差別。

　　當一台雷射印表機故障時，出版社與建築設計事務所對修理所要求的迅速程度絕對不會一樣。

　　由於需求的種類具多樣性的特質，所以每一服務項目都必須選擇一個目標顧客層才行。如果你打算讓每個顧客層都獲得一點點滿足，最後只有加速失敗的腳步罷了。

2. 完美度

　　在服務的領域裡，品質的要求未必要高級或是豪華，可以有很多選擇的層次。我們說某個服務已達到完美程度，通常是指它能滿足目標顧客群的需求而言。特定顧客層希望的修理期限如果是三天的話，我們就沒有必要在三小時內飛奔去完成這件工作。所謂完美度，有可能是三天，也有可能是三小時，這完全要視顧客而定，它並不是死板、無法通融的標準。

　　麥當勞的品質相對價位是五十元左右，新力電視則是二萬元左右。不論那一種層次的完美度，一定要讓顧客覺得付出了某一個代價，並獲得與自己期望或需求相對稱的滿足。換句話說，一定要讓他覺得符合自己的價值標準並且「物超所值」才行。

3. 一致性

　　品質的第三個參數是一致性。想要維持完美的服務，必須「隨時」、「隨地」注意保持水準。服務台的接待態度絕不能讓人覺得上午比下午親切。同樣的餐館連鎖店，也不能有第二家分店比第一家本店味道差的情況出現。在服務品質的管理上，怎樣去遵守、維持某個基準，可以說是最難做到、也是要求最嚴的一點。

　　提供服務的據點增加，介於其間的人數愈多的話，脫離原先設定的完美度的風險也就會相對提高。

　　保險業、個人電腦業、旅行業這種必須有中間業者介入其中才能推展工作的企業，在完成「一致性」這項服務品質要求時，困難度應該會比其他行業加倍。因為它必須兼顧的方向有二，一是維持自己公司提供給中間業者的品質水準，第二是它必須隨時隨地都能保證中間業者所提供給最終消費者的服務都是高水準的。

　　另外，如果服務品質的良窳必須依賴從業人員的行動來決定的話，那麼依賴程度愈高，不一致的風險機率也會隨之升高。因此，如果要說銀行的自動付款機有什麼好處的話，應該可以說它不會有情緒好壞的表現吧！

圖 3.1　品質的衡量參數

知識補充站

　　鼎泰豐連鎖餐廳也是任何時間去點餐，品質始終如一，這也是它之所以成功的最好佐證。鼎泰豐的服務水準真的是用過餐的人都稱讚的，也難怪觀光客來台灣一定要吃鼎泰豐，真的可以算是「台灣之光」了！

　　在餐廳內，客人轉了一圈放置調味罐的轉盤，似乎正在尋找什麼，一抬頭，與服務人員對上視線，「請問您是不是需要辣油？」客人驚訝地點頭。

　　另一桌，媽媽手忙腳亂地餵食小朋友，「請問您要紙巾嗎？」服務人員微笑著遞上，媽媽呆了一秒，馬上換上開心的笑容，一手接過紙巾並道聲「謝謝！」

　　這種「不用客人開口，服務生就能遞上對方所需的物品」的讀心術服務，一直都是世界頂級飯店的傳說，卻每天都在鼎泰豐店內發生。這家台灣最知名的中式小吃、香港分店更連續蟬聯 5 年米其林一顆星榮耀（米其林給小吃類最高評價為一顆星），馳名海內外的理由，在於美味食物和細緻服務所組成的完美體驗。

　　正如鼎泰豐董事長楊紀華所說，「服務不足，是怠慢；殷勤過頭，變成打擾，『剛剛好的服務』是鼎泰豐團隊努力追求的目標」，而這個目標，需要每一位員工協力，才能在對的時機，以對的方式滿足客人需求，做到「有溫度的服務」。

3.2 服務(1)

　　所謂服務，不單只是指產品的供給而已，它還涵蓋價格、形象及評價等要素在內，亦即提供顧客所期待之內容的整體行為而言。賓士轎車的購買者，在購買前、購買期間以及購買之後的各個階段，應該都會期待賣方提供服務，比如新車的展示法、試開、多樣性的接待方式、最有利於自己情況的分期付款方式、迅速的修理體制，甚至是零故障或者是最高額度的折扣價格。

　　法國的大型保險公司 UAP，在它的廣告詞中便有這樣一句話：「要成為第一就要盡力付出」，這是表示它能提供特別的服務、更多的選擇、符合每一位顧客的保險契約，以及能到家裡提供服務的保險代理人等。

　　只是提供親切的服務仍然不夠。當然，沒有什麼能比得上一張笑容可掬的臉孔和和善的對答，可是如果沒有辦法得到我們想要聽到的資訊或者電話接不到我們要找的人，只是一味地空等的話，一切都將是沒有意義。回答的客氣程度並非問題的要點，重要的電話的應答是否符合我們的需求。以就醫為例，如果要大家從態度和藹可親的醫院接待和醫術高明但面無表情的醫師二者做一選擇，相信大家都會選擇後者。當然，兩者都兼備的話是最理想不過了。

　　但是，所謂服務也並不是指「可以使喚」的意思。在我國還有很多人把「服務」和「使喚」、「侍候」的意思混為一談。有部分店員的服務態度相當傲慢無禮，便是基於這種誤解。

 小博士解說

　　民國 84 年 12 月 13 日中國時報刊載華航待客不厚道，內文大意是有一位退役的榮民輕聲告訴空服員可否再斟一杯餐前酒，這位空服員竟吐出一句「你是來坐飛機的，不是來喝酒的！」僅僅只是杯餐前酒的小小要求，竟換得如此無禮的回答，華航自稱「以客為尊」的服務品質，竟是如此表裡不一。如今大多數的乘客對於華航的整體滿意度表示滿意，優點在於華航的飛航路線完整且華航的企業形象好、空服人員的氣質及服務態度佳，讓乘客留下非常深刻的印象，更加吸引顧客搭乘，由此可知，現代的人愈來愈注重在旅途中所遇到的小細節，因此華航在服務方面占了很大的優勢。

1. 附隨於產品提供服務

附隨於產品所提供的服務必須包括二項要素，即要讓顧客有「安心感」和提供「附加價值」。

(1) 安心感

當一個購買者打算去買某個產品時，他除了會去注意產品的售價及它的技術、性能之外，他還會推算他將為此產品花費多少時間、工夫以及金錢。就工夫而言包括：

①派人配送、請人修理
②索取正確的發票
③發生問題時，立刻可以找到負責人
④讓產品運作
⑤理解產品的機能與組成
⑥丟棄或轉賣已不要的既存產品
⑦讓產品發揮最大效率

在此同時，隨著產品的使用，使用者也會估計可能花費的成本：

①維修成本
②安置成
③運送成本
④因為不能使用而造成的機會損失成本

服務品質的政策就是要設法減少顧客在工夫與成本上不必要的花費。「免操心」是賣者應對買者提供的服務目標。但是，並非所有的買者對「安心感」的要求程度都是相同的。有的顧客寧可多花一點錢去換取整套服務，有的顧客則希望部分的服務由自己動手來做，但價格便宜一點。

知識補充站

作者於教學之際，每逢假日偷得浮生半日間都喜歡往郊區逛逛。有一次途經南投竹山，久聞該處出產名茶，乃驅車前往此處頗負盛名的茶莊購買茶葉，當時身上並未多帶現金，僅以區區一千元購買一斤凍頂烏龍茶，正當打包之時，突然有一位開著賓士，狀似富商的客人進來，高喊著：「有沒有好茶賣？」老板應答：「一斤五千元的可以嗎？」富商答道：「隨便啦！」，老板立即唆使老板娘奉茶招待，頓時我有一種被忽略的感覺，可憐的我卻連一杯茶也沒有，從此我再也不去該茶莊買茶了。

老板以有色眼光將顧客賦與「貧富之分」，當然多提供服務給「富有」的顧客是可以理解的，但對於「一般」的顧客難道連最起碼的待客之道，奉上一杯茶也覺得可惜嗎？不要忘了「一般」的顧客對該茶莊也是有一千元的貢獻，不是嗎？

對於待客之道，日本經營之神松下幸之助先生詮釋得很好，他說：「視顧客為親家，視產品為女兒」。好好體味其意，當能了解服務的真諦提供良好的服務。

他的經營之道就是做人，他認為公司經營，人最重要，說到底，經營公司，製造物品，目的為的是有益於人的生活，所以他待人十分厚道。

(2) 附加價值

除了產品的技術性能之外，顧客對於供應商所能提供的附加價值，通常也極爲關心與在意。

附加價值的內容很多，其中多半以產品所強調的社會地位爲主。賓士轎車可以讓想建立物質充裕及氣派形象的企業家感到滿足；保時捷跑車則是因應愛好運動的闊少而產生；IBM 的個人電腦所象徵的則是穩健的領導級商品，可以讓使用者得到心理上的保證，但是對於想表現企業家精神的人而言，蘋果的**麥金塔**（Macintosh，簡稱 Mac）則較具吸引力。

對於某些問題予以協助或解決也是屬於附加價值的一種。美國的之所以能打敗同業的大型公司，正是因爲它走的是這個方向。該公司除了和顧客密切合作之外，在包裝方面也不斷開發新樣式，使其符合顧客的需求並力求輕便、便宜、配合超市銷售方便等。

營業成績高的金融機構走的方向必然是協助顧客解決問題。每一個客人都可以依照自己持有資產的情況及個人的需求，請求銀行爲其設計最合適的分散投資計畫。

所謂附加價值，有時會指財政上的支援。就以購置不動產而言，提供顧客信用卡的服務或設法爲顧客轉賣舊設備給中古市場，以轉賣所得金額作爲基金等都是愈來愈普遍的服務。

除此之外，附加價值有時是指產品銷售後的種種服務及支援。比如操作指導、故障修理、保證、持續補給小零件、型式的持續及追加更新等後續工作。

最後，透過速度及融通性，亦可提升附加價值。比如迅速的生產及配送，還有中途可以要求變更要求等。附屬於產品的服務品質政策，最好能依照上述二種參數，即「安心感」與「附加價值」加以設計。

每個企業都需要有配合主要商品的品質政策，並且從這些政策中決定優先順位。舉個例來說，如果政策的著眼點是以「安心」爲主，那麼企業就要在銷售前、銷售中及銷售後提供差異化服務，並努力滿足顧客的下列需求：

(1) 設置詢問服務台，使顧客能以電話獲得客氣及簡單易懂的回答。

(2) 提供顧客容易了解的資料。

(3) 快速並確實的配送體制。

(4) 正確、詳細的單據。

(5) 盡可能減少保養、修理成本。

小博士解說

　　增加附加價值的方法是「互償交易（Trade off）」，這技巧就是你花 1 美元改善品質，卻使顧客認為該品質改善的價值是 2 美元，然後你可以提高 1.5 美元的售價，這是雙贏策略。台灣長途客運出現所謂「總統座椅」正是此一策略應用之極致。由於交通部開放高速公路同一路線路權，給多家客運經營後，每一家載客率銳減，往往發車時只有個位數之乘客，造成客運業嚴重入不敷出。於是民間客運業（阿囉哈、尊龍、統聯等）紛紛改造座椅，把原來雙排兩人座椅，每車可載四十餘人，改為雙排單人座椅，每車僅坐二十餘人，諾大的總統座椅，幾乎可以躺平設計，加上十六吋液晶銀幕，可以觀賞電影，一舉提高服務品質，票價也順利水漲船高，調幅為原來四十餘座之 150%。更重要的是，高品質的服務，吸引原搭火車之乘客紛紛回流，造成幾乎每班接近客滿！

　　增加附加價值的另一種方法是「加成交易（Trade on）」，也就是「提高品質的同時，又降低成本。」建立一個良性循環是創造加成交易的方法。簡單的說，剛開始以較高的成本改善品質，堅持一段時間後，獲得顧客肯定，進而吸引更多顧客，賺更多的錢，更增加改善空間與能力，促使營運更有效率，又吸引更多顧客，達到經濟規模，此時成本就會驟降，從互償交易轉為加成交易。前述總統座椅策略之結果，正是轉為加成交易之明證。

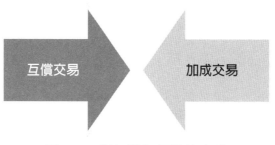

圖 3.2　增加附加價值的方法

3.3 服務(2)

2. 利用服務提供服務

利用服務提供服務與附隨於產品提供服務的情況不同,它幾乎沒有物質性的東西,有的話也是非常少。絕大部分的顧客都只有在接受服務之後,才會傳達自己的滿足程度。

利用服務所提供的服務,由二項要素構成:一是服務的提供,一是消費(使用)服務時的體驗。

(1) 服務的提供

旅館訂房時,顧客希望獲得的是一時的休息和鬆懈;買保險時,一般人也會希望能藉由保險,獲得心理上的安心。因此,提供服務時也應注意到隨著主要服務而來的附加服務。一場表演秀不管內容如何,如果秀場提供的座位坐起來很不舒服,那麼一切將前功盡棄,失去它的娛樂作用;同樣地,一個餐飲業的經營者如果所在意的只是如何使餐桌的排列達到最高容納率,那麼勢必無法使想要藉此放鬆身心的顧客感到滿足。利用服務提供服務,必須要注意的是,除了顧客所需求的便利性之外,在一些服務本身就很容易發生弊病的地方,更是應該時時注意,活用服務的意義,以藉此提高競爭力。

以訂購機票或旅館服務來說,不同的公司所提供的服務並沒有多大的差別。但是北歐(SAS)航空公司的董事長**克爾‧約翰**(Kerl John)之所以能夠有驚人的成功,正是因為他懂得如何在沒有什麼差異的東西中去尋求差異化。

他把對象顧客設定在商業人士,並提供無微不至的旅客服務。比如劃分商業艙、設專用沙龍、在旅館即可託運行李的制度、貫徹信用卡的使用等。

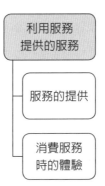

圖 3.3　利用服務提供的服務構成要素

(2) 消費的體驗

上述這種利用服務提供的服務，效果如何幾乎完全要視消費者的體驗而定，也就是說，消費者對效果的感受程度會影響個人的滿足程度，而決定這種體驗好壞的因素包括：

①選擇的多寡

②有麻煩時，對方是否能立刻幫忙解決

③氣氛

④服務人員的應對態度

⑤顧客在選擇服務時所感覺的風險

⑥個人志趣

⑦其他顧客的反應

⑧回答顧客詢問的速度及正確性

⑨對顧客抱怨的理解程度及處理方式

⑩服務的個別化及周到程度

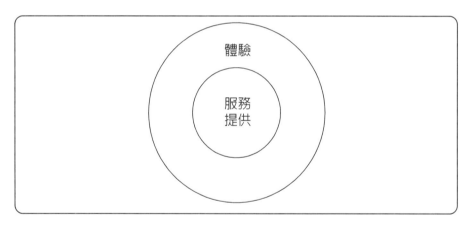

圖 3.4　以服務提供服務

在服務方面，給人的最初感覺及第一印象是非常重要的。自己所投宿的旅館究竟是高級的還是差勁的，多少總是會受到第一印象所左右。顧客與企業的接觸管道愈多，最初的接觸就愈重要。以旅館為例來說，顧客所接觸的對象順序通常以行李搬運服務生、櫃台接洽員、女服務員、餐飲服務員為主。不管哪一個部門的接觸，務必使第一次的接觸成功才行。

雖然以服務提供服務的品質取決於「服務本身的提供」與「消費者體驗」這二項要素上。但從圖 3.4 中，我們可發現這兩者經常是共存的。

以下是「決定百貨公司服務品質的要素是什麼？」的問卷調查，我們將回答依其重要程度排列出來：

1. 接待時的品質：即店員的親切程度、店內介紹、易懂的指示、店員提示建議的作法是否高明。
2. 舒適感：高雅的裝潢、順利的選擇路線、結帳迅速、休息處、照明、空調、熱鬧的節慶氣氛、購物的樂趣。
3. 選擇的多樣性：豐富的品項、沒有缺貨。

第一項被接待時的品質比起後面的舒適感及選擇性的多寡，在比重上來得重要許多。至於價格及品項是否豐富則更位居其次。不論是接待的應對也好，舒適感也好，「購物」這項行為本身就是由二項要素所構成：「體驗」（氣氛、移動的容易性、色彩的美感）與「服務本身的提供」（照明、室內裝潢）。

相對的，「意外感」與「與人相遇的樂趣」也是去百貨公司購物的誘因之一。如果沒有視覺與聽覺這種五官的享受，誰會願意去百貨公司？如果只要求便宜，大可到夜市去。

自從觀光開放以來，前往世界各地旅遊的人真是絡繹不絕。國人最喜歡前往的國家除美日之外，應屬歐洲。其中尤以法國更具浪漫有情調的國家。法國有一家國際性的渡假村：地中海俱樂部。它所以能成功，最大的原因是它使人與人的接觸成為可能，提供一種不屬於金錢堆砌的享受，讓每個人能自由地享受各種運動的樂趣。它和豪華的海灘渡假村及炊式自助餐廳的作法是有所不同的。

現在，讓我們回想一下本章的內容。所謂品質乃指某個企業為滿足其對象顧客群所選擇的目標水準。同時它也是測試企業是否能適合其目標水準的尺度。服務則是指購買行為的所有周邊輔助手段。在附隨於產品所提供的服務裡，它包括了「安心感」與「附加價值」，而在利用服務提供服務的範圍裡，它則包括「服務本身的提供」與「消費體驗」二項標準。

知識補充站

顧客價值由產品價值、服務價值、人員價值和形象價值構成，其中每一項價值的變化均對顧客價值產生影響。

在現代市場行銷實踐中，隨著消費者收入水平的提高和消費觀念的變化，消費者在選購產品時，不僅注意產品本身價值的高低，而且更加重視產品附加價值的大小。特別是在同類產品品質與性質大體相同或類似的情況下，企業向顧客提供的附加服務愈完備，產品的附加價值愈大，顧客從中獲得的實際利益就愈大，從而購買的價值也愈大；反之，則愈小。因此，在提供優質產品的同時，向消費者提供完善的服務，已成為現代企業市場競爭的新焦點。

簡單來說，「創造價值」即是提升「顧客價值」或是創造「顧客願意付錢的價值」。換言之，唯有使用者、顧客或消費者願意掏出口袋中的錢，來購買你所提供的產品或服務，價值方才存在。

產品經理唯有站在顧客角度思考，哪些商品能滿足其需求，或是為其解決問題，並且能即時、即地提供相對應的產品與服務，方是顧客價值之提供。

第4章
服務是一種商品

4.1 何謂服務？

在第一章裡，我們將服務的生產比喻為戲劇的上演，但其實這不只是比喻，劇場上上演的戲劇根本等於服務的活動。我們觀賞戲劇，從中獲得感動；聆聽有關最新技術的演講，藉此加深理解；到餐廳品嚐美食、到健康俱樂部去鍛練身體、到牙醫處去治療牙痛，這些都是消費服務活動的具體例子。這些例子的共通之處是它們都能直接為我們的身心帶來一些益處。

服務的對象不僅止於我們的身體與心靈。例如汽車的修理、洗衣、庭院整理、請會計師處理收支的會計、電腦的安裝、危機管理的保險業務等，這些對我們所擁有之財物與金錢而言都是能產生附加價值的活動，也都屬於服務的領域（這裡的「我們」如果改為「企業」的話，則服務就變成對法人的服務）。

從這裡可以看出，服務是一個以個人或組織為對象，生產價值的活動。所謂生產價值指的是它會為個人或組織帶來某些具有價值的結果。到理髮店是為了剪掉頭髮、恢復清爽，搭電車可以到達目的地。這些對顧客而言都是有價值的結果。這些結果透過理容的活動、電車的空間移動活動來達成。換句話說，服務本身就是一種活動、一種機能。

付出相對代價去獲得這些「活動」，稱為「購買服務商品」。這裡我們要注意一下「活動」的說法，因為如果只就結果來考慮，如果購買的不是服務而是看得到的產品，仍然可以獲得同樣的效果。例如要去某個地方，可以自己開車去，也可以搭計程車。購買自家用轎車是屬於財物的購入，但是計程車把人載到目的地，賣的則是活動本身，所以它是屬於服務。

另外，還有一點要注意的是「購買」這一點。因為我們自己平常也會進行各種的服務活動，像自己開車、煮飯、洗衣服、掃地等，這些都是能夠創造價值的活動。但是因為這些都是自己生產出來的，所以不必付出相對的代價，也沒有所謂的收受行為。活動要以經濟財的形式成為經營的對象，必須要有市場上的交易才行。料理要在餐廳、洗衣要由洗衣店、打掃要由清潔公司去執行，才能算是服務的商品。

總而言之，當能為個人或組織帶來某些方便、利益的活動本身成為市場的交易對象時，我們可以稱之為服務（商品）。

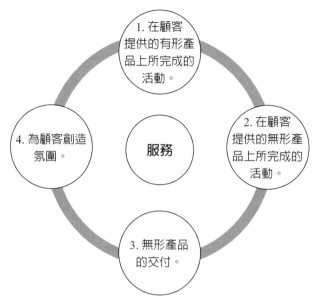

圖 4.1　服務的提供涉及要素

知識補充站

　　服務是具有無形特徵卻可給人帶來某種利益或滿足感的可供有償轉讓的一種或一系列活動。服務通常是無形的，並且是在提供者和顧客接觸面上，至少需要完成一項活動的結果。

　　服務的提供涉及：

1. 在顧客提供的有形產品（如維修的汽車）上所完成的活動。
2. 在顧客提供的無形產品（如為準備稅款申報書所需的收益表）上所完成的活動。
3. 無形產品的交付（如知識傳授方面的信息提供）。
4. 為顧客創造氣圍（如在賓館和大飯店）。

4.2 服務是一種體驗

　　服務的活動是由提供服務的企業負責進行。換句話說，企業是服務活動的主體（有的服務活動是由個人提供，例如按摩師、家庭教師等，但因為本書是從經營活動的角度來看服務生產，所以暫且不將個人的活動列入討論）。

　　對服務的消費者（顧客）而言，服務究竟是什麼東西呢？當服務活動的對象不是顧客的所有物，而是顧客本身時，所謂服務指的就是「體驗」。這對提供服務的企業而言是一個很重要的暗示。因為企業可以把如何提高服務品質的問題，轉換成如何改善顧客體驗服務的品質。企業必須站在顧客的立場，分析哪些原因會影響顧客的體驗，設法去改善、充實它們。像這樣把具體的課題找出來之後，才能具體掌握提高服務品質的要領。

　　另外，由於服務是去體驗活動的過程，所以顧客會理所當然地認為這個過程不應該有什麼特別的問題。特別是對於過去曾體驗過的服務，他們會記得那些過程，所以沒有問題是理所當然的，一旦有些微的失敗或疏忽，立刻會被顧客察覺。因此，服務活動很難降低既已設定的水準，只要品質下降就必須面對顧客的反感。

　　接著我們要從顧客的體驗這個觀點，來探討餐廳與零售業的例子。

・餐廳的事例

　　我們通常會因為什麼目的去上餐廳？是為了滿足食慾（填飽肚子）嗎？不，這只能說答對一半而已。正確的說法應該是去買「用餐的經驗」。當然，通常每個人都會認為餐廳的料理是影響顧客滿意度的重要因素。但是，左右顧客滿意度的不只是料理的味道而已。例如，餐廳門口的地板是不是有很多垃圾？光是這點就可以讓準備上門的客人掉頭就走了。進到餐廳之後，服務生們如果只顧著聊天、沒有注意到客人，或是就位之後發現桌布沾著咖哩飯的油垢、餐具不乾淨、叫菜30分鐘之後仍未上菜、小孩們在店內跑來跑去、隔壁座位的老先生大聲談論著低級的話題等，這些都會降低在餐廳用餐的體驗品質，使顧客產生不滿的感覺。

　　當店內整潔、服務生的態度良好、室內的氣氛很雅致、其他的客人也很愉快，同時料理的味道也維持水準以上時，我們才會因此感到滿足。當覺得用餐的時間過得很充實時，在該餐廳用餐的體驗才會變成有價值的體驗。餐廳所要提供的不只是料理，而是透過各種不同的活動讓顧客有充實的用餐經驗，亦即顧客的體驗。換句話說，餐廳所要提供的是用餐的經驗，而料理之要素只是一個工具。無法了解這個事實的重要性，只顧將注意力集中在料理的內容與價格的話，這種餐飲業最後終將嚐到苦頭。

・零售店的事例

　　另外，零售店的角色提供顧客需要的商品。換句話說，零售店的服務給顧客帶來的效果是讓顧客可以用金錢換取他們所需的物品。因此，零售店的服務品質常決定於它的商品品項是否齊全。所以，百貨公司都會儘量展示各種不同的商品。但是，品項一

多常讓陳列顯得凌亂、沒有秩序。因此，百貨店的女鞋部將展示的商品數減少，這是一種觀念的轉換。

　　過去的想法一般認為，顧客事先心裡已決定自己要什麼東西，然後才到店裡去買。但是事實上並非如此，往往顧客是到了店裡以後，才去尋找自己最滿意的商品是什麼。

　　顧客進到店裡後，會和店員之間產生各種互動，然後從這當中去尋找自己最滿意的商品。銷售人員最大的任務是藉由和顧客之間的溝通去引導他們。銷售人員在這個時候必須是一個諮詢者、一個顧問。想要扮演好這個角色，首先服務人員本身必須給人可以信任的感覺。在測量客人的尺寸、確認合適的尺碼之外，服務人員還要設法去了解客人的需求並給予建議。藉由彼此的溝通，讓顧客去決定他自己所要的鞋子。這個賣場設法讓這些作業在一個很從容、愉快的氣氛中進行。換句話說，在這裡他們利用服務的活動去支援顧客，幫他們找出他們想要的商品。這個賣場的成功是多項條件的配合，包括高品質的服務人員、經心設計的擺設方式，以及支援顧客購物的服務方針等等。零售店的最終目的在於提供顧客充實的購物體驗之各項必要服務活動。

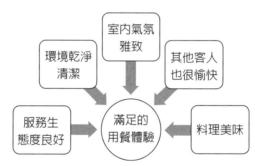

圖 4.2　滿足的用餐體驗 = 良好的服務

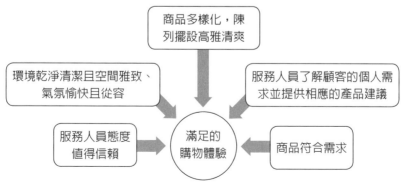

圖 4.3　滿足的購物體驗 = 良好的服務

4.3 在日本，「服務」指的是什麼意思？

　　在日本，服務這句話有很多種意思。因為它所代表的意思太多，所以當我們設法把服務當作是一種「財」去了解它時，常常會碰到阻礙。這裡我來介紹一個日本的逸聞讓大家聽聽〔這則故事是我在日本進行短期研究時，從某一大學中聽來的，因該大學有特為社會人士開設的研究所（EMBA），所以來上課的人當中，有很多社會人士，而告訴我這則故事是一位中型企業的經營者〕。

　　這個故事是說有一位商業人士搭乘日本的新幹線欲往大阪出差的途中，親身聽到的對話。話說當時他座位的對面坐了兩位外國人。新幹線的綠色車廂一般都供應免費的罐裝飲料，這時車掌小姐來到這兩位外國人的面前，遞出兩罐飲料要給他們。其中一個外國人一邊接受飲料一邊用英文詢問：「這是免費的嗎？」。結果車掌用英語回答：「不，這是サービス（service）」。外國人不明究裡便把飲料還給車掌，說：「那我不要了。」為什麼會有這樣的小誤會產生呢？首先是這位車掌小姐沒有了解英語「免費」的涵意。再來則是車掌以為用「service」就能告訴對方一切免費的意思。

　　在日本，「service」這個用語有四個意思。第一是表示從業人員的態度，譬如常聽見有人說：「那家店的店員總是笑臉迎人，服務真的沒話說。」第二表示免費或附贈的意思，例如「飲料免費」或「這是本日的贈品」等。第三表示精神或理念，例如「貫徹服務的精神」。最後的一個用法表示業務活動，例如「售後服務」及「維修服務」。本書所討論的「服務」，所指的是第四項的業務活動。前面談到的新幹線裡的對話，顯然是把第二項免費的意思與第四項的業務意思搞混淆了。

　　在歐美，特別是英語圈的國家，通常當作第四種意義使用。從大英字典裡，我們可以查出此字包括有「貢獻、提供物品、照料、公共事業、軍役、教會的禮拜、網球及芭蕾的服務等」，總計有 20 多種的意義。但是如果我們注意去觀察英語中的語法，我們將發現幾乎在各種情況下，它都表示人的一些「活動」，很少用來表示像日文中所說的態度或贈品等的「狀態」。這可能是此語在明治時代傳入日本時，原先代表的是活動的意思，但是為了強調提供良好的服務，日本將之與其傳統的精神主義相結合，加入了態度的涵意，演變成贈品或免費的具體行為。

圖 4.4　在日本，服務所代表的意義

圖 4.5　日本餐廳的獨特服務

知識補充站

　日本餐廳獨特的服務主要有以下幾項：

1. 不需支付小費

　在日本餐廳不需支付小費這件事，對於其他歐美國家的朋友來說應該是令人困惑的點之一。日本的餐廳通常都不需另外支付服務費。但是，若是到比較高級的餐廳用餐，在結帳時就有可能加收服務費。如果執意支付小費的話，可能會導致工作人員事後遭到上司的責備，務必小心。

2. 提供「小菜」

　日本許多居酒屋都會提供小菜或下酒菜。作為「收到點餐的表示」、「在第一道餐點上桌前等待時享用的料理」等，其中包含的意義有很多種。有一些居酒屋會自行提供小菜，並在結帳時算上費用。許多不習慣這項規則的觀光客都會有「覺得被騙」的感覺。

3. 免費提供「水」

　在日本餐廳，通常一就座就會送上一杯免費飲用水。由於大部分的店家整年都是提供冰水，許多旅客都會感到有些訝異。但實際上也有店家會提供熱茶代替冰水。

4. 免費「擦手濕巾」

　日本飲食店會免費提供おしぼり。おしぼり的意思即是能擦手或擦臉的濕紙巾。提供的形式因店家而異，有些是提供冷的濕巾有些則是溫熱的。在居酒屋，店員多會親手交給客人，有許多訪日旅客都讚嘆：「這服務品質也太棒了！」

4.4 一般對「情緒上的服務」的誤解

在談到「服務」這句話的使用方法時，順便在此解釋一下日本常使用的「態度上的服務」與「情緒上的服務」這兩句話所引起的一些誤會。有位研究者將服務分為「機能上的服務」與「情緒上的服務」兩類。所謂「機能上的服務」，主要指的是如何去照顧到顧客的方便、利益等權益，而「情緒上的服務」則與顧客感情上的評價有關。從這樣的分類裡，我們還是可以很清楚看到日本特有的用法，即指「態度」的意思，所以，這樣的分類很容易被一般人接受。但是，我們如果從服務的定義來看，這種分類是錯誤的觀念。

本書在前面已說明過服務的定義，亦即「在有代價的條件下，提供有益於他人或組織的活動」。因此，把服務當作活動來看，在歐美現有的服務研究裡，可說已經是一種常識。換句話說，所有的服務商品都必須能創造一些既定的方便或利益，使有其存在價值。因此，服務是一種具有目的性的活動。此外，所有的服務都會受到顧客就其本身的價值觀加以評價，而這些評價多數是屬於感情上的評價。例如，即使是不摻雜人際關係在內的電腦網路資訊提供服務，當我們在使用這些系統時，如果系統運作順利，我們會因此感到愉悅，相反的，如果差錯百出，我們也會因此感到憤怒。總而言之，所有的服務都是機能性的，而且都會多多少少引起顧客感情上的反應。也就是說，根本沒有機能上或是情緒上這樣的分類存在。

知識補充站

另外，有的服務活動是以訴諸顧客的情緒（感情上、心理上的感受）為目的，例如電影、戲劇、心理諮詢等。但是，把這些稱為情緒上的服務則不是很恰當。如果我們說服務活動有機能的一面和情緒的一面，這樣也許比較恰當。

「機能的服務」與「情緒的服務」這種二分法無形中所要強調的是顧客感情方面的滿足感在服務消費中的重要性。但是，構成滿足感的主要因素並不只是「表面態度」的好壞而已。下一章中我們將會詳細地說明，服務的評價包括服務活動的「結果」與「過程」兩方面，而且，評價的基準也不只一項。所以，「情緒的服務」的說法會讓人誤以為只要從業人員表面的態度很好，顧客就可以獲得滿足。這樣的主張有欠周詳，務必要避免才行。

第5章
服務商品的特徵

5.1 有形商品與服務究竟有什麼不同？

在前章中提到服務與有形商品的替代性時，我們曾以自家轎車與計程車為例來做說明。從某處移動到另一處有各種不同的方法可以利用。可以自己開車，也可以利用計程車提供的服務。從這個例子我們可以明白，想要獲得某種需求結果，有時可以靠購買某物，有時可以靠利用某項服務去達成。如果是購買某物，由於只要使用此物就可以產生我們想要的結果，所以我們取得的是機能已內在化之物品的所有權。但是服務則不同，我們買的是它的機能。

不論我們買進的是有形的商品也好、服務也好，其背後一定有我們想要達成或渴望的需求。美國的行銷學者彼得‧杜拉克（Peter Drucker）就曾經這麼說：「我們到工匠店去買電鑽，其實要買的是一個洞」，因為電鑽的目的是用來打洞。打洞是我們的課題，電鑽是完成這個課題的手段。當然，如果經濟能力許可的話，甚至可以付工錢請工匠來幫忙打洞，這時購買的就是服務了。

企業的情形也是一樣，它不必自己出資去請員工或購買設備，企劃、開發、營業、製造、總務、會計、清掃及必要的業務，幾乎都可以委託業者代勞。只要有電話、電腦及幾個員工就可以達到數億銷售額的虛擬公司並非神話，而是確有其事。即使沒有設備與人才，只要有紮實的計劃與資金，所有的必要服務都可交給外部機構去執行。

總而言之，當消費者想要解決什麼生活課題的時候，常常有很多機會可以選擇，端看是要購買有形物品或是利用服務。另一方面，生產者在提供的時候也必須決定究竟要採用何種形式的商品，像是有形的商品、服務或是兩者的組合。若是所提供之商品全部或一部分是服務的話，企業必須針對服務的特色，好好進行檢討，因為它和有形的產品是不同的。

在下一章中我們將會提到，企業所提供的商品很少純粹只有有形的商品，或是純粹只有服務。主要的部分或許會偏向某一邊，但大部分的情況都是兩者混合的。因此，企業當今最重要的課題是如何去增加商品在服務方面的附加價值，以及如何去設計一個具有魅力的商品。即使是製造業也必須去瞭解有關服務的種種。

那麼，服務不同於有形產品的特徵究竟是什麼呢？

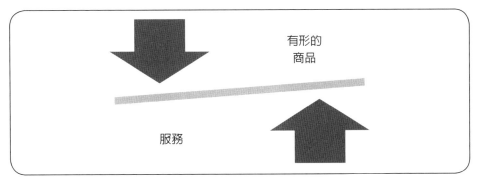

圖 5.1　企業通常同時提供服務與有形商品

知識補充站

　　其實，生活在今日，只要有足夠的錢，不太需要有太多的有形物品也能生活得很好。沒有住家也可以在飯店生活。已故日本的電影評論家淀川長治先生（1909年生於神戶市。早期曾替 United Artist 及東寶電影公司宣傳部工作，1967 年任電影雜誌《映畫之友》的總編輯，1966 年起在電視台的「週日西片劇場」中擔任解說員。在日本電影界具有崇高的地位），據說就是以飯店為家。已故歌劇演唱家藤原義江先生（1898 年生於山口縣下關市）也是一直住在飯店。穿的衣服與車子只要用租的就行了，吃飯或洗衣服也不必自己動手，只要利用外面的餐廳與洗衣店就可以了。現在，也已有利用手機不必外出即可搞定生活飲食的服務。

5.2 服務是沒有形體的

大部分的有形產品，只要買進之後，多半可以在自己喜歡的地方去使用它，不一定侷限在自己家裡或其他地方（不動產除外）。但是服務的情況則不同，當你想要利用某種服務的時候，你必須到生產該服務的地方去才行（例如教育、休閒、醫療、外食等）。除此之外，服務並不像休閒產品那樣，自己想要的時候就一定買得到。

因為服務是一種活動，所以它並不具備物理上的形體，這是非常理所當然的。但是，基於它的這個特徵，服務商品本身比有形商品多了許多限制的條件。首先，它無法先做起來放著，也就是它沒辦法先庫存起來。但是，有形產品的情形則不同，例如冷氣、衣服、聖誕節蛋糕等的季節性商品，可以在需求量較小的時期先行大量生產、庫存起來以備需求量大的時期來臨。

但是服務就沒有這麼方便，雖然它也有需求量較大與較小的時期，可是卻沒有辦法利用庫存的方式去因應需求的變化。例如，過年前大家都會去理髮（美容）院理髮以迎接新年，碰到顧客多的時候，顧客只能耐心等候，有時候甚至因為客人過多而必須被拒絕。有的業者會以擴充人員與設備來因應需求期較大的季節，但是到了淡季，這些經營資源又會形成浪費。因此，需求量會隨季節與時期變動的服務業者，都會想辦法去尋找一個適合整年的經營資源規模，即使這個規模不足以應付旺季的需求，有時也不得不犧牲掉一些顧客。高爾夫球、網球等運動設施事業，以及溫泉、滑雪、海水浴場等休閒方面的服務業，在經營上所面臨的最大課題，就是如何去因應這些需求的變動。

前面我們談到服務不具備物理上的形體，所指的是服務的商品無法從它的生產地點移動到其他的地方。也就是說它無法像有形商品一樣的流通。

例如，我們在日本的東京迪士尼樂園享受到的樂趣是無法在國內體驗的，除非在國內也蓋一座同樣的迪士尼樂園。所以，服務是無法在它的生產地以外的地方進行消費的。服務業者若想擴大它的顧客對象，獲得更多的利潤，就必須增設服務的生產據點才行。麥當勞與肯德基等外食產業，及便利商店都設有很多分店，其原因便在於此。

不過，雖然服務本身無法流通，但是服務的預約與實際消費服務的權利，卻是可以流通的。例如，機票、音樂會與劇場的入門票、保險等。打折的機票便是藉由航空公司流通到旅行社，再流通到旅客的方式來降價的。今後隨著資訊網擴大到各個家庭，預約服務的體制將會愈來愈方便。

此外，因為服務是無形的活動，所以它還有以下的特徵：①無重現性（只能有一次，無法重覆完全相同的另一次），②不可逆性（既已發生之事無法使其還原），③識別的困難性（不易識別），④變異性（服務的品質會因時而異）等。

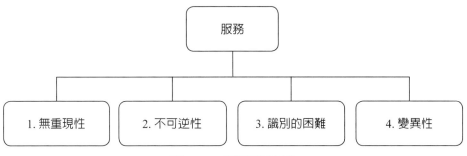

圖 5.2　服務的特徵

知識補充站

　　彼得‧杜拉克提過一個關於賣 100 個 1/4 英吋的鑽孔機的現象。

　　「人們要買的是 1/4 吋的洞，不是 1/4 吋的鑽孔機」

　　人要買電鑽之前的動機是什麼？是因為有鑽洞的需求。所以行銷的人如果想的是：「需要買幾英吋的電鑽？」、「什麼顏色、重量的電鑽？」、「多少錢的電鑽他們買得起？」、「這電鑽的宣傳怎麼做？」這樣就不夠體貼。

　　體貼的行銷人會去想的問題是「為什麼要鑽孔？」、「什麼時候需要鑽孔？」、「鑽多大的孔？」

　　問對了問題，你才會懂消費者的心。

　　你才會為他設計合適的產品。

　　你才會做對的行銷。

5.3 生產與消費同時發生

　　為什麼在進行服務的消費時，多半可以當場判斷該服務品質的好與壞？由於服務是一種活動，所以當它是以人為對象的服務時，活動的對象（即顧客）必須與活動進行的場地同時存在才行，這種情形我們稱之為「生產與消費的同時性」。但是，如果服務是以顧客所擁有的物品為對象的話（如洗衣店、電器製品的修理等），則不在此限。因為所有物是一種財物，所以可以離開所有人的手，在其他的地方進行洗濯或其他物理性的加工等。

　　當服務的接受者是人的時候，即使提供服務的是像銀行的**自動提（存）款機**（ATM）這類的機器或設備，顧客仍然要同時去消費機器所生產的服務。以電車的乘客為例來說，當電車將他載送到他想要到達的站時，他已同時在消費這段移動的服務；而電車所生產的服務便是移動。在理髮廳裡，顧客消費的是理容的服務，而理容師則提供（生產）服務。因此，在以人為對象的服務裡，由於加諸於顧客的活動本身就是服務的內容，所以生產與消費不得不同時進行。

　　那麼，電影院與罐裝咖啡的自動販賣機，情形又如何呢？先以電影院來說，不論是不是有觀眾，都必須依照時間上映電影。在沒有觀眾的情形之下上映電影，是不是能算是在生產服務呢？再看看自動販賣機，顧客投入銅幣，選擇所要的飲料再按下按鈕，罐裝飲料即可自動送出。但是在顧客來購買之前，它必須一直冷藏或保溫機內的飲料。所以這裡會令人產生一個疑問，那就是這些能不能算是服務的活動？

　　對於這些問題，正確的回答應該是在顧客到達電影院的座席之前，或顧客站在自動販賣機前面，投下銅幣之前，都不算在生產服務。所謂服務，必須能為顧客帶來某些「效果」，才能稱為服務。若活動的接受者（顧客）不存在的話，那麼即使對生產者而言做的是同樣的活動，仍然不能稱之為服務。唯有能和顧客之間產生交互作用，才能算是一種服務的商品。在這之前的活動，只是一種可能產生價值的狀態，或是服務資源的未利用狀態而已。閒置著的公寓空屋或停車場、未出租前的出租汽車也屬於同樣的情形。

　　在生產與消費的同時性之下，還會另外衍生的一個特徵是顧客可以充分地觀察服務提供者所提供的服務。因此，當顧客在接受一項服務的同時，他們可以去評價該服務的品質。尤其當這個顧客是一位常客時，他很容易就能辨別出一些被疏忽掉的小地方。如果是有形的產品，就不會發生這樣的情形。手工麻糬即使是用不乾淨的手捏製出來的，只要把它們擺放在漂亮的盤碟中，麻糬看起來仍然是很美觀。但是提供的是服務時，情況就不一樣了，在每次的服務活動裡，從業人員必須全心投入，不可有一絲的疏忽，否則立刻被看出破綻。

　　就體系論的觀點來說，有一個事實是很重要的，那就是由於生產與消費是同時的，所以服務的組織會直接承受來自於環境的刺激。雖然製造業也同樣必須面對來自於市場及其他環境的刺激，但是相較於服務業，製造業還能利用一些緩衝來抵抗這些刺激。例如先前提及的庫存便是方法之一，庫存可使市場需求的變動平均化。另外，

在製造業裡，生產部門也可獨立從事生產。在生產部門的周邊有銷售、宣傳、企劃開發等部門可以負責處理一些環境上的業務，亦即市場上的變化會透過這些部門的過濾再間接傳遞給生產部門。但是服務組織的情形則不同，由於生產部門是直接與環境接觸的，所以很容易受環境變化及變異性的影響。因此，以組織的構造來說，直接將權限交與現場的方式，可以會比較適合服務業。

知識補充站

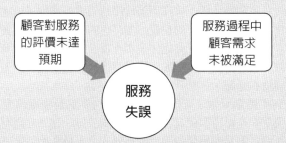

圖 5.3　服務失誤取決之要素

　　在每次的服務活動裡，從業人員必須全心投入，不可有一絲的疏忽，否則立刻被看出破綻。

　　一個服務失誤就可能導致全盤的失敗。在服務的領域中，不是全盤皆贏，就是全盤皆輸。無法做好完善服務的部分，正是對手伺機介入之處。

　　服務失誤是指服務表現未達到顧客對服務的評價標準。從這一定義中我們可以看出，服務失誤取決於兩方面：一是顧客對服務的評價標準，即顧客的服務預期所得；二是服務表現，即顧客對服務真實經歷的感受，也就是顧客對服務過程中的實際所得。只要顧客認為其需求未被滿足，或是企業的服務低於其預期水平，就預示著企業有可能發生服務失誤。服務失誤的大小可以表述為由於服務失誤而給顧客帶來的損失的大小程度。服務失誤的嚴重程度大小會對顧客滿意度產生影響。失誤的嚴重程度愈大，顧客的滿意度愈低。所以企業在服務補救過程中，要對不同程度的服務失誤給予不同的對待。

5.4 服務也必須重視過程

由於服務是一種活動，因此在以人為對象的服務裡，顧客體驗的是活動的過程。換句話說，顧客所體驗的不只是服務活動的結果而已，他同時也體驗了它的過程。服務所帶來的效果是來自於活動的結果與過程兩方面。在此，我們稱此情形為「結果與過程的等值重要性」。

以牙痛找牙醫治療的例子來說，因為治療使得疼痛平息的狀態是治療服務所帶來的結果，但是，患者同時也體驗了治療的過程。如果牙醫師很細心，可以讓患者在治療時不會感覺疼痛，則患者雖然必須躺著椅子上，聽電鑽刺耳地在口腔內打洞，儘管不是很舒服的事，但終究還是可以忍受的。如果牙醫師技術拙劣，讓患者感到十分疼痛，則就算治療結果十分完善，可使牙齒完全獲得治療，患者恐怕下次再也不會來光顧了。因此，在以人為對象的服務裡，除了服務的結果之外，服務過程的品質也會受到顧客的評價。

服務對顧客而言是一種體驗，這種觀念等於強調必須重視服務活動的過程。事實上，我們不難從許多服務商品當中，找到過程比結果重要的例子。在餐廳裡，顧客所要的不只是滿足食慾而已，更重要的是要品嚐料理的口味、享受用餐的樂趣。對飯店及旅館的顧客而言，住起來的感覺要比住宿本身重要。再來看看教育的服務，許多人常會談到自己受教育過程中的一些體驗（學生時代的生活很愉快），但是卻很少人會以教育的結果為談論的話題。

就生產特定服務的體制來看，一般而言其設計的要點是生產預定之服務結果的技術，也就是生產預定的**產出**所需要之客觀邏輯。關於這一點，它與有形物品的生產體制並沒有太大的差別。服務的生產體制比較不同的地方是生產活動本身即是服務之商品，它會將服務的對象（顧客）也一起牽扯進來，讓顧客去體驗活動本身的過程。因此，在設計上必須充分考慮對顧客所帶來的效果，也就是活動過程會對顧客造成什麼樣的影響。

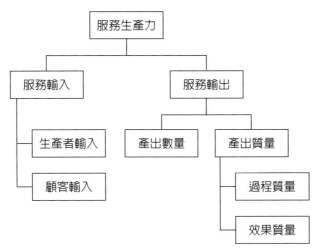

圖 5.4　服務生產力包含之要素

知識補充站

　　生產力的概念最早起源於農業，後來更多用在了工業生產方面。雖然早在 1776 年「生產力」這個術語就出現了（1984），但其含義一直模模糊糊，例如，與生產、效率、有效性等詞就常常混用。1979 年 Sumant 將生產力歸納為有形產出與有形輸入之比率。1985 年，Sink 提出，不管是從什麼視角和在什麼水平上進行分析，生產力其實總是意味著同樣的事情，它就是一定時期內一個系統的輸出與產生這種輸出的輸入之間的一種關係。Gummesson（1992）和 Storbackal（1993）認為將傳統的生產力概念應用到服務業存在很大的問題，那就是輸入和輸出的不確定性。

　　Oasalo 在總結了前人相關研究的基礎上，對傳統生產力與服務生產力進行了比較和分析，並運用定性分析的方法在概念層面上探討了公司層面服務生產力的內涵與外延，提出了新的「服務生產力」概念模型，如在服務的投入中考慮顧客的投入，在服務的產出中考慮產出的質量與顧客的知覺，以及考慮服務的需求、產能等外部因素的影響，Oasalo 指出，顧客對於服務既是「資源」（Customer as resource）又是「合作生產者」（Customer asco-producer），這常為服務生產帶來不確定性，有可能增加服務提供者的投入，反過來直接影響服務生產力。Oasalo 對服務生產力總結為：服務輸入包括生產者輸入和顧客輸入，服務的輸出包括產出數量和產出質量，後者又包括過程質量和效果質量，並主要體現為顧客感知。Katri Oasalo 的研究找出了傳統生產力與服務生產力之間的根本不同，較清晰地對服務生產力進行了界定，為今後服務生產力的研究奠定了良好的基礎。

5.5 服務是與顧客共同生產

　　為什麼有些服務（例如自助式的服務）顧客雖然付了錢，卻必須自己進行服務的活動呢？

　　以人為主的服務，因為活動的對象是顧客，所以在實際的服務活動裡，有時會採用顧客與服務提供者相互作用的形式來進行。在這種形式之下，相較於有形物的生產，顧客會比較積極的參與。對於這種特徵，我們稱服務為「與顧客的共同生產」。

　　顧客在服務的生產活動中所扮演的角色，會因服務的具體內容而有不同。有的只是提出自己的需要，有的必須實際運用身體與頭腦。拿理髮店的例子來說，我們必須與理髮師商量要剪什麼樣的髮型、分線的位置、頭髮的長度、鬢毛的長度、整髮材料的種類等，以此決定最後完成的形式。在一定的收費範圍下，因為提出了這些需求才能決定服務活動的具體內容，而這就是顧客對服務活動的參與。另外，當店裡的客人多時，必須在旁等候，等輪到自己時，必須安靜地坐在理容椅上，配合理容師進行其作業。這些都是顧客以身體參與活動的方式。因為在這樣的服務裡，沒辦法只將頭部拆下，像物品一樣交由理容師去處理。

　　再來看看另一種的顧客參與例子──「超市」的情形。在超市中，我們必須自己提著購物籃或推著購物車，自己走路從商品陳列架上選購自己要的商品。然後再把選好的商品拿到收銀台，排隊等候結帳。有的超市會有店員幫忙將商品裝入袋中，但是多數的商店都是顧客自行將收銀小姐遞過來的商品裝入袋中提回家。像這樣，顧客為了接受超市所提供的零售服務，本身必須參與許多的作業。顧客的這些自助服務，對超市零售服務的生產體制而言，已是不可或缺的一部分。

　　除此之外，還有不少的服務生產體制也都利用了這種自助的服務，像是車站的車票自動販賣機、一人服務的公車、銀行的 ATM、餐廳中的自助餐、沙拉吧等。企業所使用的租借影印機，也是由顧客自行補充影印紙或自行修理夾紙等的機械故障。亦即過去生產者所進行的作業都由顧客自己來進行。

　　這種包含自助服務在內的服務生產體制若想要做得成功，必須想辦法讓顧客從自助服務中獲得某些利益才行。以超市的例子來說，它的優點在於顧客可以親自去觸摸、確認商品、選擇商品。也就是說顧客可以在自己的腦袋中先擬好購物的計畫，然後一邊瀏覽眾多的商品、收集資訊，一邊選購想要的東西。從這種自己做決定的感覺中去體驗購物的樂趣。超市之所以可以成為我們生活的一部分，原因就在於購物者可以享受這樣的體驗，以及對大型商店的品質保證與商品定價可以信任之故。車站的自動售票機與銀行的 ATM，帶給顧客的好處則是迅速性與方便。

　　共同生產很明顯的也會為生產者帶來好處，生產者把過去必須自己進行的活動，轉移由客人去進行，使得人事費用得以減少，降低成本的支出。外食產業將許多店內作業轉移給顧客去執行，它所依據的便是這個理論。它將拿菜單和倒開水這些原本由服務生做的工作，轉移由顧客自己去進行。然後利用節省下來的人事費用，提供顧客更廉價的商品。

知識補充站

　　以人為主的服務，由於具有密集勞動的性質，所以不容易提高生產力，價格的彈性也較低。想要解決這個問題，必須設法更有效地去利用共同生產的特徵，否則就必須朝資訊化的方向。

　　現在的消費者愈來愈要求迅速性與簡便性，而且注重自己做決定的感覺。這種趨勢所透露給我們的訊息是今後將會有更多的服務會設法從提高自助服務的水準上去加強。

　　自助服務（Self-Service）的概念已經成為歐美企業在降低成本、提升效率的方式之一。而 ATM 可以說是台灣民眾最熟悉的自助服務應用項目，其實隨著技術的發展，ATM 本身在應用方面也愈來愈多樣，從最簡單的取款、存款，一直到目前國外可以結合手機進行不同服務的應用，相信未來也會陸續引進台灣地區。

　　其他像是機場的自助報到櫃臺，或是便利商店中的自助服務機台（7-11 的 ibon 或全家的 FamiPort），都是民眾目前在日常生活中能經常接觸到的自助服務機台的應用。

　　從以上說明，可將服務商品的特徵整理成下列四點，而這些都是有形產品中所看不到的。

1. 無形性
2. 生產與消費的同時性
3. 結果與過程同等重要
4. 與顧客的共同生產

　　由於服務具有這些有形產品所沒有的特徵，所以它的生產、銷售體制也必須有異於有形產品。不論服務在整個商品中佔有大部分比例，或者只是一小部分（與有形產品結合），這個事實都是不會改變的。

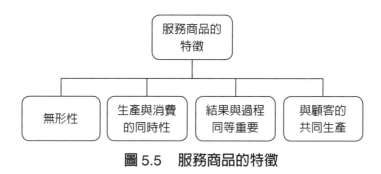

圖 5.5　服務商品的特徵

第6章
商品是有形產品與服務的組合

6.1 商品是有形產品與服務的組合

對於有形的產品與服務，可以明確地從理論上加以區分為，一者是有形體的物質，另外一者是無形的活動。但是，平常我們所購買的大部分商品都同時包含了有形的產品與服務在內。不過，顧客的注意力一般比較會集中在有形產品的部分，至於服務的部分，多半在發生一些問題時才會注意到，平常不太感覺得到。若要顧客感受整個商品（有形產品＋服務）的特徵，進而以此吸引他們，業者必須用心掌握組合的方式，並清楚理解整個商品的構造。

圖6.1是就消費者的觀點，利用構成該商品的有形部分與無形部分的組合，去對所提供的各種商品的特性加以分類。

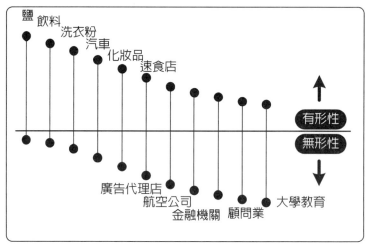

圖6.1　商品的特質：有形性─無形性

出處：Tanglibility spectrum: G.L.Shostack "Breaking Free from Product Marketing" Joumal of Marketing 41 (April 1977)

橫線的上方是商品的有形部分，下方為無形的部分。依消費者的立場來看，例中所舉出的各項商品裡，有形部分與無形部分兩方面，都對商品的效用有貢獻，但貢獻的比例（程度）則依商品而異。

例如，我們先來看看位於最左邊的「鹽」。若將鹽限定為食鹽，幾乎大部分的人都知道它的使用方式與效用，而且其功用也很單純。所以它不必像位於其右邊的「化妝品」一樣，必須向消費者解釋如何配合肌膚去選擇合適的商品，或說明商品的使用方式。但是，因為消費者無法自己到海裡或山中採鹽，所以必須利用從鹽產地到零售店的流通服務。一般人隨時可在零售店輕易買到鹽，這是屬於無形的部分（服務）。

　　再來看看位於中央的「速食」的情形又是如何？速食的「物」，指的當然是像漢堡、炸雞等食物。它的美味程度對顧客的滿意度有很大的影響。由於速食也可以外帶，所以在品項及迅速性等服務要素方面，也必須符合顧客的期待。另外，因為有的顧客是在店內用餐，所以也必須設法讓這些顧客體驗充實的用餐經驗。

　　對用餐的顧客而言，店內、桌椅及其他設備必須清潔、感覺舒適，而且還要能感受到某種氣氛才行。因此，就速食業來說，有形的部分不只是遞給顧客的產品（食物）而已，桌椅及其他物質方面的器具設備，也扮演著很重要的角色。若就滿足顧客的需求及滿足感的觀點來說，物方面的要素並不只限於遞交給顧客的商品而已。因為有形與無形的成分各占一半，所以速食位居中央，是一項混合商品的象徵。

　　最後再來看看圖 6.1 右端的「大學教育」。它是此處所舉出商品當中，無形部分占有最大比例的例子。對顧客（學生）來說，大學教育的重點在於以傳授課業或研討方式對人進行教育的服務活動。因此，它被擺在右邊的位置。但是，這並不是說在大學教育裡，有形物沒有發揮任何功用。校園、教室、桌椅、視聽設備等物質的器具，仍然會對教育服務的效果產生影響。

　　因此，若就商品為顧客帶來的效果的觀點來看，雖然服務原本是無形的，但各種有形物也具有一定的功能，只是程度的不同而已。

知識補充站

　　零售店經營的商品結構，如按經營商品的構成劃分，可分為①主力商品、②輔助商品和③關聯商品。

①主力商品：是指那些周轉率高、銷售量大，在零售經營中，無論是數量還是銷售額均占主要部分的商品。一個企業的主力商品體現它的經營方針、特點和性質。可以說，主力商品的經營效果決定著企業經營的成敗。

②輔助商品：是指在價格、品牌等方面對主力商品起輔助作用的商品，或以增加商品寬度為目的的商品。

③關聯商品：是指與主力商品或輔助商品共同購買、共同消費的商品。

6.2 服務商品的構成要素

　　想要提供有吸引力的商品給顧客，必須從商品能夠爲顧客帶來什麼效益的觀點去掌握整個商品。換句話說，對整體商品的看法是很重要的。以零售眼鏡的商店爲例，它所要賣的不只是套在鏡框內的鏡片而已。眼鏡是一種具高度流行性的商品，而且它還附帶視力檢驗與選鏡框的作業在內，所以，眼鏡行接待每位顧客的時間會比較長。因此，接待顧客時，提供的建議是否帶有強制推銷的語氣，以及禮貌、態度是否良好，都是影響顧客滿意度的重要因素。

　　另外，在使用的期間內，眼鏡有時會弄髒，有時會鬆弛，這些都需要售後的維護，而必須讓顧客了解的是這些售後服務都已包括在當初他們購買時所支付的價格當中了。這樣不但可以提高顧客光顧的次數，也可因此創造顧客再次購買的機會。由於度數不合或損壞的緣故，眼鏡業原本就是一種產品更換率很高的業種。所以眼鏡行的經營重點在於它有沒有辦法去維持舊客戶。如果只認爲銷售的主體是眼鏡本身，這樣的商店是不會有發展性的。

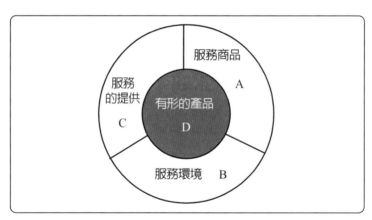

圖 6.2 商品的構成要素

出處：R.t.Rust & R.L.Oiver "Service quality: Insights and managerial implications from the frontier" in Service Quality, 1993

　　圖 6.2 是由**洛斯特**（R.T.Rust）和歐力佛（R.L.Oliver）所整理出來的構成整體商品（有形物與無形服務之結合）的四大要素。不論是有形產品也好、服務也好，我們所購買的大部分產品，一般都包括了下列四項要素，即

　A. 服務商品
　B. 服務環境
　C. 服務的提供
　D. 有形（物）的產品

　　這是針對顧客的效用，亦即對需求的充足及滿意感的觀點來看的四個影響要素。若以實際的商品來看，有的是以有形產品占大部分（例如「鹽」），有的則是以服務的商品所占的比例較高（例如「大學教育」）（請參照圖6.3）。

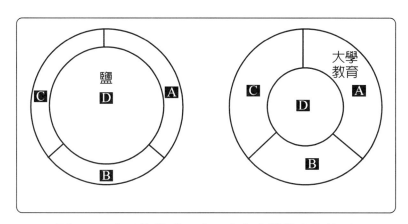

圖 6.3　商品的構成要素：鹽與大學教育的情形

　　1. 所謂「服務商品」（Service products），是指整個商品中的服務部分。它是一連串已預定好的計畫性活動，活動的內容通常是該服務的目的所在，而這些都是為了使顧客獲得他們所期待的結果。以汽車銷售代理商為來說，有形的商品是汽車本身，而服務商品則主要包括商品品項、待客等在內的零售服務，當然其他像貸款、保險、檢驗、維修等也都屬於它的範圍。

　　2. 服務的環境是進行服務活動時的重要條件。電影院必須有舒適的座位，顧客才會感到滿意。如果電影院內清潔又寬敞、又位於方便的地方，則勢必令人更滿意。因此，服務的環境雖然不能交到顧客手中，但是它卻是協助活動進行的一些有形的工具。服務的環境一般講求舒適、寬敞以及方便。但是這裡有一點要注意的是所謂理想的服務環境，往往會因服務的種類而有不同。高級的法國料理餐廳必須燈光微暗才能營造出氣氛，但速食餐廳的照明通常強調明亮、機能性。

　　3. 服務的提供指的是顧客實際體驗的服務活動過程。**提供**（delivery）這句話在英語裡指的是傳遞服務。由於服務並非物質，所以這裡不使用「give」這個動詞〔在服務行銷中，所謂的**提供體制**（delivery system），是一個專有名詞，指的是提供服務的系統而言〕。服務產品與服務的提供之間的不同在於前者是一個已預定好、計畫好的服務商品，但是後者卻是顧客實際去體驗的服務活動。有形的產品通常會按照預先的計畫去發揮機械或化學上的機能，所以幾乎在理論和實際之間，不太會產生太大的差異。但是服務則不同，特別是當人參與它的生產時，服務活動未必能依照理論去進行。因此，服務的提供就成了服務商品的主要構成要素。但是這並不意味服務商品就因此不需要了。由於顧客是根據公開的理論去購買服務商品，所以服務商品本身也

常常影響顧客對實際的服務活動以及他們對服務的期待與評價。

4. 有形的產品是整體商品的一部分，也是傳遞給顧客的有形物要素。在汽車代理商買到的車子、百貨公司買的領帶、餐廳中的料理以及放置在飯店浴室中的洗髮精與肥皂都是屬於這一類。我們一般都認為在百貨公司、超市、便利商店等零售店中買的是有形的產品。但是，如果就整體商品的角度來看，有形的產品只是我們購買的整體商品的一部分而已（雖然它也是最重要的一部分）。

知識補充站

因此，如果想突顯一個商品的特徵，強調它的優點並改善不足之處，應該站在對顧客有何效果的觀點去掌握整個商品，同時讓構成整體商品的四大要素明確。從這些地方著手才能真正掌握重點。同時善用文宣訴求商品特徵。

舉例來說，iPod 在問世時其實市面上已經有許多同質性的商品了，各家文宣都主打「世界最小」、「最輕型」、「大容量」，而 iPod 當時的廣告詞則是「口袋裡裝著一千首曲目」，這等於直接告訴你這麼小的機器就收錄一千首，對比其他廣告，當消費者看完廣告還在思考「體積到底有多小、到底容量多大、是否真的最超值」正在進行換算的時候，iPod 的廣告已經一句話直接點出它體積小、容量大，具體指出產品優點強項與方便儲存的好處，這樣讓人有感的廣告文宣，讓 iPod 的銷售盛況空前。

很常見到商品文宣的用語，像是「堅持不變」、「執著傳統」、「精心挑選」這些用語，他們好像是廣告的必備詞彙，走到哪都會聽到，但請小心這些詞彙很可能正是商品賣不出去的主因。在日本廣告文案作家川上徹也的眼中，有許多說了等於沒說的廣告詞就像是「空氣文宣」，所謂「空氣文宣」，就是感覺不出「有」跟「沒有」差異，如空氣般的存在，這樣的詞彙不僅沒有具體說明商品的優點，也沒有具體告訴消費者能獲得的好處，只是占用了閱聽人的時間，在這個「分秒必爭、資訊爆炸」的時代，消費者能分配的耐心與注意力有限，充斥著陳腔濫調的廣告自然成為最快被忽略的目標，不夠具體的廣告，很難讓消費者心動，甚至等同於公開宣告：我們沒有其他特色了，所以只好放上這些標準的廣告台詞！

Note

6.3 製造業的服務

目前一些較先進的製造業者，無不絞盡腦汁在想應該附加一些什麼樣的服務在自己生產的產品上，好讓這些產品能夠與其他產品區隔，突顯自己的特徵。在面對這樣一個課題時，應該具備以下這些觀念：

不論是哪一種有形的產品，必須符合最終消費者（顧客）以下三種需求，該產品對顧客而言才有使用價值。在這些活動當中，製造業可以找到能夠提供新的服務商品。這些條件包括下列三項：

1. 產品的機能必須符合顧客的需求。
2. 對顧客而言，產品必須是可以使用的狀態。
3. 產品要顧及顧客的使用能力與使用方法。

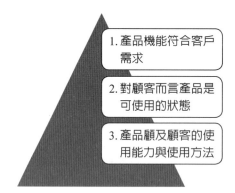

1. 產品機能符合客戶需求
2. 對顧客而言產品是可使用的狀態
3. 產品顧及顧客的使用能力與使用方法

圖 6.4　產品符合消費者需求才有使用價值

先看第一項「產品的機能必須符合顧客的需求」，這一點是長久以來製造業的重要行銷主題。在大量行銷的初期，企業的主要生產方式是採生產導向（product out）的作法，亦即企業自己去想像，假設市場的需求，再依此假設去製造、銷售產品，而後來市場導向（market in）的想法漸受重視，亦即掌握一般顧客的需求之後再去製造產品。就顧客的立場來說，能完全符合自己希望的產品是最理想之商品。一對一行銷（one to one marketing）的想法便是希望朝這樣的方向去提供產品，而它所利用的是資訊、通訊管道。另外，為了盡可能掌握某個範圍內的顧客需求，還有一種稱為**大量客製化**（mass customization）的生產與銷售方法也應運而產生。此處我們不準備詳述其內容，但是以這些觀念、想法為依據，因應顧客需求的體制，都可視為提高對顧客的附加價值的新服務活動。

第二項提到的是「對顧客而言，產品必須是可以使用的狀態」。不管任何產品，顧客必須能使用，產品才具有其價值。電腦堆積在工廠一點兒用處也沒有，讓它們處於可以使用的狀態，電腦才能發揮效用。除此之外，還要顧客想買時，隨時可以買得到

才行。因此，這個領域的服務是要做好物流、商品與顧客之間的銜接。關於電腦，其涉及的服務大概包括送貨到家、機械的安裝、維修、軟體的修改、回收等，但這些相關的服務目前尚未達到人人皆可簡易使用的程度。

這個領域的服務活動還包括維持適當的庫存，勿使缺貨情形發生，以及確保產品的品質。除此之外，量販店與製造業之間的合作關係，也是這個領域必須加強的部分。

最後一項是「產品要顧及顧客的使用能力與使用方法」。個人電腦目前非常地普及，平均每個家庭就擁有一台。但是，擁有此一電腦的家庭，究竟對它的利用程度如何，卻是無法明確地查證。可能大部分的家庭都只用來上網或打字而已。因此，產品的功能與顧客的使用能力之間，存在著極大的差距。我們推測要弭平這兩者之間的差距，可能需要相當大量的服務需求才能達到目標。雖然坊間開設了不少電腦課程，但是要按時去上課聽講，對一般的人而言，並不是那麼容易。電腦業者或軟體廠商雖然也都有提供電話諮詢的服務，但是以我個人的經驗來說，很少每次打電話都能接通。雖然名目上是提供了服務，但卻無法實際利用的服務，只會徒增顧客的抱怨而已。

不只是電腦而已，目前家庭中所使用的機械物品，其性能較諸過去都進步不少。顧客常常要花很多時間去閱讀、研究艱深難懂的說明書，才能摸索到一些使用方法。廠商或代理商如何在這些說明內容或使用方法上下功夫，提供一些減輕顧客這方面負擔的服務，將會是區隔其產品使之與其他產品形成差別化的一大要素。

以上這些理論，主要是以一般的最終消費者為對象來說明。若以法人顧客為對象時，所提供的各種服務必須從不同的方向去努力，例如請款、付款等會計業務必須配合顧客的方式，或是必須設法與銷售店合作進行廣告宣傳，或者要從產品的包裝上去反映銷售店的意向等。這些活動不但可以提高產品的附加價值，也可達到產品的差異化。

知識補充站

　　有形的產品大意上，就是肉眼可以看到的東西，如硬體方面的器具，舉例來說，店面的裝潢、停車場、展示櫥窗、桌椅、音響、櫃台、廁所、飲料及食物的提供、書報雜誌的提供、服務人員的制服等皆屬此類。

　　然而無形的產品呢？肉眼無法辨識，需要去體驗、感受的，如：服務的品質（服務人員在其服務過程中顯露出的忠誠、誠懇與專業技巧等）、便利性（得來速無須下車入店購買，節省停車跟排隊等候的時間）、廚師的烹飪技術、環境的整齊清潔、營造的氣氛、經營理念、商標及顧客價值感（物有所值、物超所值）等多樣內容。

知識補充站

　　一對一行銷是一種客戶關係管理（CRM）戰略，它為公司和個人間的互動溝通提供具有針對性的個性化方案。一對一行銷的目標是提高短期商業推廣活動及終身客戶關係的投資回報率（ROI）。最終目標就是提升整體的客戶忠誠度，並使客戶的終生價值達到最大化。

　　一對一行銷針對每個客戶創建個性化的行銷溝通。該過程的首要關鍵步驟是進行客戶分類，從而建立互動式、個性化溝通的業務流程。記錄響應（或互動），使未來的溝通更顯個性化。優化行銷和溝通的成本，從而搭配或提供最符合需要或行為的產品或服務。

　　大量客製化（mass customization）相對於工業革命後科學管理提出大量生產的概念，「大量」常常導致產品的模式化、標準化，「客製化」則往往意味著少量生產。二者朝著不同的方向前進。然而，競爭方式層出不窮，公司必須找到增加價值的新方法。大量客製化（mass customization）一方面能提供多樣的選擇，一方面滿足大量客戶。在資訊時代企業可以做到大量客製化的要求。以往大量生產標準化的產品，客製化只能少量生產，如今拜電腦網路連線之賜，消費者經由網際網路下訂單，訂購自己所需規格的產品，不論是汽車、電腦、牛仔褲等都可以經由網路傳送到公司，自己的工廠甚至遠在海外的外包協力廠也可以同步獲得訂單訊息，即刻展開小量多樣的彈性生產。

第7章
服務行家

7.1 待客態度是媒介的變數

前面我們提過，結果與過程對服務而言都很重要。在直接對待顧客的待人服務方面，服務的提供者（服務人員）必須盡他們最大的努力，讓結果與過程雙方面都達到最佳的效果。要達到最大的效果，首先要有兩項條件配合：

第一是服務負責人員必須具備充分的知識、技能與經驗等執行工作的能力。

第二是服務的體制必須具備良好的品質，亦即服務組織所籌劃的服務商品、有形的工具等的服務環境，必須相當的完善。

換句話說，服務的品質是好是壞，同時會受到從業人員與企業組織兩方面的影響。

本章所要探討的焦點是以服務的負責人員（從業人員）為主，關於服務的組織部分，將留待第Ⅱ篇再行檢討。對顧客而言，服務的結果與過程其實是一體的、無法分割的，因為結果乃過程之集合。但是，在本章與下一章中，我們將從不同的觀點來探討這個問題。這裡我們試圖將結果與過程分開來看，藉此討論負責服務的人員在過程部分應該如何做，才能扮演好理想的角色。

服務活動過程中的負責人員，其功能大致可劃分為兩個方面。一是接待客人的態度方面，另外一方面是與服務內容有關的部分。

在社會心理學中，所謂「態度」的定義是「以特定對象為主並具有一貫性的行動傾向」。舉個例來說，當我們被問及對待寵物的態度時，我們想到的是貓、狗、小鳥等對象，同時我們通常會回答很喜歡這些動物等。換句話說，心理學中所說的「態度」，包括三項要素，亦即對某個對象的認知、感情與行動。

知識補充站

就以到醫院接受醫生診療的醫療服務為例來說。醫生藉由聽診器去測知病患的身體反應，並藉由各種發問去收集病患的資訊。綜合這些去判斷患者的病情。醫生的這些行動是依據所謂的醫療的技術理論去進行的，但是，醫生對病患的指示或發問的方式（待客態度），可以很用心，也可以很冷淡。醫生所採取的態度，對病患的感受應該會產生很大的影響。

醫師應以一般的人際關係來對待其病患，視其病患為對等關係的顧客。最佳的醫療傳播就是病人對醫師或院所的良好口碑。從病人親身經驗及口裡所說出來的正面評價，雖然是小眾傳播，但往往比醫療機構自己刊登的廣告更精準，更有說服力。真正用心能夠了解病人需要、願意給予病人安心診療、醫病關係良好並讓人信賴的醫療院所和醫師，不用特別廣告與促銷，有需要的病人自己就會找上門來。每一位心存感激與獲得幫助的病人的口碑都是最強大、合乎法律與倫理的醫療廣告。

　　但是，我們平常所談的態度，在意義範圍上是比較侷限的。比如我們常常說：「他的態度雖然不錯，但是實務能力卻稍嫌不足」或是「這是拜託別人時應有的態度嗎？」等等。換言之，這些所指的只是與別人接觸時的姿態、禮儀或用語等比較容易掌握的表面行動。一般談到服務人員的待客態度，所指的多半也是這個意義。這裡我們且將此狹隘意義所指的待客態度，當作服務活動的媒介變數來考慮。即具體的服務活動是透過服務人員的待客態度來表現的。我們之所以把待客態度當作是有別於服務活動內容的獨立變數來考慮，原因是態度變數會受到更一般性的人際關係的理論所支配，而不是服務活動的技術性原理。

　　由於態度變數有別於服務的技術理論，因此扮演媒介變數的態度乃愈加顯得重要。態度不佳，就算服務的內容再好，顧客依然無法滿足。相反的，即使服務的內容有些粗糙，若服務人員的態度很好，顧客也會感到相當程度的滿意。

　　服務的活動是披上態度的外衣傳遞給顧客的，所以態度變數的目的必須和服務活動一樣，亦即必須以提升顧客的滿意為目的。待客的態度固然首重細心、客氣，但是在某些顧客會感到緊張的場合中，不必過於拘泥形式的應對方式，反而能達到良好的效果。總之，服務人員必須具備親和力，能帶給人好感，並依據狀況表現出合適的態度（另外，也有少數的服務，其態度變數與服務的技術是一體的，例如心理諮詢便是例子之一。在心理諮詢裡，對諮詢者的態度本身就是治療的手段）。

知識補充站

　　服務態度就是指服務者為被服務者服務過程中，在言行舉止方面所表現出來的一種神態。

　　被服務者有兩種需求，一個是物質需求，另一個是精神需求。服務態度的作用是能滿足被服務者的精神需求或稱心理需求，使其不但拿到合格滿意的「產品」，而且還要心情舒暢、滿意。

　　服務態度的內容包括：熱情、誠懇、禮貌、尊重、親切、友好、諒解、安慰等。要注意不能把由其它因素帶來的情緒表現給被服務者。

　　服務態度是反映服務質量的基礎，優質的服務是從優良的服務態度開始的。良好的服務態度，會使客人產生親切感、熱情感、樸實感、真誠感，優良的服務態度主要表現在以下幾點：

1. 認真負責
2. 積極主動
3. 熱情耐心
4. 細緻周到
5. 文明禮貌

7.2 「款待」的界限

日本人的待客之道是很有口碑的，以下是本人的體驗。

有一次我前往日本秋田縣角館的風景區，當天投宿在角館的一間民宿。該民宿不僅清淨優雅，室內所到之處更是一塵不染。除了泡溫泉、一夜二餐的招待（只要9千日圓）品嚐當地的美食之外，工作人員對顧客的款待更是令人讚不絕口。

工作人員在客人入寢前，會事先進入房間替客人鋪好棉被，並留下一張紙，上面寫著「您不在的時候，冒然進入房間替您鋪棉被，打擾您了！」多麼窩心的留言。另外，第二天結帳後要離去時，走入玄關打開鞋櫃，拿出自己的鞋子，赫然發現皮鞋已被擦拭得發亮，而且用紙條封住（還好，鞋子並不太破舊不然就糗大了）。讓人為新的一天感到振奮不已。原來投宿的當晚，民宿的工作人員，就已經替客人的皮鞋擦去風塵了。許多人非常滿意此間民宿的款待，對他們獨特的做法印象深刻，無怪乎許多顧客笑顏逐開，直說下次來此時仍要投宿此店呢！

日本有一個強調態度變數的獨特用語，叫做「款待」。由於態度變數是以社會的一般性人際關係原理為基礎，所以當談及什麼才是理想的待客態度時，當然會受到該國的文化與傳統的影響。日本語裡所謂的「**款待**（motenashi）」，一般是指對顧客的細心設想而言。對顧客設想愈周到（特別是別人容易疏忽的細微之處），就表示「款待」得愈好。

在談到「款待」的觀念，這裡必須注意的一點是，由誰去決定服務的「細節之處」。就日本的傳統來說，通常是由接待的一方去觀察顧客的情緒，由此去決定服務細節，而不是事先去探詢顧客的感受、心情。也就是說為了不使顧客麻煩，做主人的事前就已經把一切的「細節」設定好了。顧客方面雖然也了解這是遊戲的規則，姑且不談他們真正的需求，他們還是會明白、感謝主人的用心。這樣的待客之道，可謂由來已久，已經是一種傳統的待客形態。

但是，這樣的方式已經愈來愈不適用在當今的時代。那種有著根深蒂固的「察言觀色文化」的時代，已經漸漸在遠離。當今的社會日益富裕，人們的價值觀也愈來愈多樣化。即使是基於善意去推測、決定別人的需求，但是這個行為本身已經犯了某種危險。現代的孩子都很清楚自己的需求，而且忍耐的能力很差，有人戲稱為草莓族。從這些現象都可以清楚地了解，傳統的文化已經面臨了變質。

新時代的待客態度需要有一套更普遍的新原理為依據。每個人都希望自己做決定，而不是由別人來決定自己的事；而且每個人都會很重視自己當下的需求。以較概括的方式來形容的話，就是個人主義化的傾向愈來愈明顯。

知識補充站

　　日本有所謂的「おもてなし（omotenasi）」精神，也就是「款待」的意思，不只是服務，還要好再更好的款待你。由於在日本「顧客就是上帝」這種顧客至上的精神滲透了全日本，不論是到商店或餐廳、娛樂設施等，都會秉持著周到的服務精神接待顧客。

　　「到居酒屋或是高級餐廳時，店員常會以蹲坐姿勢點餐。起初可能會覺得有點太親切了，但漸漸適應後，就會開始對日本的專業待客之道以及笑容感到佩服，被如此對待的感受也很好。」

　　在日本進入餐廳用餐或是逛商店時，服務人員對待客人總是笑臉迎人，用溫柔的聲音，盡全力滿足客人的需求。尤其是第一次看到店員甚至跪著點餐時，想必許多外國人都會非常驚訝的吧！「一開始不習慣，還會想跟對方說『其實不用這樣』，但漸漸地也就習慣了」。

　　日本人愛鞠躬可以說是聞名世界的，不過其實就像我們的作揖一樣，這鞠躬裡頭也有不少講究。依照不同場合、對象，狀況，鞠躬的角度和時長都有所不同。而通常在我們逛日本百貨公司的時候，大多數售貨員都會以二十度左右的鞠躬來表示謝謝光臨，面對長者或地位比較高的人，則會以腰部彎曲四十五度左右的鞠躬來表示尊敬。

7.3 以顧客為主的態度和周到的禮儀

　　從顧客的觀點去看事情、去了解顧客，這兩點是新的待客態度的基本原理，對待客人必須從這些觀點出發。它的主體是在客人而非主人。有的客人希望從容不迫地接受服務；有的人則希望像處理商務一樣，要簡潔、講求效率。

　　有一位女職員在拜訪完客戶後的回家路上進入一家冰淇淋店，點了一客冰淇淋。因為她是這家店的常客，所以和店員都很熟。但是在這麼疲憊的時候，她只希望安靜地放鬆一下身心，不要再被問東問西或閒話家常。由這個例子我們可以了解，並非態度和藹可親、多和顧客交談就一定是受歡迎的待客態度。

　　若要站在顧客的觀點看事情，必須具備觀察顧客狀況的能力，同時必須和顧客產生共鳴。如何讓服務人員具備柔軟的感受性，管理者的指導是很重要的關鍵。我認識一位工讀生在學校的書店工讀，她的聲音很小。書店的主管建議她說話的時候必須注視客人的眼睛。我一直很在意這位學生的聲量太小，但是當我聽到主管給她的建議時，令人感到非常的折服。在這麼能夠理解人的管理者手下工作，必定可以提高對顧客的洞察力。

　　第二項基本原理是要有禮貌和客氣的措辭。服務提供者和顧客之間的關係是一種角色的關係，待客態度應該清楚地把這種關係反映出來。因此，服務人員對顧客應該表現得有禮，同時用字遣詞也要注意禮節。倒是不必刻意曲意奉承，因為顧客和服務者之間的關係，並非上下之間的關係。即使是採用講求效率的商務式服務，也必須對顧客心懷感謝，同時重視他們的存在。

　　當我們進入美國的商店時，店員那種很自然、不刻意的關心態度，以及和顧客之間的互動方式，總是令人感到很舒服。當客人走進店裡流覽商品的時候，店員過一會兒會向他打聲招呼說：「您在找什麼東西嗎？」。客人如果回答：「沒有，只是看看而已」，店員會接著說：「那您慢慢看」。客人看完東西要離開時，如果向店員說聲謝謝，店員也會回應一聲謝謝，讓顧客感到他很感謝你來參觀他們的商品。顧客雖然沒有買任何東西，卻可以感受到小小的充實感。在國內如果顧客沒有買任何東西就離店，總是難免覺得受到鄙視，和美國相較起來，可說差異甚大。顧客和店員之間基本上是對等的，角色雖然不同，重要的是如何把角色扮演得好。

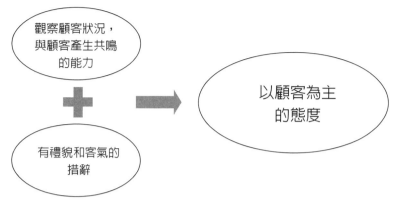

圖 7.1　站在顧客立場需具備的基本原理

知識補充站

　　不能去日本住飯店就把日本飯店搬來吧！不到日本也能享受日本的體貼服務！

　　隨著日本觀光客及商務客來台人次持續升高，台北市儼然成為日本旅館業在台投資最大市場，未來台北的日本味將愈來愈濃。反觀台灣是日本熟悉的市場，台灣消費者又熟悉日本品牌，加上日本來台遊客人數穩定增加，都有助提升日本企業來台投資意願。

　　過去一年多陸客來台人數直線下降、國內頻傳中南部飯店求售之際，為何日本大企業逆勢操作，積極搶進台灣旅館市場，而且都集中在台北市？原因有四：

　　第一，日本社會少子化、老年化，內需市場動能堪慮，迫使經營國內市場的行業將眼光投向海外。

　　第二，日本來台旅客規模持續成長，本地旅館供給不足，日客的品牌忠誠度又高，都是吸引日商大規模布局台北的原因。

　　第三，日客來台仍主要集中北台灣，特別是台北市及新北市，因此日系旅館地點自然聚焦日客集中地。

　　第四，國人對日本人的服務讚譽有加，喜歡日式的款待，喜歡日式的美食，尤其在疫情期間無法出國，依然嚮往日本式的服務，藉此一解相思之愁。

　　今年因為疫情不能出國，但想不到日本和苑三井花園飯店就直接進駐台北了，整個飯店的結構與配置，真的跟日本飯店好像！雖然三井花園是日本飯店原汁原味來台，但一樓大廳的大螢幕經常播放「台灣」各地區的風俗民情，感覺台灣真的也很美。台北和苑三井花園飯店，在規格上感覺有日本三井Premire 等級，在房間的大小及設備上也都比一般版本的三井花園來得好，而且很重要的還有「大浴場」的設置，讓人真的好像在日本住飯店一樣！彷彿到日本一般。

7.4 有關待客態度的五項基本原則

新時代的待客態度，應該包括下列 5 項基本原則。
1. 站在顧客的立場，以顧客的觀點去掌握狀況。
2. 態度要有禮貌，用字遣詞要客氣。
3. 要讓顧客感覺安心。
4. 尊重顧客的自尊心。
5. 遵守公平對待的原則。

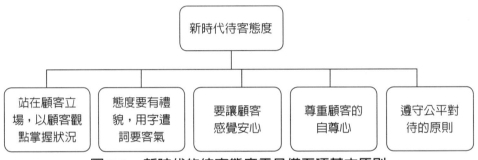

圖 7.2　新時代的待客態度需具備五項基本原則

關於 1、2 兩項前面已經說明過，此處僅就剩下的三項進行檢討。

首先是「要讓顧客感覺安心」，這項可說是待客的最基本原則（出發點）。安全的需求是其他高階需求的根本，人必須在心理安定的狀態下，才能覺得心情自在，同時充分發揮自己的能力。相對的，人在不安定的狀態下，會感覺畏縮、無法採取積極的行動。在服務的消費面上，由於顧客和服務業者的人員會產生許多新的交互作用，所以除非已經很習慣了，否則顧客通常會感到不安。到過去沒去過的美容院、醫院或餐廳消費時，相信絕大部分的人都會擔心會受到什麼樣的待遇。當一個人無法去預測接下來會發生什麼事時，任何人都會感到緊張與不安。不安的情緒會讓人建立起防衛的心理，大幅削弱顧客享受、期待服務的能力。

服務人員溫和的笑容和寒暄，可以使這些不安的感覺化為愉快的期待。而如何使顧客感到被接納、被歡迎的氣氛是很重要的關鍵。我們都知道第一印象常可使人立即產生期待，而且一直影響到後來，在服務的消費中也有同樣的情形。一開始就讓顧客感到被接受的溫馨，等於在告訴顧客：「我們會努力百分之百地達成您的願望」，讓顧客感到安心，這是非常重要的出發點。如果顧客能夠用自然的態度，很有自信地與服務人員互動的話，顧客消費之後的滿意度必然可以提高。

第四個原則是要尊重顧客的自尊心。每一個人都有自己的自豪之處，如果在別人面前被侮辱或無理地被對待，受傷的自尊心，記憶會長久留下，如果他是一位顧客的話，絕對不會再次成為該產品或服務的消費者。非但如此，他可能會向他的朋友做負

面的宣傳。

在很多服務的場面裡，有兩項因素會關係到顧客的自尊心。第一是顧客常常會想要掌握主導權（因為他認為自己是客人）。第二是服務人員因為在該服務方面比較專業，所以當然擁有較多的資訊。因此，當服務的負責人員在提供資訊的時候，由於前述第一項因素的關係，顧客會有很強的自尊心，總是習慣「裝作知道的樣子」。相對的，服務的人通常習慣對顧客採取「教導」的姿態。因此，服務業在提供資訊、建築、醫療等專業知識、技能時，必須特別注意「自尊心的問題」。

在這種微妙的狀況下，服務人員首先必須注意的是不可以使用專業用語。專業用語是該行業的人專屬的用語，所以，應該使用一般人可以理解的話去做說明，這是基本的原理。其次，對顧客而言，他所相信的事就是事實，所以絕對不能和顧客爭辯。即使得理不饒人，辯贏了顧客，使其顏面盡失，最後失去工作的仍是自己。所以，服務人員應捨棄教導別人的態度，先接受顧客的主張，不要加以否定，再依循比較商務的方式，提供正確的資訊給他們。換句話說，要讓顧客自己去做判斷。身為一位服務人員應該設法培養以幽默的方式、溫和的語氣和顧客溝通的能力。我們必須記住一件事情，愈是不喜歡特別被慎重其事對待的客人，其自尊心愈強。

知識補充站

分享 4、5 年前在倫敦某機場等候辦理入境手續時的一件事情。排隊的隊伍分為英國籍人士與外籍人士兩種，各有三個負責的辦理櫃台。眼見著英國人士那邊一個個順利通關，外籍人士這邊卻大排長龍等候辦理手續。雖然有一位中年的女性服務人員在場指示每一個人應到哪一個櫃台排隊，隊伍仍然遲遲不能順利前進。最後終於有一位看起來很像美國人的男性，忍不住大聲地問道：「為什麼不能使用哪邊（英籍人士專用）的櫃台？」那位服務人員面無表情地回答：「這是規定」。很多人聽到了這個回答也相繼提出了抗議，但結果仍未獲重視。我們整整排了一小時的隊才慢慢靠近櫃台，旁邊很多人則是不斷你一言我一句地在抱怨。

第五個個原則是要公平對待每一個顧客。顧客是否感到被公平對待，對服務的評價將產生極大的影響。就算服務的結果不能令顧客感到很滿意，如果其他的顧客也都受相同待遇，他們就比較不會覺得那麼的不滿。相反的，如果和別人比起來，只有自己未受到完善的服務，則就算結果並非太差，顧客仍會強烈感到不公平。不公平的對待方式只會激怒顧客的情緒。

這個例子中，倒不是負責服務的人員態度不公平或對顧客有差別待遇，基本的問題是在於它的體制。如果入關時機場的服務人員態度能夠和緩一些，告訴大家：「很抱歉，依照目前的規定，本國籍和外國籍必須分開」，形勢就會變成服務人員本身也是體制之下的犧牲者，相信等候的旅客也不至於會那麼生氣。所以，這裡也牽涉到了對待客人的態度。

另外，負責服務的人員也不可以在其他顧客的眼前，表現出對不同顧客有不同態度的行為。對重要的客人或是熟客予以特別待遇，就營業手段而言，或許具有其意義。但是如果當著其他顧客的面，對某些人特別殷勤對待，不但顯得不雅，也必定會對其他客人造成不良的影響。不論對待任何客人都必須秉持不變的態度，這才是有品格的待客態度。

身為一個服務人員，必須依據這五項原則，事先做好練習，務必使自己可以自由地發揮對待客人的態度。當然，還有一個更重要的前提是必須讓自己具備與服務內容有關的知識、經驗與技能，同時還要能夠充分滿足顧客的需求才行。想要當一位專業的服務人員，一定要在這兩個領域上力求表現。亦即在對待客人時，態度必須自然、超越形式，另外要用最高的水準去發揮這些能力。

知識補充站

去一家餐廳用餐時，餐廳除了提供美食外，服務人員也必須記住顧客的姓名、偏好等，當有老人家在場時，要注意年紀大的人牙齒不好，廚房烹煮食物時要特別煮熟一些，否則老人家咬不動即使是美食也是枉然。同時若是能記住顧客姓名、愛吃的菜等，顧客會很高興。當有小孩在場時，父母在意的是小孩，小孩能高興，父母親也就會高興，因之對待小孩不可草率、輕忽，仍要有以客為尊的心態。總之，服務人員要有貼心的服務，就能抓住顧客的心。

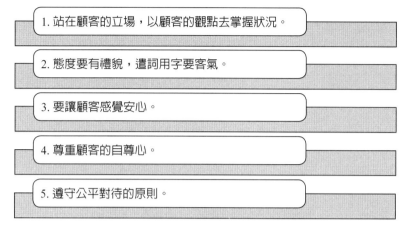

1. 站在顧客的立場，以顧客的觀點去掌握狀況。

2. 態度要有禮貌，遣詞用字要客氣。

3. 要讓顧客感覺安心。

4. 尊重顧客的自尊心。

5. 遵守公平對待的原則。

圖 7.3　服務人員應具備的態度原則

知識補充站

　　身為一位服務人員，必須依據這五項原則，事先做好練習，務使自己可自由地發揮對待客人的態度。

1. 站在顧客的立場，以顧客的觀點去掌握狀況。
2. 態度要有禮貌，遣詞用字要客氣。
3. 要讓顧客感覺安心。
4. 尊重顧客的自尊心。
5. 遵守公平對待的原則。

　　世上沒有做不好的事情，只有態度不好的人。做任何事情，都要有一個好的態度。有了好的態度，對工作、對他人、對自己都會表現出熱情、激情和活力；有了好的工作態度，你就不怕失敗，即使遇到挫折也不氣餒，而是充滿正面人生的勇氣，這樣的人一定會、一定更容易在事業和生活中取得比別人更好的成績，比別人更容易走向成功。成功人士與失敗人士之間的區別就是：成功人士始終用最積極的思考、最樂觀的精神和最輝煌的經驗支配和控制自己的人生。失敗者剛好相反，他們的人生是受過去的種種失敗與疑慮所引導和支配的。

　　俗話說，性格決定命運，好的性格就是由好的態度一點一滴的培養而成的。

　　決定你能否成功的關鍵，態度比能力更重要，一個人的態度會決定他能做到什麼樣的程度，好的態度是成就大事的必備條件。

　　態度決定高度，那什麼決定態度？很明顯答案是立場！

Note

第8章
服務關鍵時刻

8.1 為什麼服務接觸很重要

所謂「服務接觸」（Service encounter）是指顧客直接接觸企業所提供的具體服務時的那個狀況。也就是顧客與服務的組織相**接觸**的那個場景。就以到電影院去看一部目前正轟動的電影為例來說，首先因為不確定上演時間，所以會打電話給電影院詢問時間。接著會到電影院的售票口去買票、到入口處讓守門的服務人員驗票、引導員引導入座、入座之前可能會到商店去買些飲料，看完電影出來時，服務人員會向你道聲謝謝。看一部電影就可以發生這六種與服務組織的接觸。如果電影票是以自動售票機出售的話，就變成五次人與人的接觸，以及一次人與機器的接觸。一般來說，顧客與服務人員之間的「人對人的接觸」情形會比較多，但像銀行的自動提款機或網路購物等，顧客所面對的、所接觸的則是機器。

從電影院的例子可以明白，當我們在購買某一種服務的商品時，多半會連續接觸到幾個服務的場面。據說每一位到迪士尼樂園去玩的人，從買門票開始，平均至少要經歷 74 項的服務。

為什麼「服務接觸」的場面很重要呢？我們只要從「這是顧客與服務的接觸點」的角度去想它，答案自然很清楚。顧客在這些狀況下進行服務的消費，對服務的內容留下決定性的印象，同時做出個人對服務的評價。所以，顧客對整個服務商品是否感到滿足，很可能取決於此刻。

從飯店、餐廳、醫院、航空公司等服務商品可以看出，它的整個組織是對顧客生產服務的主要系統。換句話說，服務的商品以系統性的商品居多，而不是像有形的商品那樣，是單獨由產品本身帶給顧客價值。服務接觸場面是顧客和服務組織的接觸點，它對顧客所提供的個別服務，是藉由此處生產、消費及完成。一個服務組織在體制上的特徵，往往會藉由場面集中地顯現出來。因此，由這個意義來看，服務接觸場面是服務提供過程的決定性一刻，也可稱之為服務過程的「**最高潮**」（climax）。

另外，服務接觸場面如果是連續發生（其間可能會有時間的間隔）的話，各個服務接觸場面的重要性也會有差異。以電影院為例來說，在電影院附設的商店買不到想要的飲料，或是服務人員的態度不是很好，這些可能不太會影響觀眾對電影演出的評價。但是如果情況換成是住院接受醫療服務的話，與護士之間的服務接觸就會格外受到重視。根據美國連鎖飯店瑪莉歐特（Marriott）的調查顯示，排名前 5 項影響顧客忠誠度的重要服務接觸場面當中，有 4 項是發生於最開始的 10 分鐘內。

但是，在連續發生的服務接觸場面之中，也有乍看之下是微不足道的小事，但卻影響深遠的情況，以下我們就來介紹一則這樣的例子。

·免費停車

有一天早上約翰·派利先生開著卡車到隔壁鎮上的園藝用品店去購物。到達該鎮的時候，因為所帶的現金很少，所以派利先生先到銀行去將個人的支票換成現金。他先將卡車停在銀行的停車場，然後進去換錢。可是當他換完錢要開車離開停車場的時

候，停車場的工作人員告訴他停車券必須蓋章才得免費停車。派利先生請工作人員幫他到銀行裡去蓋個章。

但是，這位工作人員從上到下打量派利先生一番，看他身著骯髒的牛仔褲和運動服，便告訴他如果跟銀行沒有交易往來是不能蓋章的，而且支票交換現金不能算是交易。派利先生只好叫來經理請他幫忙，不料銀行經理也和停車場的工作人員一樣，先上下打量派利先生一番，然後告訴他無法替他蓋章。最後派利先生只好說「那就算了！」付了70分錢給停車場的人，掉頭便走。

派利先生回到自己的鎮上後，便到同一銀行將自己所有的存款提出，存入另外一家銀行的新開戶頭內。派利先生與先前這家銀行總共往來了30年，存款的金額高達百萬美金。但是這家銀行卻為了區區的70分停車費，喪失了一位百萬存款的客戶。

要求一連串的服務接觸場面都達到最高的品質，也許比較困難。但是，顧客所經歷的複數個服務接觸場面之中，只要有一項離平均水準太遠，有時就會讓整個服務過程，因此付之一炬。服務業者必須遵守的一個基本方針是：重要的接觸部分，必須設法提供最高的服務，其他的部分也必須確保平均以上的水準。

知識補充站

根據美國連鎖飯店「瑪莉歐特」（Marriott）的調查顯示，排名前 5 項影響顧客忠誠度的重要服務接觸場面當中，有 4 項是發生於最開始的 10 分鐘內。

服務業者必須遵守的一個基本方針是：重要的接觸部分，必須設法提供最高的服務，其他的部分也必須確保平均以上的水準。

8.2 什麼是「關鍵時刻」與從業人員在關鍵時刻中所扮演的角色

有一句話可以用來表達服務接觸場面的重要性，那就是「關鍵時刻」（The moment of truth）。

80 年代初期，SAS 航空原本處於虧損的狀態，後來經由一連串的組織改革，才將虧損轉爲盈餘。當時的董事長卡爾森（Carlzon）曾將這些經驗寫成書，書名便叫做《關鍵時刻》，這個用語後來被翻譯成中文，成爲很有名的一句話。由於這句話是因爲卡爾生的著作才出名的，所以一般都以爲這是卡爾森本人所創造出來的用語，但其實最開始使用這句話的是以顧問身分參與 SAS 航空改革計畫的理查·諾曼（Richard Normann）先生。諾曼以西班牙的鬥牛爲例子說明什麼叫做「關鍵時刻」，即當鬥牛士與受傷的牛兩者正面相對，鬥牛士以長劍向牛補上最後一劍的那一刻，就是所謂的「關鍵時刻」。換句話說，服務業提供服務給顧客，當它完全擄獲顧客的心、使其成爲自己的忠實顧客的那一刻，便是所謂的服務接觸場面。北歐（SAS）航空的改革重點之一便是設法去改善與顧客的接觸點，充實這關鍵時刻的內容。

在國內，對於這裡所說的「關鍵時刻」的內容，似乎有些誤解。所謂關鍵時刻，正如對所謂的「服務」一詞的理解，一般認爲它指的是從業人員在與顧客接觸時的態度。正如我們前面說過的，不論服務人員表面的態度再好，如果服務的結果不符合顧客的期望，最後還是無法留住顧客。抱持著「人生難得再相逢」的精神，將自己所有的能力都發揮出來、奉獻給顧客，才是「關鍵時刻」所意謂的內容。當你面對的顧客是一個人的時候，只要稍有疏忽，對方會很敏感地察覺。所以，在對待客人的時候，必須非常用心，否則顧客一旦感到失望，可以會因此永達不再利用這項服務。它就像鬥牛場的牛一樣，用它的角來反擊你。

服務業想要提供高品質的服務，掌握關鍵時刻的眞髓，必須具備幾項條件。若只就以人爲對象的服務來考慮，首先從業人員必須有高度的工作動機，對服務的相關內容有高度的知識與技能；另外，在待人方面，必須具備高度的感受性與對狀況的理解能力。在組織的體制方面，必須能將現場的處理交由從業人員去進行。如何去實現這些條件，是服務業在經營上所要面對之課題。

關於充實關鍵時刻，組織方面必須具備哪些條件，我們將會在後面逐一檢討。此處我們先來檢討從業人員在顧客的接觸上，應扮演什麼樣的角色。這裡要討論的角色、任務問題，與提供服務這件工作本身有關，與前章提到的待客態度方面的任務，是屬於不同的層面的問題。換言之，待客態度是以一般的人際關係原則爲基礎，但是我們接下來要談的從業人員的任務，它是以提供服務這個工作爲其前提。也就是說一個服務工作者，當他在與顧客接觸的時候，他必須同時注意顧客的兩個層面巧妙去因應。一個層面是顧客本身是一個「人」，另一層面是顧客是一個前來利用服務的「購買者」。作爲一個服務的從業人員，必須用心去設想顧客的這兩個角色，以自然的態度去達成自己的必要任務，這樣才能算是眞正的服務高手。

　　在與顧客正面接觸的時候，服務的從業人員必須充分達成以下的數個任務才行。這些任務包括下列五大項：

1. **諮詢者**（counselor）：使顧客的需求顯現。
2. **顧問**（consultant）：針對服務業者的服務內容提供資訊。
3. **媒介者**（mediator）：扮演服務業與顧客之間的仲介。
4. **製作者**（producer）：將提供服務的過程呈現出來。
5. **實行者**（actor）：提供服務。

　　顧客與服務人員的接觸時間，會因服務的內容（例如零售或醫療等）以及其他多項因素（例如顧客是否事前已決定要買什麼才來）而有不同，有的很短的時間即可完成，有的需花很多時間去溝通或說服對方。換句話說，顧客與服務人員之間的相互行為，其內容會因狀況而有很大的差別。但是，除非顧客與服務人員之間已針對要提供的服務內容進行過了解，否則一般來說，服務人員（不論個人或數人），都必須執行前述的五項任務。前三項的目的是透過與顧客之間的溝通，使要提供的服務內容明確，其餘的兩項則與服務的執行有關。

知識補充站

　　關鍵時刻（Moments of Truth, MOT）這一理論是由北歐航空公司前總裁卡爾森（Jan Carlzon）創造的。他認為，關鍵時刻就是顧客與北歐（SAS）航空公司的職員面對面相互交流的時刻，也就是指客戶與企業的各種資源發生接觸的那一刻。這個時刻決定了企業未來的成敗。卡爾森在 1981 年進入北歐航空公司擔任總裁的時候，該公司已連續虧損且金額龐大，然而不到一年時間卡爾森就使公司由虧轉盈。這樣的業績完全得益於北歐航空公司員工認識到：在一年中，與每一位乘客的接觸中，包含了上千萬個「MOT」，如果每一個 MOT 都是正面的，那麼客戶就會更加忠誠，為企業創造源源不斷的利潤。

　　卡爾森提出：平均每位顧客接受其公司服務的過程中，會與五位服務人員接觸；在平均每次接觸的短短 15 秒內，就決定了整個公司在乘客心中的印象。故定義：與顧客接觸的每一個時間點即為關鍵時刻，它是從人員的 A（Appearance）外表、B（Behavior）行為、C（Communication）溝通三方面來著手。這三方面給人的第一印象所占的比例分別為外表 52%、行為 33%、溝通 15%，是影響顧客忠誠度及滿意度的重要因素。因此，推動 MOT 可有以下的預期效益：

1. 服務品質標準化：提升服務水準、減少服務糾紛。
2. 訓練優質員工：經由完整的 MOT 訓練讓員工發自內心關懷顧客並提升事情處理能力。
3. 強化人際關係：藉由服務過程，員工對顧客做好個人營銷，可擴展個人人際關係。
4. 提升工作效率：協助第一線員工在第一時間內對顧客做好完整的答覆及應對。

8.3 使顧客的需求明確

除非那一位顧客是曾經利用過該服務的常客，否則未必都能對想要使用之商品有具體、明確的印象。大部分的顧客都是抱著朦朧的期待而來的，就算來的顧客有著明確的印象，他們也未必能將意念傳得清楚。服務人員透過與顧客的對話，或是藉由顧客的情況、身體語言去掌握他們的潛在需求，並與顧客一起去確認這些需求。在心理諮詢中，心理醫師透過會話將患者的潛在需求及其心結引導出來，然後再向委託諮詢的患者確認，使其了解狀況。換句話說，心理諮詢者的工作是讓委託者自己去處理自己所存在的問題。我們這裡之所以說服務人員必須扮演諮詢者的角色，就是引用這個意義。換句話說，服務人員的工作就是設法去幫助顧客，了解他們自己的具體需求。

由於服務的商品無法像有形的商品一樣，排列出來供人參考比較，因此諮詢服務也就愈加顯得重要。除了某些特定的服務之外，一般較為專業的服務都會在開始的階段，先確認好顧客是基於什麼樣的目的，打算以多少的預算來消費。若能在一開始就提供顧客符合其期待的適當服務內容，將可減少許多顧客對服務評價的問題。特別是醫療、教育、建築、理容院、廣告、法律、資訊提供、資訊系統產業、伙食供應等外食產業、葬儀業等的服務業，事前提供相關的服務諮詢，更是非常的重要。過去對法人性質的顧客對象，服務業會比較重視這些。但是，預料未來即使顧客是獨立的個人，這些也都將成為極大的重點。

知識補充站

以餐廳的例子來說，進門時顯得行色匆忙的客人，通常一定有急事。所以，服務人員可先向客人確認一下是不是在趕時間，然後再向客人解釋菜單中的哪些菜可以出得比較快。若進門來用餐的是情侶，則應設法安排他們坐在角落的位置上。這些周到的設想，都會令顧客感到滿意。到一般零售商店購買商品的顧客，情形也是一樣，他們不一定是事先已決定好要買的東西才來的。所以，服務人員應先透過與顧客的對話，去了解顧客這些商品是要用在什麼地方？理解了顧客的目的與想法之後，商店有時候可以給顧客更多的建議。

　　除此之外，對企業而言，這種諮詢的工作也具有重大的意義。由於諮詢的目的是使顧客的需求明確，明白顧客會在什麼樣的情況下消費這些商品，所以姑且不論企業目前是否有因應這些需求的能力，至少企業可藉此了解顧客的需求與變化以及顧客對商品賦予什麼的意義、顧客的消費背景等等寶貴的資訊。透過與顧客的直接接觸進行市場調查，是「**關係行銷**」（relationship marketing；後面的章節將另做介紹）的重要手法之一。因此，企業必須建立一套有效機制，利用與顧客的接觸去掌握顧客的需求，並將這些需求化為數據加以利用。

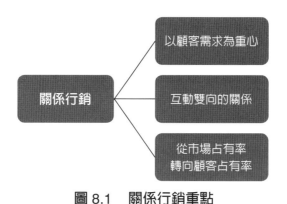

圖 8.1　關係行銷重點

8.4 告訴顧客自己能提供什麼

　　服務業者除了扮演諮詢者的角色之外，另外還要扮演顧問的角色，兩者可謂相輔相成。明白了顧客要的是什麼東西之後，接著便是提供顧客資訊，讓顧客了解本公司如何去因應他們的需求。這些工作必須確實、有要領地去進行才可以。如果能在前面這個階段明確掌握顧客的需求，接下來要適切地告知顧客自己能提供哪些商品，就不是太難的事了。倘若能建議的商品只有一種的話，就以該商品推薦給顧客，但如果同時有數樣商品都能符合顧客的需求的話，則應設法以簡潔的方式向顧客說明這些有關的商品，然後讓顧客自行去選擇他們所要的東西。即使有非常符合顧客的商品，但在解釋完其他商品之後，仍要尊重顧客本身的選擇。因為顧客有選擇的權利，從多種商品當中去挑選他們喜愛的東西。換句話說，顧客有權利自己做決定，或體驗自我決定的購物樂趣。唯有由他們自己決定自己要的東西，才能讓他們感受到滿足與成就感。

　　不論是百貨公司也好、專門店也好，對零售業者來說，他們必須提供給顧客的最重要服務是要讓顧客買得到他們想要買的東西。換句話說，商品的品項必須齊全。真正的品項齊全，指的並不是要展示很多的商品。有時商品的數量雖然不多，但是如果這些商品都能讓顧客有購買的慾望，那麼這就是很好的商品項目。當顧客找到想要購買的商品群時，服務人員便可扮演顧問的重要角色。如果服務人員能先了解顧客的需求，以及他們要在什麼情況下使用這些商品，進而推薦他們有哪些商品可以選擇的話，顧客必然可以從這些建議的商品當中，找出他想要的東西。出示多種可以選擇的商品給顧客比較，藉由各種特徵的說明與比較，顧客可以從這樣的過程當中，達到某種程度的購買決定。這是顧客與服務人員之間的共同作業，亦即當顧客的需求與服務人員所提供的資訊產生共鳴時，便會形成所謂的「共創的過程」，顧客在這過程中會達到某種程度的意志決定。過去服務人員接待客人的方式，通常不會試著去了解顧客的需求與使用背景，只是扮演回答顧客問題的角色。這樣的方式是無法創造銷售服務的真正價值。

　　在與顧客共同創造的過程中，服務人員原本就應該扮演顧問的角色。換句話說，他必須對於自己負責的領域有充足的專業知識和經驗，如果目前剛好沒有符合顧客需求的庫存商品，不能說服顧客安協。正確的作法應詢問顧客願不願等貨送來，或介紹他到其他還有存貨的商店去買，即使對方商店是自己的競爭店，也必須有此見識。雖然介紹顧客到別家店去買，會讓自己失去這次的生意，但是如果能因此獲得顧客的信賴，將可成功地建立與顧客之間的關係。倘若這個顧客能繼續來光顧，而服務人員也能每次都周到地因應，則顧客就會把這位服務人員視為自己在這個商品領域的「顧問」。兩者也可因此建立穩固的情誼關係。相反的，如果服務人員只會說一些好聽的話，設法讓顧客購買自己手邊的商品，就長遠來看，最後將會使顧客感到失望，與顧客建立良好情誼關係的可能性也就相對降低了。

　　另外，一個服務人員在扮演顧問的角色時，必須注意的一點是在向顧客提供資訊的時候，在態度上必須控制一下，不能顯得過於自負。譬如說有的服務人員常會用「這樣的選擇是對的」的口氣和顧客說話，或用強迫推銷的方式讓顧客接受。其實這樣非但不能贏得顧客的信賴，反而會讓他們感到不愉快。儘管這些作法是基於爲顧客著想，但以強迫的方式去推薦某項特定商品，作法本身就不恰當了。就算顧客不得已聽從了建議，他仍會覺得自主決定的領域受到侵犯，下次再來光顧的可能就不太高了。

　　另外，我們一再強調的是不可對顧客使用專業用語。否則這樣的服務人員將被認爲過於獨善，不能站在別人的立場爲人著想。顧客對這樣的服務人員是不會產生信賴的，而對身爲一個服務人員而言，這樣的作法也有失資格。

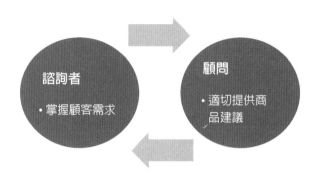

圖 8.2　服務業者需要扮演的角色

> **知識補充站**
>
> 　　服務業者除了扮演諮詢者的角色之外，另外還要扮演顧問的角色，兩者可謂相輔相成。服務人員首須明確掌握顧客的需求，接下來要適切地告知顧客自己能提供哪些商品，就不是太難的事了。明白了顧客要的是什麼東西之後，接著便是提供顧客資訊，讓顧客了解本公司如何去因應他們的需求。一個服務人員在扮演顧問的角色時，必須注意的一點是在向顧客提供資訊的時候，在態度上必須控制一下，不能顯得過於自負。

8.5 顧客與企業之間的仲介

我們先來看一則事例：

住在美國加州聖塔摩尼卡（Santa Monica）的約翰．史密斯先生，心中著急得晚上都睡不著。因為明天下午他就要嫁女兒了，但是結婚宴會的場地卻忘了去變更日期。結婚日期原來是訂在 10 月 5 日舉行，後來因為新郎工作的關係，必須延後一週，改在 10 月 12 日。雖然發給親友的請帖都已更正為 10 月 12 日，但是他卻忘了向飯店通知結婚會場的預約也要順延一週。等到結婚前的 10 天，他突然記起這件事，才慌慌張張地聯絡飯店要更改預約。但是沒想到飯店卻告訴他 10 月 12 日當天所有會場都已被預約滿檔，目前已沒有其他可以容納 50 位客人的房間。

進退維谷的史密斯先生只好親自去找飯店的負責人接洽，因事態嚴重，他幾乎是急得要哭出來了。負責人靜靜聽完他的話後，告訴史密斯先生說：「就交給我辦吧，我來想想辦法。」

結婚當天，在教堂中結束結婚儀式之後，參加者紛紛前往飯店，但是飯店引領來賓前去的並不是豪華大廳，而是游泳池畔的草坪庭院。飯店利用可以移動的景觀植物將游泳池隔開，在院中擺好了鋪上白色桌布的宴會桌，並已準備好了菜餚。除此之外，四處也布置了照明用的火炬，並從飯店向會場投射燈光，另外也準備了致詞用的麥克風，婚禮就在悠美的樂聲及燦爛的星空下，完美地演出。

服務人員本身是組織的一份子，所以當他們在接待顧客的時候，除了必須考慮如何使組織有效地運作以確保其利益之外，還必須遵守組織所規定的程序與規則。另外，對於顧客的無理要求（超乎組織的應變能力），必須加以拒絕。但是，我們常看到的情形是顧客往往會基於本身的理由，提出一些超出規則及範圍的要求。因此，負責的服務人員除了一方面代表組織之外，另一方面還要扮演媒介者的角色，設法使顧客的要求達成最大的限度。

服務人員最好要有臨機應變的能力，像前面舉出的例子一樣，能在突發的狀況下，採取適當的因應處理。即使有時候這些處理會不符合一般的例行作業或規則也無妨。因為這些超越一般業務範圍的服務，多半可以帶給顧客高度的滿足，同時可因此和顧客建立穩固的關係。

關於應該在什麼樣的情況下，採取超越規則及程序的因應處理，很難有一定的標準。但是，如果顧客的要求太離譜，任憑如何努力，組織都無法提供該要求的話，只好有禮貌地加以拒絕。但是，如果是只要費點心思或加倍努力，就能應付的要求，必須設法替顧客處理解決。在面對這些判斷時，特別要注意的是負責的人員要有柔軟的姿態及想像力。而組織的理念與風土則是支撐從業人員，使其發揮能力的依據。組織的內部一定要培養讓從業人員站在顧客立場行事，允許負責人員在一定的範圍內，採取臨機應變處理的企業文化。如果組織的風氣還是侷限在一昧的官僚式作風，相對的，其從業人員也會失去柔軟的思考能力。由此可見，管理者的領導風格具有極大的影響力。這裡我們再來看另外一個例子。

在一個寒冷的冬天，日本北陸地區的一個小都市，一家女裝專賣店某日準備開幕。可能是事前開幕大特賣的宣傳奏效，在開店的半小時前，門口就已大排長龍。那天早上雖然天氣晴朗，但是戶外的氣溫卻是零下幾度，相當的寒冷。該店的大門採用透明的玻璃，裡面站著一位店員，準備開店時間一到，才開門鎖讓客人進店。開店的前10分鐘，排隊的隊伍已長達30公尺左右。因為天氣太冷，排隊的客人有的藉由踏步、有的藉由搓掌來禦寒。站在裡面等著開門的店員，雖然目睹這裡情況，卻依然沒有想要把門打開。開店的時間終於到了，店門一開，外面排隊的人一湧而入。其中排在門前的一位中年婦人，進門後卻抓住店員，大聲吼道：「難道就不能稍微提早一些開門嗎？真是不知變通。」該店的店長這時剛好站在該店員的旁邊，聽到婦人的抱怨時，他也喃喃說道：「真是厚臉皮的中年婦女！」這家商店由於無法挽回待客態度不佳的評價，業績也一直無法提振。

知識補充站

在零售店的待客服務中，大部分的工作與顧客接觸的短暫時間內完成。因此，服務人員的臨機應變處理也就格外重要，相對的，授予服務人員權限，也是非常重要的。所謂授與現場從業人員權限，指的並不只是放寬規則，或是擴大工作上的權限幅度。重要的是，從業人員還是要遵守規定的規則，但是另一方面當他們判斷有必要採取某些處理時，必須能夠讓他們有彈性的行動空間。在以滿足顧客為首要考量的理念下，企業必須允許從業人員有採取臨機應變措施的權限。換句話說，企業內部必須培養這樣的風氣，這是必要的條件。因此，一個有管理能力的管理者，必須能夠培育從業人員，同時信任部下的能力才行。

此外，以餐旅為例，身為餐旅服務人員應具備的基本條件：

1. 高尚的品德，忠貞的情操

餐旅業係一種高尚的服務事業，其從業人員須具備高尚的品德、高雅的氣質風度，始能給予客人一種可信賴、溫馨的感覺。

2. 豐富的學識，機智的應變力

餐旅服務人員須有良好的教育與豐富的知識，才能應付繁冗的餐旅工作，以建立專業的服務形象。一位優秀稱職的餐旅服務人員，還須具有機智的應變能力，能夠在適當時機做正確的事、說正確的話。

3. 親切的態度，純熟的技巧

餐旅人員如果在接待服務之過程中，能以優雅純熟精湛的專業技能輔以溫馨親切的服務態度。餐旅人員之專業知能愈好，服務技巧愈純熟，不僅可提供顧客高品質的服務外，餐旅業之生產效率、翻檯率也相對會提高。

4. 專注的服務，察言觀色的能力

餐旅從業人員之心思要細膩，懂得察言觀色。專業的服務員能隨時保持高度警覺心，確實掌控餐廳服務區的各種狀況，並能及時迅速處理。

8.6 服務接觸場面的演出與執行

　　身為一位服務人員，他的職務是針對自己與顧客接觸的部分，將整個過程加以細分，設法使顧客在每一部分的服務裡都獲得滿足，欣然地回家。由此可見，服務人員所扮演的角色，和戲劇中的製作人具有相同的意義。因此，打從顧客進店（如果是店面的話）到他離開為止，服務人員都必須確實掌握其動向。必要時還要與負責背後作業的幕僚連絡以進行調整，務必使整個過程盡善盡美、沒有疏漏。即使整個服務的提供過程是由不同的部門分層負責，每位顧客體驗的仍是整個完整的過程。所以，服務人員必須站在顧客的立場，用心去安排顧客所要體驗的整個過程。而這就是扮演一個製作人所要完成的任務。

　　在製造業裡，一個產品從企劃到製造、銷售，整個過程都有全權負責的生產經理。而前面提到的這個角色，它的概念和這裡所說的生產經理是很相似的。在美國哈佛大學醫學院的附設醫院「Ves Israel 醫院」裡，從病患到醫院登記掛號開始，每人都會被分派一名護士人員，負責看護、管理病患從入院到出院的整個生活。該護士人員既是病患的護理實行者，也是病患的管理者。她們除了要與主治醫師討論外，還要擬定病患 24 小時的看護計畫。該護理人員在下班之前，還必須把工作指示給下一個接班的人員，等下次上班時，再回來照顧同一名病患。我們不難想像，如果病患的身邊一直能夠有一個這樣專職照顧他們的護理人員，對病患而言，將是多麼大的一個精神支柱！

　　除了某些業種（如零售業），其所提供的服務過程會在與顧客的一次接觸中就完成的之外，其他許多必須與顧客做多次接觸的服務（如旅館）裡，要靠單一服務人員去扮演製作人的角色，獨立去達成任務是很困難的。但是，如果負責各個部分的服務人員，能體認自己對顧客的整體服務體驗都負有責任的話，那麼不論其中任何一部分發生了問題，必然可以順利地採取行動去解決問題。服務人員不能抱著只要把自己負責的部分做好，接著再移交給接手的人就行了的態度。他必須掌握自己所負責的這一部分在整個流程中的意義，還要關心顧客是否能在接下來的不同過程中，獲得整體性的滿意。如果每位服務人員都能有這樣的服務態度，顧客在整體服務中所體驗的服務品質，自然可以提高。

　　顧客在服務過程中所獲得的品質，依照經驗法則來看，它會受到顧客人數多寡的影響。從餐廳的例子來看，顧客人數過多或太少，顧客所受到的接待品質，都會因此下降。顧客人數太多會使服務人員忙不過來，客人太少則會使從業人員失去活力。在這些情況之下，管理者更需要扮演好製作人的角色。

　　服務人員的第 5 項任務是透過與顧客的接觸，以積極的方式去建議、說服顧客。透過與顧客之間的相互作用去完成服務，這樣的角色好比是一位演員。由於這個角色直接關係到如何去創造顧客的價值，所以對服務人員而言是最重要的一項職務。前面述及的四項角色，都是此機能（創造價值）的基礎。例如醫師的治療活動，美容院的剪髮、燙髮，顧問對委託者的提案，或者是資訊服務產業中提供加工過的資訊給顧客法人等。

　　那麼，服務人員本身需具備什麼樣的能力，才能達成他們被賦予的角色任務呢？第一，他們必須具備充分的職務知識、技能與經驗。第二，他們必須能夠站在顧客的立場，去感受顧客的感受。換句話說，他們必須能夠理解人性。一位不能敏銳察覺別人心情的人，不論他的實務能力再高，他都不適合去擔任服務人員。第三，要有良好的表達能力，這點的重要性可說不下於對人性的理解力。服務人員除了要具備良好的語言表達能力之外，他還要能夠充分運用身體語言才行。據說在一般的人際關係裡，能夠讓對方留下印象者，語言只占了 7% 的影響力。其餘完全要看聲音、表情、身體語言去補強。由此可見，要扮演好服務人員的角色，他必須有良好的演技才行。但是，雖說是演技，卻必須是發自內心的真情演出才行，否則將無法打動人心。總而言之，如能在與顧客接觸的時候，達到彼此心靈相通，那才是最高的境界。

圖 8.3　服務人員需具備的能力

知識補充站

　　以上所檢討的是有關服務人員的 5 項角色任務。這些角色有時必須在一次的服務中全部扮演，但也有的情況是在不同的部分，連續分別扮演各種角色。一個服務提供體制的設計者，除了必須讓各個部分的角色內容明確、對既有的價值創造機能加以定義之外，對於提供顧客服務的各個環結之間，也必須用心去設計。否則，就算各部分都充分發揮了機能，如果連結點出了紕漏，整體的過程可能會因此受到阻礙。例如，就算飛機的旅行非常舒適愉快，但如果人已轉機到達目的地，但託運的行李卻未能隨著到達，則整個愉快的氣氛可能遭到破壞。

8.7 關鍵時刻的感人事例

本章最後，我們來欣賞一則《關鍵時刻》書中的感人事例。

皮特森是一名美國商人。目前正下榻瑞典斯德哥爾摩的麗華大飯店。有一天，他和同事約好，一起前往城北的亞蘭大機場，搭乘北歐（SAS Airlines）航空的班機赴丹麥首府哥本哈根。航程為當日即可抵達，此行對他而言極為重要。

等他抵達機場時，才發現忘了最重要的一件事，他在臨行前把機票擺在寫字檯上，穿上外套卻忘了順手把機票帶走。

誰都知道，沒有機票休想上飛機。皮特森也知道這個道理。於是他打算不搭乘這班飛機，並且取消哥本哈根之行。可是，當他把情形告知票務人員時，卻得到令他驚喜的回答。這位票務人員面帶微笑地對他說：「皮特森先生，不用擔心，請你先拿這張登機證，裡面有一張臨時機票。再請您把旅館的房間號碼及哥本哈根的通信地址告訴我就行了，其餘的事統統交給我辦！」

該票務人員打了一通電話給旅館，皮特森和他的同事則坐在大廳等候。旅館方面派人查看皮特森的房間，發現正如皮特森所說的，他的機票就放在寫字檯上。票務人員立刻派人趕去旅館取回這張機票，並在起飛前送到機上，當空服人員走近皮特森的座位，低頭對他說：「皮特森先生，這是您的機票！」我們不難想像他當時臉上的表情是多麼地驚訝！皮特森先生從此都是這家航空的忠實顧客呢！

知識補充站

服務人員的五項任務：
第一項任務：使顧客實際需要的需求明確。
第二項任務：針對服務業者的服務內容提供資訊。
第三項任務：扮演服務業與顧客之間的仲介。
第四項任務：將提供服務的過程呈現出來提供服務。
第五項任務：透過與顧客的接觸，以積極的方式去建議、說服顧客。

第9章
服務的分類與構成要素

9.1 服務商品可以如何分類(1)

　　由於服務的本質是活動，所以它的分類會比有形的產品來得多。服務與有形產品的產業財及消費財一樣，可依消費的對象，分成以法人顧客為主的服務，以及以一般消費者為主的服務。另外，比較屬於產業財的服務業有顧問業及資訊服務業等，比較屬於消費性的有外食產業、醫療、教育等多樣的業種。此外，如果就效果的持續性來看，有的偏向比較耐久型的消費財（例如教育），有的則是屬於單一次的非耐久型消費財（例如外食）。

　　但是，若就我們的觀點來說，只將服務單純加以分類，本身並不具有什麼意義。我們想要知道的是這些分類究竟對服務行銷能夠有什麼樣的啟示。若就這個用意來看，此處值得提出的分類包括：以服務的生產方式為依據的分類，還有以服務生產中的相互控制關係為著眼點的分類等。這裡我們先來看看拉夫洛克（Lovelock）所提出的「以服務對象為依據的分類」。

　　根據拉夫洛克的觀點，服務之商品首先可以依據以下兩個著眼的角度來加以分類，即①服務活動的對象，②服務活動的性質。其中的服務對象部分，還可以分為以「人」為對象，以及以人的「所有物」為對象二大類。至於服務活動的性質方面，也可以分為兩部分來看，一是「物理的作用」（即服務的結果會為利用者帶來一些物理性的變化），二是「無形的作用」（會為人的心理過程以及與工作有關的資訊性體系帶來某些影響，例如以資訊為主要題材者）。因此，若將此二次元製作成矩陣圖，可將服務分類為四大區位。

　　所謂服務就是對人或其所有物產生某種作用，或是對其對象產生某種變化的一個活動。此處所做的分類就是基於這樣的一個想法而來的。換句話說，所謂服務就是藉由加工或一些機能的變換，去改變自己或自己所擁有的對象物的現有狀態而言。

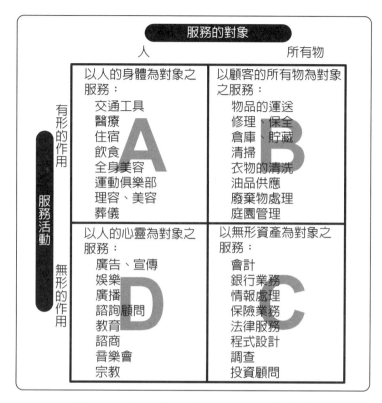

圖 9.1　拉夫洛克（Lovelock）的分類

出處：C.H.Lovelock Service Marketing, Pentice-Hall, 1996, p.29

9.2 服務商品可以如何分類(2)

在 A 區位中的服務是屬於對「人」產生「物理作用」的服務。交通工具的機能在於幫助人進行空間的移動；餐廳的作用在於滿足人的食慾；運動俱樂部的目的則是鍛練人的筋骨以增進健康。這一類的服務，顧客必須親自前往提供該服務的場地，直接參與服務的活動。雖然參與的時間有長有短，但是總是要撥出一些時間去參與這些活動。因此，對顧客而言，他們所關心的不只是服務的結果而已，他們也會考慮整個服務活動的內容（例如，顧客關心的不只是能否到飯店住宿，他們更在意有沒有辦法住得愜意、舒適）。因此，顧客所支付的成本裡，包括的不只是價格而已，同時還包括了時間、心理的成本（人際關係中的壓力及恐懼等），以及物理性的努力（疼痛、疲勞）等在內。

在 B 區位中的服務是屬於對「顧客的所有物」（不論是生物或非生物）產生「物理作用」的服務。例如物品的運送、機械類的修理、維護、衣物的清洗、庭園的管理、寵物的照料等，皆屬於此類。此類中的服務，絕大部分都屬於半製造業的工作，至於服務的生產地點，則會因服務的對象（顧客的所有物）是否能搬運（如衣物及小型機械器）等因素而產生不同的差異。例如，清掃房屋及裝修房子等服務，負責的服務機構必須派人親自前往顧客住處處理，但是其他的一些服務，顧客可自行將對象物帶到服務的提供地點。在這一類的服務裡，顧客所要扮演的角色是提出服務的要求內容、說明與付款，顧客很少直接參與這一類服務中的生產過程。

在 C 區位的服務是屬於對「顧客的無形資產」進行資訊處理之服務。例如銀行的存款、貸款及會計處理的相關服務等，都是對顧客的資金流動進行資訊處理的服務。貨幣本身雖然是物質，但在會計的處理中流通的只有資訊。法律的服務也是一樣，像刑事裁判中的辯護活動，便是以委託者的社會權利這種無形資產為其服務之對象。在此類的服務之中，服務活動的主體是人類的腦與電腦，而主要的工作內容為資訊的收集與處理。在許多情況之下也會利用資訊通訊系統作為其通訊手段。另外，雖然資訊本身是一種無形的服務成果，但是這些有時可以簡易地變換成信件、報告、錄音帶、光碟等的形態。也就是說這類的服務常常會將其成果加以數位化，以數位的形式去呈現服務的結果。

在 D 區位中的服務是屬於對「人」進行「無形之作用」的服務，亦即與人之心靈進行相互作用之服務。廣告、宣傳、教育、廣播、音樂會、戲劇、諮商等都屬於此類服務。由於訴諸心靈的內容會影響一個人的態度，其結果也會影響到一個人的行為，因此這一類的服務，通常需要有一些倫理上的規範（無論是內在或外在皆然，例如對暴力與色情的內容加以規範）。這一類的服務，顧客不一定要在特定的場所才能接受服務，但是因為在消費服務的時候，必須活化心理，所以感覺上好像必須有提供服務的場地才行（例如利用隨身聽享受音樂的時候，即使移動身體，耳朵仍然在聽著音樂）。所以，顧客必須花費一定的時間在他的消費上。另外，由於這類服務的內容是提供資訊，所以可以很容易轉化成以 CD、錄影帶、錄音帶等的方式去呈現。

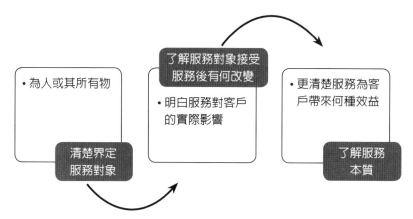

圖 9.2　服務分類架構協助服務管理者提供更好的服務

知識補充站

　　根據拉夫洛克的觀點，服務之商品首先可以依據以下兩個著眼的角度來加以分類，即①服務活動的對象，②服務活動的性質。其中的服務對象部分，還可以分為以「人」為對象，以及以人的「所有物」為對象二大類。

　　至於服務活動的性質方面，也可以分為兩部分來看，一是「物理的作用」（即服務的結果會為利用者帶來一些物理性的變化），二是「無形的作用」（會為人的心理過程以及與工作有關的資訊性體系帶來某些影響，例如以資訊為主要題材者）。

　　這種服務分類架構，可以幫助服務管理者回答下列問題：

1. 顧客是不是需要實體參與整個服務提供過程？只要在服務開始或是結束時參與（送車到修車廠過後再去取）或根本不需要顧客的參與。

2. 在服務提供過程中，顧客需要心理上的參與嗎？可以信件或電子溝通方式參與嗎？

3. 服務的對象在接受服務之後，會產生什麼樣的改變？顧客可以藉由改變得到什麼好處？

　　服務是短暫的，所以服務到底是什麼，對顧客有什麼作用，其實並不是那麼明顯的。如果我們能夠清楚處地界定服務的對象，以及服務對象在接受過服務後有了什麼樣的改變，我們就可以更了解服務產品的本質，更能清楚服務為顧客帶來什麼樣的效益。

9.3 從服務的類型看經營上的重點

　　服務業的經營者或管理者，通常不會認為自己的企業，與其他的企業或產業是共通的，他們會認為服務業是一個比較獨立的、有特色的業種。餐廳的經營者不會認為他們的店，會和飯店或運動俱樂部面臨同樣的經營課題或問題點。反之亦然，飯店也不會認為他們將面臨餐廳所要面臨的問題。但是，其實很多服務業都和其他企業有著共通的課題，而且，同時還有屬於自己業種的特有問題存在。這裡將服務加以分類的目的是要將共通的問題與特有的問題呈現出來，藉此去摸索各個領域所存在的行銷課題與經營重點。

1. 什麼是服務的利益

　　這裡的分類還可以讓管理者更進一步地了解，對顧客而言，他們想從該服務中獲得的利益是什麼？當然，每個管理者都知道自己企業的個別商品能提供哪些利益，但是他們還可以從更廣泛的角度去看它。例如 A 區位中的服務（生病之治療或餐飲），目的在於為顧客帶來一些物理的、生理的變化。像這些服務，假設顧客必須親自前往服務的生產地點，直接參與這些活動時，那麼對顧客而言，他們最關心的應該是在這一段時間能否過得很舒適，以及能否獲得愉快的體驗？另外，B 區位中的服務，目的在於對顧客的所有物施以加工（從廣義來看），所以顧客最關心的事是能否確實獲得可信任的加工？此外，由於 A 區位是以人為對象，所以業者必須經常提醒自己，是否有把人當作物品看待而以 B 部分的方式去處理這裡的對象？如眾所周知的，在許多醫療的服務中，業者常常會犯這種錯誤。

2. 如何去理解顧客的行動與期待

　　當服務的對象是人時（A 與 B 區位），對顧客而言，服務就是體驗，所以最重要的工作就是去充實、提高體驗的品質。尤其像 A 區位中的情形，顧客會親自參與服務的過程，所以應特別注意服務人員的態度，提升服務設施的舒適度，加強自助機器的方便性，掌握顧客的特徵與行動，以及提供適切的資訊等。另外，不論是哪一類的服務，都有可能因為資訊機器的運用，而大幅提升服務的效果與效率，所以業者必須勤於研究，並檢討如何投入適切的投資。

3. 替代通路之檢討

提供服務的具體方法，未來可能會因為資訊機器與通訊手段的發達，而產生極大的變化，這種情形以 C 區位中的服務最為顯著。例如，使用資訊機器的家庭銀行（Home-Banking），使得過去顧客必須親自前往銀行，填寫、處理資料的情況大為改變。另外，想要取得一些調查資料或不動產資訊，顧客也不必親自到店裡或辦公室去拿，只要有一台傳真事務機或手機，想要的資料都可以傳輸過來。當服務的內容是以資訊處理為主（如 C 及 D 區位的服務）時，目前它所利用的傳輸手段，速度已超乎我們的想像之快，而且仍然不斷在革新之中。

4. 服務設施的設計

不管是哪一類的服務，如果顧客在消費該服務時，必須親自前往該服務的生產地時，服務設施的環境與規劃，必須站在顧客的觀點去計畫。任何一種服務，最重要的是要讓顧客感到舒適，但是取決服務內容，有人要求的是迅速、簡潔；有人則需要強調悠閒或豪華的感覺。設施的設計也會因需求的不同而有差異。但設施的規劃，應該講究的重點是它能不能提供顧客符合服務內容的體驗。

現在，有的服務業為了突顯其特徵，想出了一個顧客不用親自上門，反過來把服務送到顧客家裡的點子。例如餐廳的外送服務；到府看診的牙醫及獸醫；到府理髮及家中醫療等等，都是屬於這類例子。今後，由於資訊機器的利用，預料將會有很多服務業，由**高接觸**（high-contact）服務，轉換為**低接觸**（low-contact）服務。屆時，服務組織將面對的最大課題是如何使機器更方便使用，如何針對機器的使用方法，提供資訊給顧客。

以上是針對**拉夫洛克**所提出的服務分類，就各項分類所包含的意義加以檢討。另外，在探討這些分類的意義時，應該特別注意以下兩點。

知識補充站

高接觸服務是指銷售服務人員在向顧客提供服務時，保持較多面對面的接觸機會。相對於低接觸服務而言，高接觸服務需要更多的人員參與。

零售業中，百貨商場是高接觸服務模式，而自選超市是低接觸服務。同樣的餐飲業中，自助餐是低接觸服務，而點菜正餐是高接觸服務。

圖 9.3　家庭銀行的服務內容

知識補充站

　　家庭銀行（home banking）也有人稱之為個人銀行（personal banking），是一種讓客戶坐在家中，也能得到銀行各種金融服務的業務。客戶利用家中的電話、個人電腦及數據機等，透過電信系統與公眾數據線路直接連接銀行的電腦，以直接鍵入密碼及指令的方式，執行與銀行之間往來的各種業務，如資料查詢、轉帳、付款、個人理財等交易。是一種典型服務到家的銀行作業系統，省卻親赴銀行的麻煩，也可解決目前營業時間的限制。

　　具有節省事務處理成本、提高銀行服務品質與效率、並可維繫銀行與客戶之間關係的優點。但由於家庭銀行是屬於一種直接擷取的作業方式，故其危險性相對也較高。

　　家庭銀行作業之服務內容包括金融商品介紹、個人帳務查詢、轉帳、理財及個人消費顧問等，端視銀行本身對此業務發展的階段及程度而定，包括：

1. 銀行基本服務：付款、轉帳、匯款、查詢餘額等。
2. 銀行進階服務：理財分析（買賣股票、債券等）、金融市場脈動及資訊之查詢、家庭購物、資產諮詢、融資貸款等服務。
3. 電子郵件：提供銀行與客戶雙向溝通的橋樑，家庭銀行的客戶可利用電子郵件來完成某些交易的申請作業，如填寫各項基本資料，供銀行先行作業。同時銀行也可以用電子郵件來通知客戶，如帳單、各種交易結果或是依個別客戶設定的警示訊息。

　　第一，屬於各個分類之服務，其主要技術具有哪些特性。服務之技術，無法像有形商品的生產一樣，只針對要變換的對象施以加工。即使服務的對象是人的身體，也不能忽視人的心靈；以心為對象時，也無法和身體分割。例如，娛樂雖然是以人的心為對象，但是有時候它必須借助工具，如遊樂區的雲霄飛車及自由落體等，去讓身體體驗驚悚的感覺。相反的，A 區位中的服務，雖然是以人的身體為對象的服務，但是顧客的心靈如果未能同時獲得滿足，它就不能算是完善的服務。

　　第二，由於這項分類把人和所有物，當作同一基準去看待，所以取得所有物去從事銷售的服務（如零售服務），便無法加以分類了。如果零售服務重視的是其所購入之物的使用價值或購物的體驗，則可列入 A 或 D 的區位內。如果視其為物品所有權的轉移服務，則可列入 B 類之中。有些服務是無法分類的，但是其實有時候沒有必要將零售服務勉強歸入某一類別中，只要把它當作是一個無法分類的例外就好了。

 小博士解說

　　不管是哪一類的服務，如果顧客在消費該服務時，必須親自前往該服務的生產地時，服務設施的地點與設計，必須站在顧客的觀點去計畫。任何一種服務，最重要的是要讓顧客感到舒適，但是取決服務內容，有人要求的是迅速、簡潔；有人則需要強調悠閒或豪華的感覺。服務設施的設計，也會因需求的不同而有差異。設施設計會直接影響到服務作業。

　　例如，一家餐廳如果非吸菸區的通風不良，將讓許多顧客卻步。設施設計和布置是服務配套中支援設施的重要因素，它們會影響服務設施如何被使用，有時甚至決定了服務設施是否會被使用。此外，急迫性也是另一個考慮的因素。大部分的公共建築中，女廁的數量都不夠，特別是在旅遊旺季的時候更為明顯。在表演或音樂會的中場休息時間，觀察男廁和女廁的排隊長度就可以知道。你認為廁所平等有真正落實在公共建築中嗎？

　　好的設施設計和布置可以強化服務，亦即從吸引顧客到讓顧客覺得舒適自在，再進一步讓顧客有安全感（如燈光明亮／足夠、安全設施完備、緊急設備一應俱全）。設施設計也會對服務套裝中的顯性服務要素產生影響：特別是其中的隱私性和安全感、氣氛及幸福感。

9.4 服務的設計與構成要素(1)

1. 服務是一種包裝

不論哪一種服務，通常很少只提供它的主要加工機能。即使是安置在街頭的罐裝飲料自動販賣機，購買者仍有多數的商品可以選擇。換句話說，自動販賣機除了銷售罐裝飲料（主要服務）之外，它還提供了選擇品項的服務，雖然品項的範圍有限。飯店除了提供安全的住宿這項主要服務之外，還提供了其他許多服務，例如餐飲、洗衣、游泳池、健身房、OA 機器等。就連像大學那樣的教育機構，也會提供學生各式各樣的服務。其中較主要的包括舉行開學、畢業典禮、新生訓練，提供學生選修課程的資料、提供學生餐廳、購買部、圖書館、社團活動，舉辦研討營、校慶、就業輔導、同學會、辦理學生災害保險等。近來大學更是走向大眾化，提供給學生的服務也愈來愈細微、周詳。

從這些說明可以看出，一個服務商品好比一個包裝，它由它的主要服務及附屬於此的次要服務所構成。

2. 服務的構成要素

構成服務商品的要素可包括下列四項：

(1) 核心服務

(2) 次要服務

(3) 附帶服務

(4) 潛在的服務要素

一般來說，一個服務商品通常是由一項主要服務及多數個次要服務，以及無法於事前當作商品構成去加以設計的附帶服務與潛在服務要素所構成。

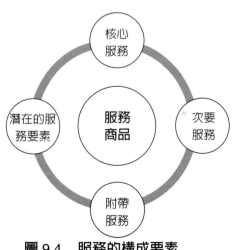

圖 9.4 服務的構成要素

(1) 核心服務是服務的基礎

核心服務（core service）具有該服務商品的中心（主要）機能，藉由核心服務的活動可以實現該商品的服務理念。例如，航空公司的主要服務是以最短的時間、將旅客安全地由一處機場送到另一處機場。此服務之技術是由客機、機場、運輸系統、資訊通訊系統等共同組成。所謂核心服務，指的是顧客付出代價去消費的核心服務活動。因此，如果我們要問在什麼情況下，顧客可以拒絕對他所接受的服務付費或者要求退費的話，答案很明顯的就是核心服務的部分。因為天災以外的理由，電車或飛機嚴重誤點，或是料理中含有異物無法食用，飯店因天災之外的理由，使得房客無法安靜入眠等情形，顧客都可以基於核心服務未達標準的正當理由，拒絕付費。如果在這種情形之下，業者仍要求顧客付費的話，顧客應該堅持自己的立場，據理力爭。

(2) 突顯商品特徵的次要服務

在整個服務包裝中，除了核心的服務之外，還有比較輔助性的服務，我們稱之為**次要服務**（sub-service）。由於是輔助性的服務，所以可以說重要性比較不如核心的服務，不過對顧客而言，情況未必如此。因為核心的服務對顧客而言是理所當然的服務，而服務商品的特徵事實上都是由次要的服務去突顯。特別是一些競爭比較激烈的業種，企業常常熱衷於擴充其次要的服務。

關於核心服務與次要服務之間的關係，這裡有這樣的一個假設說法。亦即當核心服務中的任何一項屬性做得不夠充分時，顧客會對整個服務感到不滿。但是，就算核心服務做得很周全，對提高顧客的滿意度也不會有貢獻。相對的，儘管每項次要服務的品質都不是很好，顧客也不太會感覺不滿，但是只要其中的任何一項屬性很出色，便可因此掩蓋掉其他部分的缺失，並因此提高顧客的滿意度。

知識補充站

以前我們談到服務競爭，是指服務商品好不好，產品核心功能好不好。以信用卡來說，核心範疇包括能不能作為支付工具，方不方便，據點多不多，緊急發卡快不快。但隨著服務業發展成熟，各行各業的核心業務差異愈來愈小，例如全台數十種信用卡本質相同，銀行一樣是跟 VISA、MASTER、JCB、AMERICA EXPRESS 等四家發卡機構簽約，條件一樣，差異有限，此時消費者辦卡動機就不在核心功能，輔助性服務才是關鍵。

輔助性服務五花八門，免費停車、兌換紅利、累計里程等都是。但你可能沒想過滿意度竟然是由客服中心的好壞決定。事實上，客服中心（call center）與顧客接觸最頻繁，成為消費者感受服務差異化的主要窗口也是理所當然。

既然客服中心如此重要，除了被動接受消費者服務的需求外，客服中心應該主動發揮蒐集資訊功能；例如了解顧客使用產品問題，或使用產品時有什麼潛在需求，都可以藉由客服中心第一線接觸蒐集商情，創新也隱藏在這些過程。

公司發展到一個階段，核心服務如果與同業差異有限，試著將重心放到輔助性服務，將會是一大競爭利器。

以交通工具中的電車為例來說，如果旅客的安全常受到威脅，或行車時間常常大幅誤點，顧客會因此對整個台鐵公司感到不滿。但是，另一方面，就算車站有點老舊，如果站員的態度特別親切，或是在車廂內安裝冷氣的話，會使顧客因此對台鐵公司覺得很滿意。

因此，想要提高顧客滿意度的話，在策略上應該恪守核心服務的最低容忍基準。此外，還要針對具有補償作用的次要服務部分，集中去設法改善某些部分的品質。

另外，核心及次要服務的內容，顧客在接受該服務之前，即可從業者所提供的資料得知，這些可稱之為「固定的業務服務」。因此，顧客只要對該服務商品付出費用（例如飯店的住宿費用），除了另有規定之外，顧客便具有權利使用該服務的任何一項內容。

(3) 臨機應變的服務：附帶性的服務

核心服務與次要服務是包括在固定業務（一般性的工作）之中的工作。但是，服務的工作常常會有超越一般工作範圍的事態發生。在這種情況之下，必須有能夠因應狀態的服務作為輔助才行。這類的服務多半是為了因應必要的狀況，所以我們稱之為「附帶性的服務（collateral service）」。

這些附帶性的服務通常應用在當主要的固定業務流程受到干擾，為消弭這些干擾的因子而存在。如前面所說明的，由於這些干擾因子直接接觸的是服務組織的生產及銷售機能等外部環境，亦即發生在顧客所在的現場，所以必須當場立即尋求解決。千萬不能讓顧客等得太久，或是等上司的指示下來才動作（在 921 大地震的時候，海外救援隊好不容易來到國內，但卻因為相關機構還沒發出許可，而無法充分發揮其救難工作。在美國當災害發生時，原則上最先到達現場的人即可立即指揮行動。這才是正確的作法）。

干擾因子的發生來源，大致上可分為二類。一是來自服務組織的外部環境，二是來自於顧客。第一類包括水災、地震、事故等與顧客安全有關之事件、或天候不佳、停水、停電、必要材料、原料的延誤到達等。這些因素通常必須由服務的組織負責去解除。尤其是與顧客安全有關的問題，更應優先處理。第二類起源於顧客身上的干擾因子，在處理上必須比處理前述第一類因子時，更要多費一些心思。因為職業、價值觀、人種、文化、性格及個人情況的不同，每個顧客都有不同的背景。搭飛機時，素食主義者可能會要求提供素食，回教徒會要求不要有含豬肉的食物。盲人有時會帶著導盲犬上餐廳吃飯。遇到這一類的情況，服務的負責人員應該如何處理呢？

由於依照規定或手冊的機械性處理，不需要花腦筋去想該怎麼做，對服務者而言是比較輕鬆的方式。一般來說，對自己所負責之工作沒有榮譽感或興趣的人，他們會希望盡量避免必須自己下判斷的狀況發生。他們可能會在腦袋中一邊計畫著週末要去哪裡玩，一邊以機械的方式進行自己例行工作。對這樣的人而言，所謂工作只是在等時間的過去，他們並不會在乎活動的內容是什麼？根據產業社會學的研究，這樣的狀況比較容易發生在單純性的反覆作業（例如產品的裝組作業）上。但是，因為服務的對象是人，所以顧客絕對無法忍受被如何對待。台中有一家巴士公司，顧客向公司抱怨說：「我們在公車亭等車，但是你們的公車卻過站不停。」該公司的負責人卻如此回

答:「如果為了讓每一個乘客上車而每站都停車,公車將無法遵守它的行程時間。」

顧客本身也了解他們所提出的一些要求,未必都能行得通。所以,如果業者順應顧客的要求,提供他們所要的服務,顧客會因此獲得極大的滿足。站在經營者的立場,他們會希望提供一些合適的附帶服務,但是由於無法預知顧客會提出什麼樣子的要求,所以很難事先去訂出因應的規則。也正因為如此,身為一位服務人員,必須具備適切的判斷力,要在兼顧顧客立場與組織的運作之間取得平衡。組織中的管理者本身也要有允許有臨機應變判斷的風氣及高度的領導能力才行。

知識補充站

服務中出現突發事件是屢見不鮮的,在處理此類事件時,服務員應當秉承「客人永遠是對的」宗旨,善於站在客人的立場上,設身處地為客人著想,可以適當的讓步。特別是責任多在服務員一方的時候就要更敢於承認錯誤,給客人即時的道歉和補償。在一般情況下,客人的情緒就是服務員所提供服務狀況的一面鏡子,當矛盾發生時,服務員應當首先考慮到的是錯誤是不是在自己一方,處理投訴時,以滿足客人為前提。

服務例子:面對客人的誤解,用事實驗證

一天晚上,某客房的客人在用餐過程中發現龍蝦粥裡面有口香糖,當時員工找到小張,小張馬上進行處理。他根據工作經驗知道,龍蝦粥裡的雜物不是口香糖而是龍蝦腦,便給客人解釋,但當時客人火氣很大,因為他們都已經吐了,朝小張大發雷霆,出口便罵。

但小張依然陪著笑臉給客人解釋。然後客人聽到解釋後火氣更大了,拿起桌上的墊盤、骨碟和小碗便砸在小張的左胳膊上,但小張沒有著急,依然保持平靜的心理給客人道歉,這時,客人不讓小張說話,把小張趕了出來,小張便找廚師協商,拿來龍蝦當場鑑定,經鑑定類似口香糖狀的東西是龍蝦頭部和頸部連接處的筋,經高溫後收縮就變成了類似口香糖的東西。此時,客人心服口服了,但小張依然保持微笑,並沒有因客人錯怪和自己受到委屈向客人發洩或表現出來。這位剛才十分憤怒的客人也一下子轉變了態度,並揉著小張的胳膊道歉,小張笑著對客人說沒關係,雖然自己的胳膊被砸得有些疼,但小張覺得一點也不委屈,因為客人滿意了。

(4) 潛在的服務要素

前面所檢討的核心、次要及附帶服務，每項都能具體且明確地為顧客製造利益。服務業者可事先針對核心及次要服務加以計畫，將之做成服務商品。至於附帶的服務部分，是屬於一種不在預定之內的服務，服務業者可根據自己的因應能力去回應顧客的額外需要。

接著第四項要談的是潛在的服務要素，它與前面所討論的三項服務要素不同，亦即它不是由業者計畫出來的，而是顧客本身從服務當中自己找出來的效用。如果業者能夠事前看清其效用，將之列入預定提供的服務內容裡的話，那麼它也可以視為是一種輔助性的服務。

例如，國內近來很盛行利用寒暑假的時間，將小孩送去參加為期一、二個星期的夏（冬）令營等的遊學活動。這一類教育服務的原本目的，本來是想讓孩子體驗團體生活，或學習一些技藝（如滑雪等）。但是，對父母而言，他們同時也可以在孩子參加活動的期間獲得喘息、解放，過一段只有自己的生活。在美國等地，大家都知道這一點對父母而言是一項極大的誘因。

在服務業中，像這樣的副產物的效用，比在有形商品的生產中更容易產生。常見很多私立大學為了容易招募學生，常常會去雇用一些國立大學退休的教授來增加校方的權威，此情景在國內任何一家私校都屢見不鮮。另外，出國旅行的真正目的可能是為了向鄰居或朋友炫耀。還聽說過有些政治家及財界人士，因引發醜聞怕媒體等追逐，只好假借住院以避風頭。另外，令人感到遺憾的是目前有些大學生，他們進大學的目的只是為了取得文憑，只想在大學校園逍遙過四年，而不是好好地求學。

關於潛在的服務要素，服務業者並不太容易事前全部加以掌握並列入服務的提供項目內。此外，也有人認為此潛在的服務要素並非業者的本意，但無可否認的，它確實滿足了顧客的需求。因此，業者還是應該針對可以掌握的事項，事先想好如何去因應一些有特別需求的顧客層。

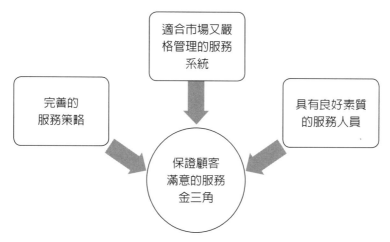

圖 9.5　以顧客為中心的服務金三角

知識補充站

　　「服務金三角（Service Triangle）」來源於美國服務業管理的權威卡爾‧艾伯修（Carl Albrecht）先生。他是在總結了許多服務企業管理實踐經驗的基礎上提出來的，它是一個以顧客為中心的服務質量管理模式，由服務策略、服務系統、服務人員三個因素組成。這三個因素都以顧客為中心，彼此相互聯繫，構成一個三角形。

　　「服務金三角」的觀點認為：任何一個服務企業要想獲得成功——保證顧客的滿意，就必須具備三大要素：一套完善的服務策略；一批能精心為顧客服務、具有良好素質的服務人員；一種既適合市場需要，又有嚴格管理的服務組織。服務策略、服務人員和服務組織構成了以顧客為核心的三角形框架，即形成了「服務金三角」。

　　這一構圖指出了服務企業成功的最基本要素，現在已成為服務業管理的基石。透過服務金三角概念可知，除公司面對顧客所進行的營銷策略外，由於員工在提供服務予其顧客時，無形中會流露出個人對公司與工作職務上的認同，表現為一種服務熱誠，故員工其實也扮演著營銷者的角色。

　　服務金三角的概念，就是組織、員工、顧客三者之間的內部營銷、外部營銷和互動營銷互相整合。

9.5 服務的設計與構成要素(2)

3. 服務商品的設計

服務商品通常會將前面檢討的服務要素加以組合，然後提供給顧客。因此，接下來我們要討論的問題是如何設計組合這些要素的服務商品。至於如何因應社會變化及新的顧客需求，設計「服務的內容」部分，我們將留待第 2 篇的地方進行探討。對於服務的內容方面，這裡基本上不做變更，我們的方向是藉由改變服務商品的構成方式，創造更新的服務商品。

(1) 讓服務商品更廣泛化

這裡的設計方向是除了主要的服務之外，設法再增加次要服務的數目。隨著時間的重要性增加，在同一地方同時可完成多數個服務消費的訴求，顯得愈來愈吸引人。此即所謂「一次購足」的想法。以汽車經銷商的例子來說，他們從事的不只是汽車的銷售而已，除了售車之外，他們還提供了過戶、把車送到停車場、辦理貸款、汽車保險、維修、舊車換算折舊等的相關服務。銀行、保險等金融機構也有同樣的情形，未來它們都要走向提供綜合的金融服務及危機管理服務的趨向。諾曼（Normann）將此趨勢稱為「廣泛化」，同時認為這是企業想要充分活用契約的一個策略，此策略剛好可以充分活用顧客所投下的投資。

另外，最近比較引人注意的是速食店也開始做起外送服務；飯店也附設托兒設施，著手擴充他們的次要服務。但是，這些與前述所謂的商品的廣泛化，必須清楚加以區分才行。因為只是單純追加次要商品，和作為一個系統商品，具備與整體之間的關連性、整合性，兩者是有所差異的。同樣，它與多角化也是有所差別的，因為多角化是指提供新的核心服務與相關的次要服務。要使服務走向系統商品化，成功的可能性雖然很高，但如果只是一味增加次要的服務內容，結果只會使經費增大，效果未必良好。另外，多角化經營因為需要新的服務生產系統，所以它的投資會比廣泛化還要

 小博士解說

除了商品有走向系統化的趨勢之外，另外還有一個趨勢也隱約可見，那就是主要服務的部分基本上沒有改變，但是業者會配合對象顧客的種類及活動，準備各種的商品線服務。以日本的大和（Yamato）運輸為例，它除了原有的快遞（宅急便）服務之外，還增加了運送生鮮食品的快遞、運送滑雪板及高爾夫球俱樂部成員的滑雪快送服務和高爾夫快送服務，另外還有將傍晚交件的會議資料等於隔日上午 10：00 之時送達的「Time 快遞」、代替公司向下游代理商收貨款的「collect 快遞」、出租貨櫃箱的「收納便」等多元服務。這諸多的服務都是以運送物品為其主軸服務，然後再自此擴充它的多樣服務內容。最近的運送業，除了物品的運送之外，還開發了「物品販售」的新服務商品。系統化是指加強縱向的商品群，而上述的趨勢則正好與此相對，是屬於商品的橫向擴展。

大，風險自然也會相對提高。

　　不論是系統商品化，或是追加次要服務內容，或是多角化，對顧客而言都是服務的多樣化，但是業者在引進之際，仍須站在設計服務的立場，加以區分，並針對各項方案，慎重進行檢討。

(2) 單一服務化

　　另外，這裡還要提出另一種不同的服務提供方式，亦即將服務的範圍集中在某項特定的主要服務上，針對該部分進行服務。例如寵物的專門醫院、臨終關懷機構、指導處理所有的機種電腦產生之問題的電話服務、製作結婚典禮及喜宴錄影拍攝之公司。其他還有些更奇特的服務業，例如有業者會特別為想舉行古式結婚典禮的客戶，舉辦為期 3 個月的講習（以結婚當事人及父母為對象），使其熟悉古禮的內容。也有專門為客戶提供 DNA 檢查，以判定親子關係的企業。由於顧客的需求愈來愈高及愈來愈細，再加上技術的急速變化，使得這一類以特定顧客為對象、服務範圍狹窄的服務，也變得相當有發揮的空間。此即所謂的「利基」（Niche）產業，這些企業會在市場需求開始顯示的時候，提早掌握商機，或是利用新技術的優勢，在技術壽命尚處於前期的時候，掌握時機，對需求善加活用。

　　致力於發展這類服務而有顯著成果的企業當中，首推美國的西南航空公司。西南航空公司成立於 1971 年，剛開始只有四架飛機飛航，目前已擁有 224 架航機，是現今美國國內航線中的中堅企業，也是美國航空業界中獲利最高的企業。這家公司有許多與眾不同的特點，就對顧客的服務來說，它只提供旅客航空服務中最基本的核心服務。它的成功就在於它把核心服務的品質，發揮到最大的限度。

　　西南航空在飛機上不提供餐點、不放映電影、也不接受電腦預約訂位，座位也不採取對號入座。但是它擁有所有最新型的中型客機、不但安全性高、起飛與降落也很準時。另外，機場報到（check in）時為了不讓乘客久候，乘客只要告知預約號碼，即

知識補充站

　　利基是英文名詞「Niche」的音譯，Niche 來源於法語。法國人信奉天主教，在建造房屋時，常常在外牆上鑿出一個不大的神龕，以供放聖母瑪利亞。它雖然小，但邊界清晰，洞裡乾坤，因而後來被引來形容大市場中的縫隙市場。在英語裡，它還有一個意思，是懸崖上的石縫，人們在登山時，常常要藉助這些微小的縫隙作為支點，一點點向上攀登。20 世紀 80 年代，美國商學院的學者們開始將這一詞引入市場行銷領域。

　　利基市場（國內翻譯五花八門：縫隙市場、壁龕市場、針尖市場，目前較為流行音譯加意譯：利基市場，哈佛大學商學院案例分析的中文版中也是採用這種譯法），指向那些被市場中的統治者有絕對優勢的企業忽略的某些細分市場，利基市場是指企業選定一個很小的產品或服務領域，集中力量進入並成為領先者，從當地市場到全國再到全球，同時建立各種壁壘，逐漸形成持久的競爭優勢。利基市場戰略指企業透過專業化經營來占領這些市場，從而最大限度的獲取收益所採取的策略。市場利基指市場利基者通過專業化經營而獲取之更多的利潤。

可拿到登機證。此外，最大的吸引力是它的收費很低廉。這些方向，他們稱之爲「No Frill」（不用花邊）。花邊是女性用來裝飾其上衣或裙擺的飾物，所以它藉由去掉花邊來強調他們所提供給顧客是準時、安全、低價位的主要服務。

(3) 將配套的服務拆解開來

　　過去的服務都是由核心服務、外加次要服務，配套成一個標準化的服務配套（service package）來提供給顧客。但是上述的服務則擺脫這種形式，它將整個包裝拆解開來，把其中各個次要的服務當作一個服務商品，提供給顧客。例如過去汽車代理商的配套服務包括檢查車子、修理、補修必要的部分、將車送至驗車處驗車等，由這一連串的服務配套成一個整體的服務商品。但是，現在有的業者則將其中的驗車部分獨立出來，只負責將顧客的車子送到驗車場驗車。業者不提供驗車時的必要修理，只負責替顧客送檢，藉此降低費用。它的目的在於捨棄不必要的過剩服務，只針對必要的部分滿足顧客的需要。

　　隨著顧客愈來愈清楚自己的需求水準是什麼，這一類的服務，未來預料將會有更大的市場。從壽險業中也可以看到同樣的趨勢，過去的保險多以兼具危機管理與儲蓄的養老式保險爲主，但最近業者則漸漸推出各種不同目的的年金保險、純保險（不領回保金）的壽險、住院保險、癌症保險等多樣化的保險商品。它可以讓顧客以更低廉的價格，簡易地獲得他們想要的部分的服務。由於服務配套的拆解開來，使得可以提供的商品品項更形廣泛。雖然這會使得部分的經費提高，但是卻可以爲顧客在生活上的需求，提供更細微以及更深入的服務。

(4) 服務從有形商品中獨立出來

　　在過去以有形商品爲中心的社會裡，由於人工沒有現在這麼昂貴，所以有形商品的銷售，常常會免費附帶一些服務給顧客。以電腦業爲例來說，在初期時，除了理所當然附贈軟體之外，生產、銷售的公司通常還要負責提供機械的安裝、操作方法的訓練、維修等服務。換句話說，服務的部分是「免費」的。但是，現在的情況則已改變，一方面由於用人費的提高，另一方面因爲機械的高度化，以及顧客層由法人擴大到個人的顧客。所以業者很難再像過去一樣，將服務附帶在電腦主機中，提供給顧客。一方面也是因爲在商品的構成比例當中，軟體及服務的比重要比硬體部分來得高。

知識補充站

　　所以，現在軟體、安裝、使用方法等都被當作個別商品來銷售。也就是說服務獨立於有形商品之外，自己當作一個商品來銷售。類似的趨勢，在其他領域也陸續在發生。現在的顧客，知識大增，他們愈來愈要求更專業的知識。因此，現在有一行業也漸漸在成形，那就是提供完整知識及技術的資訊提供服務業。

　　配套服務是指服務機構爲了滿足客戶多元化、多樣化的服務需要，通過整合服務能力，提供支持性、配套性、多樣性的整體解決方案的「一條龍」式服務，使客戶能夠在同一個服務機構得到儘可能多的服務價值。

第10章
服務的品質

10.1 為什麼服務的品質很重要？

日本出口的家電產品及汽車，以品質優越享譽全世界。日本之所以可以躋身世界經濟大國之列，全拜其產品的優良品質之賜。家電產品等有形產品的品質，具體而言指的是優越的品質、不易損壞、設計精美、具有複數的機能等。以汽車來說，品質是否優良，通常會從可靠性、設計、耐久性、機能性、產品的信譽、是否容易修補或修理、以及是否容易使用的觀點去進行判斷。

產品的這些品質，在設計階段就能先加以決定。但是，最重要的還是製造該產品的過程，能否貫徹先前決定的品質。還有，產品製造的最後階段，會利用品質最終檢查去確認製造出來的產品，是否符合原來計畫的規格。日本的產品之所以可以擁有卓越的品質，原因在於其製造過程就已嚴格管理品質所致。過去的一段期間，日本 Sony 公司所生產的隨身聽（walkerman）幾乎席捲全球市場，其理由也是在於它擁有高水準的品質管理〔美國的製造業於 80 年代時，在品質競爭方面輸給日本，「日本能，為什麼我們不能？」（If Japan can, why can't we?）這是美國 NBC 電視台在 1980 年發出的「品質之問」。當時美國的汽車、電子等許多製造業的市場，都在被日本侵蝕。尤其是美國最引以為豪的汽車工業，也被日本豐田、本田汽車等擊敗。於是開始反過頭來向日本學習 CWQC 等的品管技術，致力於生產過程的改善。努力的結果終於使得美國在 90 年代重新站起來，持續發展至今。

有形產品的品質，是以產品「生產的結果」是否符合顧客的要求（包括符合的規格）來判斷的。而這些通常透過工廠內的製造過程來實現，是屬於內部的過程，與顧客之間沒有直接的關係。換句話說，產品的品質是由工廠內的工程師來判斷的，至於顧客則要等到產品推出市場，才有辦法論斷它的品質好壞。另外，事實上我們也常看到這樣的情形。製造者自信滿滿地推出某項產品，結果銷售狀況奇差；相反的，有些產品雖然事前並沒有特別被看好，但卻因為它的某些特色被消費者接受，最後意外造成熱賣。

服務的商品很難在提供給顧客之前即設定好它的品質。因為雖然可以進行一些準備工作，但是，實際的服務還是要當場生產（正因為如此，準備也是很重要的。在服務的管理之中，業者所面對的最主要課題是應該如何去做準備工作，才能生產優質的服務）。另外，服務品質的好壞，可依據服務的性質，就提供的現場與當時，去進行判斷。當然，顧客也可以從其他的評價、口耳相傳的風評、地點、建築物、房間、價格、服務人員的態度等，事前去對品質做某個程度的推測。而我們通常都是藉由服務品質所呈現出來的這些線索，去決定是否購買該服務商品。但是，儘管如此，實際的服務品質還是要實地去消費看看，才能知道它的好壞。

因此，判斷服務品質者並非生產者，而是顧客自己。換句話說，服務的品質是由顧客依其主觀的判斷去進行評價（這一點與有形商品由工廠的技術者去判斷，其間有著極大的差異，但是有形的產品最後還是要交由顧客去判斷，因此，顧客的評價仍然會影響到銷售業績）。這裡要強調的是，所謂「品質可以顯現產品的客觀狀態」的這句

話，對服務商品而言不是具有很大的意義。

　　服務商品的品質是由顧客去進行主觀的判斷，這也是為什麼在服務行銷當中，必須重視服務品質的最大理由。服務的商品無法像有形的產品一樣，可於事前取得該商品品質的正確資訊，也無法親自去觸摸、試用看看。因此，在購買服務商品時，要比購買一般的有形商品時，冒更大的風險。因此，服務行銷最務實的作法是，讓顧客在消費時，能夠當場體驗完善的服務。顧客若能獲得滿足，必然可以成為常客，同時藉由其口頭宣傳，推薦給其他的親友。在有形商品的行銷中，品質是被賦予的條件，但是在服務的行銷中，最重要的課題是如何藉由高質的品質及其價值，去加深顧客對該服務商品的印象。

　　另外，這裡有一點要注意的是，在服務的品質管理中，有時候它也會像有形產品一樣，有一些能夠測量的客觀指標可以加以利用。例如等候的時間、抱怨的人數、飛機預定起飛與降落的時間和實際時間之間的落差等。以麥當勞為例來說，如果一個漢堡作出後超過 10 分鐘還未賣出，他們會將此漢堡丟棄。薯條的放置時間則是 7 分鐘。另外，每位從業人員規定必須每隔 30 分鐘洗 30 秒的手。無疑的，這些指標都是可以發揮效用的品管手段。但是，這些通常與周邊部分的品質有關，如果要把它們當作顧客所重視的整體服務品質的指標來運用，仍然不夠充分。

知識補充站

　　有些服務業的決策者嘗試引進全面品管，來改進服務品質；但因缺乏正確的觀念，沒有真正發揮全面品管的效益，甚至誤以為全面品管不適用於服務業。

　　事實上，全面品管對服務業更加重要。因為服務業提供給顧客的產品就是「服務」，所有的員工都在為顧客服務；萬一有任何一個環節出了問題，只有員工知道，也只有員工能立即矯正。如果員工沒有品質意識，沒有處理品質問題的能力，導致服務品質不良，那麼即使公司事後花幾倍的功夫去彌補，也不一定能挽回顧客的信賴。

10.2 服務品質的特徵

不管是有形的商品也好、服務也好，我們可以根據顧客如何去判斷該品質，將商品的品質分為下列三類：1. 探索品質，2. 經驗品質，3. 信用品質。

1. 探索品質

探索品質指的是消費者在買進商品之前，可以針對其品質加以評價者。例如洋裝、寶石、傢俱、住宅、汽車等皆屬於此類。這些產品，顧客都可以實際觸摸或試用，也可以檢討商品規格書的內容。大部分的有形商品都是屬於此類，顧客會以此為依據去判斷商品的品質。而這類商品要評價其品質也比較容易。

2. 經驗品質

所謂經驗品質，指的是顧客藉由購買時或購買後親自使用該商品，由此判斷其品質。例用在餐廳用餐、全套旅遊、理容、美容、家庭幫傭等，都是要在實際使用過該商品後，才能對其品質加以評價。很多的服務商品都是屬於此類。

3. 信用品質

它所指的多半是像專業服務那樣的情形，即使顧客已實際體驗了該服務，仍然無法確切明白是否該服務真的能夠產生預期的效果。例如腹痛去看醫生，醫生診斷為盲腸炎，但是患者必須等到實際剖開腹部、確認闌尾的狀態之後，才能知道醫生的診斷是否正確。因此，患者必須相信醫生的診斷，才能決定接受手術。換句話說，由於必須等到後來才能知道服務的結果，所以顧客在接受服務的時候，必須相信提供服務的人，再決定購買該商品。其他像汽車、電腦等的修理、法律諮商、投資顧問、算命等，也都屬於這一類的例子。有形的產品，大部分屬於探索品質而一部分屬於經驗品質；但服務商品則多半經由經驗品質與信用品質去進行判斷。

當我們買進與信用品質有關的服務時，應如何去評價該服務呢？

這裡首先我們必須記住前面提到的一點，即服務的特徵在於不僅它的結果對顧客具有意義，更重要的是提供服務的過程。由於顧客是花了錢來體驗服務，所以顧客必然會對該服務進行一些評價。因此，如果是像信用品質那種到最後才能知道結果的服務，顧客可能會先針對可以評價的過程部分，去判斷服務的品質。

換言之，以服務的情形來說，結果的品質與過程的品質是兩個問題，當無法依據結果立即下判斷時，顧客會嘗試從過程的品質，去判斷整體的品質。因此，比起一個手藝好但是態度冷淡的建築工匠，能夠仔細聆聽顧客需要、仔細解說、態度禮貌周到的建築工匠，可能會比較有客人。其他屬於這類信用品質的專業服務（例如醫師、律師、會計師等）中，根據調查一般比較能獲得顧客好評者，多半是對顧客所面臨的問題能夠感同身受、遵守期限、主動會與顧客連絡的人。

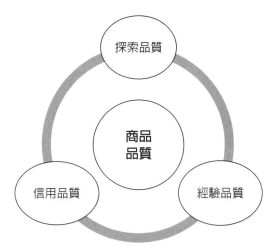

圖 10.1　商品品質的分類

知識補充站

　　服務的特徵在於不僅它的結果對顧客具有意義，更重要的是提供服務的過程。

　　以服務的情形來說，結果的品質與過程的品質是兩個問題，當無法依據結果立即下判斷時，顧客會嘗試從過程的品質，去判斷整體的品質。所謂「品質看得見，過程是關鍵」。

　　在商業過程管理中主要面對的概念是作業流程（workflow）的概念，因為流程的明確與否和商業規則是否能被確實遵循有很大的關係。而許多管理上的議題都和作業流程（也就是商業活動）有很密切的關係，各種層面的流程改善（例如：生產管理、賣場動線、速食店的作業程序）都對企業的經營有關鍵性的影響。為了讓管理能呈現一定的成效，量化和明確的規則是達成良好商業管理成果的重要因素。在這個前提下，借助資訊技術來改善商業流程或執行工作流程就顯得分外重要。因此近代在商業管理的討論上，都會和資訊技術的應用有密切的關係。

10.3 服務品質的基準

　　接著要談的是我們如何去判斷服務的結果品質與過程品質呢？由於服務是一種體驗，所以顧客會從體驗服務的當中及事後去決定其評價。零售服務強調的是「可以買到想要的東西」；娛樂及外食服務則強調「愉快、美味」；機械的修理及醫療機構則重視「使不合適之處立即修復」，這些都是一般人的認知，它所顯示的是服務結果的品質。由此可以看出，所謂結果的品質，是指對服務結果的評價而言，除了具有信用品質特徵的服務商品之外，一般比較容易掌握其結果的品質。

　　那麼，過程品質的方面又如何去判斷呢？一般人又會比較注意服務活動過程中的哪些地方並加以評價呢？關於服務品質的基準，曾經有許多人做過研究，相關研究當中以 SERVQUAL（Service quality 的簡稱）最為聞名。這是一個為測量顧客對服務品質的主觀看法而開發出來的手法。當初它是利用調查，篩選出可靠性、反應性、能力、禮貌、信用性、安全性、門路、溝通、物的要素、了解顧客等 10 個項目，之後經過統計的處理，整理成下列 5 個項目（圖 10.2）。

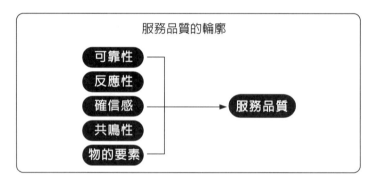

圖 10.2　服務品質的輪廓

1. 可靠性（Reliability）

　　指的是顧客對企業的信任感，他們相信企業可以正確且迅速地達成它們所提出的承諾（不論這些承諾是明白表示也好、是暗示的也好）。這是對服務商品本身尤其是核心服務的一個評價基準。顧客通常會注意自己所獲得的服務，是否與自己的付費水準相當。對於有形的產品，顧客會注意的問題是產品的基本機能是不是值得信賴（性能佳、不易損壞），而在服務中，可靠性也是以基本機能為問題。零售商的話，必須齊備顧客想要的東西；飯店要提供客人舒適的睡眠；資訊服務講究的則是所提供的系統，是否能如期待般地運作。例如美國的快遞運送服務公司 Fedex，它向顧客保證託寄的包裹一定在隔日上午 10 點之前送達收件人之處。該公司為確實遵守這項承諾，付出相當多的努力，同時也獲得顧客高度的信任。

可靠性是針對服務結果的評價項目，但是下列的三個項目則是有關服務提供過程
（Delivery process）的基準。

2. 反應性（Responsiveness）

指的是服務業者是否能積極且迅速地回應顧客的需求並採取行動的一種表現。亦即
業者在提供服務時的姿態與行動。它包括的內容有二。一是提供服務的速度，另外一
項是服務人員回應顧客要求的意願、熱忱度。如果客人已經進門，服務人員還在與其
他同事談笑風生、聊一些私人的事，自然會被顧客認為反應性太差。另外我們常常可
以遇到的情形是，很多店員會把工作上的連絡事項優先擺在招呼客人之前。想要獲得
顧客的好評，店員必須把注意力放在客人身上，客人稍有指示便要立刻回應。這樣的
反應、態度才能使評價提升。

3. 確信感（Assurance）

指的是企業與從業人員的能力，藉此以讓顧客對服務的品質，產生信賴與肯定。
具體的內容包括從業人員所具備的「知識、技能」，以及顧客對從業人員在服務態度
（禮儀）方面的評價。如果從業人員對自己的工作沒有具備豐富的知識與技能，我們
將很難期待該服務能夠有良好的品質。同時，如果服務人員的態度不佳，顧客也會不
放心自己會如何被對待。

高度的確信感，可以減輕顧客在消費服務時所感受到的風險。相信每個人都不願意
讓一個態度粗劣又沒有自信的醫師來為自己執行手術；也不會去雇用一個對經營沒有
紮實知識、言詞閃爍不定的人，來當自己的顧問。所謂確信感，就是讓人覺得把工作
交給這個人去執行不會有問題的一種感覺。

4. 共鳴性（Empathy）

指的是服務業者可以理解顧客的個人問題及心情，並設法與顧客一起解決問題的
態度。也就是把顧客當作一個人看待。就算顧客對象是法人，也要掌握顧客（企業）
的既有課題，設法協助其解決問題。如果顧客為單一的個人，應設法理解他個人的問
題，用誠心處理其個人的個別問題。

5. 物的要素（Tangibles）

指的是建築物的外觀、房間的樣式、用品、從業人員的服裝、簡介資料等溝通的工
具等。這些物的要素，首先可以製造出提供服務的環境（見第 6 章的「服務環境」的
說明），因此它也是構成服務品質的一部分。其次，物的要素是提供服務之前，提供
消費者了解服務品質的依據（線索）。因此，有良好的物的要素，才能有良好的服務
品質。

　　不論是零售商店也好、餐廳也好、飯店也好，顧客都會比較喜歡感覺清潔、外觀及內部好看的店家。物的要素是服務活動的「場子」，是構成服務品質的重要要素。另外，物的要素還可以營造服務的形象，暗示服務的品質，藉此向新的顧客提出訴求。就這些功用來看，它也是極為重要的行銷手段。近來由於每個家庭的小孩人數減少，使得幼稚園面臨爭取學童的激烈競爭。所以，幼稚園除了增加英語教學、英才教育之外，另一方面也必須藉由建築物與教室的改建，來提高品質。建築的外觀大部分採用較為父母接受的木造式的可愛造型。這些都可以說是幼稚園的行銷方法，他們透過這些東西向學童的父母暗示保育的品質。

知識補充站

　　SERVQUAL（Service quality 的簡稱）是一個為測量顧客對服務品質的主觀看法而開發出來的手法。當初它是利用調查，篩選出可靠性、反應性、能力、禮貌、信用性、安全性、門路、溝通、物的要素、瞭解顧客等 10 個項目，之後經過統計的處理，整理成下列 5 個項目。分別是可靠性、反應性、確認感、共鳴性、物的要素。

Note

10.4 如何測量服務的品質

　　我們雖然可以依據上述 5 項基準去判斷服務的品質，但是在實際判斷品質的時候，卻會因服務的種類、顧客當時的需求、個人的價值觀等因素，而使得判斷基準的重要度產生差異。例如，結婚喜宴重視的是建築物與室內的豪華感，因此物的要素的比重會比其他的基準高。此外，醫療及福利設施的話，是否與顧客產生共鳴會比服務人員的反應性重要。換句話說，是否能夠立即注意到患者與老人的心情，會比服務的迅速性重要。因此，服務業者必須掌握清楚顧客對該服務所要求的優先基準是什麼，這樣才能配合顧客的評價構造，建構起可以提供該服務品質的體系。

　　有一家美國的研究機構針對各種服務業（未限定在某特定的服務業）進行有關評價服務品質時各項要素的重要度的調查。結果顯示可靠性為 30%、反應性為 25%、確信感為 20%、共鳴性為 16%、物的要素為 7%。由這項調查可以看出，一般最受重視的是可靠性，亦即必須確實提供向顧客承諾的基本服務機能。顧客會理所當然地認為基本部分應先做好，但是也因為這部分被認為是理所當然的，因此服務業者很難在這一部分（可靠性）有所發揮並將特色突顯出來。換句話說，顧客心裡已有一定的期待水準，所以就算結果符合他們的期待，他們也會認為那是理所當然的。例如，銀行把存簿金額登記正確是理所當然的任務；交通工具必須準時運行也是理所當然的。除了可靠性之外，其它的反應性、確信感、共鳴性等，其合計的重要度占整個過程品質的六成。因此，如果無法提升與此相關的各項要素的品質，整個服務將無法獲得良好的評價。

　　接著要討論的是，企業要如何才能收集到顧客所認知之服務品質的相關資訊呢？一般較常運用的方法是藉由對顧客進行意見調查，或從整理顧客的抱怨問題與顧客的應對當中去收集資訊。還有，顧客非正式的建議等等也都可善加利用。有時調查人員也可以假扮成顧客，私下調查顧客對服務的意見。但是，若想要直接進行調查，還是要以顧客為對象，進行服務品質的調查。前面介紹過的 SERVQUAL，便是較具代表性的方法之一。

　　SERVQUAL 是就顧客所抱持的「期待」，與「實際的經驗」進行比較，就兩者是否一致去評價服務的品質。這種方法也稱為差異（gap）分析。亦即以期待和實際經驗（實績）之間的差距，去測量品質的良窳。

　　一般而言，當我們基於某個目的去做某件事（行動）時，通常會對行動將產生的後果多少有些預測。預測時，若可依據的資訊太少，會使預測失真。換句話說，必須有足夠的資訊，才能進行明確的預測。顧客在打算購買某個服務商品時，情形也是一樣。他們通常會對該服務的內容與品質水準，先有某種程度的預測，此即所謂的「期待」。若要用具體的水準去表現顧客的期待，必須有一些依據的基準才行。我們這裡以電車是否準時行駛來看可靠性的問題。假設現在你正在等電車，那麼你會期待電車何時到來呢？我們假設它有下列四種情況：

1. 準時到達（理想的水準）

2. 遲到 1～2 分鐘（良好的水準）

3. 遲到 10 分鐘（可忍受的水準）

4. 遲到 10 分鐘以上（無法接受的水準）

台北捷運的電車一般都非常地準時，因此，乘客通常的期待是 1.「準時到達」（理想的水準）。但是，其他先進國家的電車則難免與預定的時間有些出入，所以，乘客的期待可能會是第 2. 的「良好水準」。

在 SERVQUAL 調查中，最開始為了方便掌握而是以「理想的水準」作為「期待」，製作問卷。但是後來的修訂版則改以「良好的水準」作為期待的水準。本項測量的實際作法是以特定的服務為對象，針對相同的品質基準，調查「期待」與「實績」的水準。以兩項水準之間的差距為依據，若其差距顯示實績高於期待的話，表示其品質基準受到高度的評價。相反的，如果實績低於期待，則表示評價不高。

換句話說，在法國料理店裡，客人原本對反應性就不會抱持太高的期待。所以就算出菜出得慢，期待與實績之間也不會出現太大的差距，對品質的評價也不會造成太大的影響。但是，如果只以實績去進行評價的話，則就算顧客並不是那麼在意出菜的時間，但是評價的結果卻可能是「反應性太差」。

關於這種以期待和實績做對比去測量結果是否一致的方法論，曾引起不少的疑問。葛倫洛斯（Gronroos）將內容整理成以下三點，以回答這些相關的疑問。

1. 如果顧客的期待很低，品質可能會受到較高的評價，因此或許會有實際品質不是很好，但卻獲得良好評價的情形出現。相反的，如果顧客的期待過高，服務所受到的評價可能會比實際狀況差。對於這樣的批判，葛倫洛斯的回答是：「情形正是如此。」換句話說，就算客觀的品質（與顧客的評價無關、各自獨立的）是存在的，真正重要的卻是顧客所判斷的品質。因此，對某個顧客而言，水準顯得很低的服務，對其他的顧客而言，卻可能是很棒的服務。這樣的現象其實一點也不足為奇（我們不是經常也可以看到這樣的情形，某人覺得很不好吃的料理，對其他的人而言卻是美味佳餚）。

2. 就行銷的觀點來看，我們將面對一個疑問：「如果顧客的期待太高，應該怎麼辦？」顧客的期待遠超過所能提供之服務水準，可能起因於廣告活動做得過於誇大。葛倫洛斯的回答是：「應該設法使顧客的期待歸於現實的水準。」倘若不這樣做的

知識補充站

這種依據「期待」與「實績」之間的對比去測量服務品質的方法，比只依據實績去看評價的方式，更能反映出顧客的需求構造，因為它會試著去理解顧客有哪些期待。舉個例來說，法國料理店一般出菜時間都會比較慢，了解這種情況的顧客，對反應性自然不會有太高的期待。因此，如果客人叫完菜之後，服務員像速食店一樣立刻送菜上桌的話，客人不但不會認為這家餐廳效率好，反而會懷疑這些菜是否事前就做好放著的，並為此感到不愉快。

話，許多顧客可能因此失望而離去，甚至傳播負面的宣傳。而這些都可以導致負向的行銷，反而使產品賣不出去。

3.當顧客經驗過高於自己期待的服務品質之後，在他第二次購買同一服務產品時，顧客對產品所抱持的期望會比第一次高（學習效果）。因此，這裡會讓人產生一個疑問，此即服務業者是不是要永無止境地提供一次比一次高水準的服務呢？其實，第二次再來購買的顧客，他們所抱持的期望已經比以前更接近現實，所以期待和實績的水準會相同。也就是說，顧客對品質的評價，可能會比第一次低。

但是，葛倫洛斯認為這樣的情形對服務業者而言，並非壞事。因為真實的情形就是這樣，只要這個水準不會比其他的競爭同業低，顧客仍然不會離開的。所以這樣的情形是好的。當然，身為一個服務業者，仍必須不斷的努力，以提供最高品質水準之服務為目標。因此，一個擁有優秀經營者的企業，其服務水準事實上是不斷在提升的。

另外，葛倫洛斯認為第一次實績高於期待、第二次實績與期待一致，這個看法本身是靜態的，他主張現實應該更具動態。顧客、服務者、服務的組織、競爭企業以及其他的環境因素，都會不斷地變化。因此，各個服務接觸（service encounter）就當時、當場來說，都是一個特別的存在；服務的評價也是一樣，都是當時獨立存在的一個事實。然而服務的經營活動就是在這麼一個動態的過程中，設法去提升品質。

 小博士解說

什麼是顧客滿意呢？根據一些國外知名學者所作之定義如下：Miller（1997）認為顧客滿意是由顧客期望之程度、認知之成效二者交互作用所導致，而期望和理想二者均是績效的標準，用以衡量實際績效所達到的程度，因而產生滿意與不滿意。Bolton（1991）認為顧客滿意度為顧客購後經驗所賦予的特性，故滿意度可能會影響顧客對服務品質、購後意願和行為評估。Oliver（1981）認為顧客滿意度是對事物的一種情緒上的反應，這種反應主要是來自顧客在購買經驗所獲得的驚喜。Zeithaml 和 Bitner（1996）則認為滿意度會受到服務品質、產品品質、價格以及情境因素、個人因素的影響。綜合以上定義及解釋，顧客滿意度乃是指顧客因購買或消費而引起的愉悅或失望的程度，當顧客於消費過程中所得到的品質利益大於付出的成本代價時，就會呈現滿意，反之，當得到的品質利益小於付出的成本代價時，消費者就會呈現不滿意的感覺及反應。

企業對顧客滿意具體而言，表現在二個部分，一個是有形的商品，另一個則是無形的服務，因此為提升顧客滿意，可從商品的價值及服務的提供二方面來著手，而本文講述的重點則是強調在該如何透過有效的服務提供來提升整體的滿意程度。追求顧客滿意是一條不歸路，也從來沒有盡頭，更永遠不可能達標，唯有透過不斷的要求及進步，精益求精，一步一步不斷的前進累積，才是我們所有企業要努力追求的目標。

　　接著要談的是對服務的期待，實際上是如何形成的？由圖 10.3 可以看出，期待主要是由 5 項要因所形成。

　　第一項，是想要購買的服務商品的特徵。舉在速食店和料理店用餐來說，顧客所期待的內容當然會不一樣。另外，期待也會受預想的價格影響。第二項，是與個人的需求有關，例如個人在消費該服務時的緊急度（突然牙痛等）、需求的強度以及生活水準、嗜好等。第三項，是期待會受朋友的口頭宣傳、企業的廣告、宣傳等等活動的影響。特別是口頭宣傳，由於它的可信度高，所以會對當事者對服務品質的期待，產生很大的影響。第四項，是購買者過去的經驗。如果以前即有購買該商品的經驗，對該品質的預測應該會比較正確。即使不是完全相同的產品，只要過去曾經購買過同類的商品，它的資訊也會影響顧客的期待。最後的第五項，是企業的形象。亦即該服務業的評價、規模，或由過去的活動等所累積出來的企業形象，這些都會影響潛在顧客的期待。

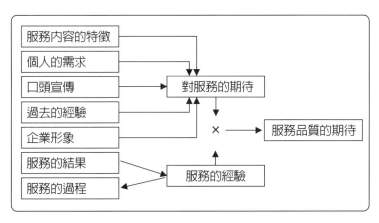

圖 10.3　服務品質的評價

知識補充站

　　SERVQUAL 理論是依據全面質量管理（Total Quality Management, TQM）理論在服務行業中提出的一種新的服務質量評價體系，其理論核心是「服務質量差距模型」，即：服務質量取決於用戶所感知的服務水平與用戶所期望的服務水平之間的差別程度（因此又稱為「期望－感知」模型），用戶的期望是開展優質服務的先決條件，提供優質服務的關鍵就是要超過用戶的期望值。

　　其模型為：

　　Servqual 分數＝實際感受分數－期望分數。

10.5 服務品質與滿足感、顧客價值觀的關係

顧客對服務品質的評價，和顧客滿足感、顧客價值的判斷之間，有著極為密切的關係。關於滿意度的部分，我們將會在第 15 章的地方進行檢討，此處僅就服務品質與滿意度、價值觀之間的差異及關係，進行說明。

就概念來說，服務品質、顧客滿足感、顧客價值觀三者之間，各有著非常明顯的差異。但是，因為這些都是由顧客主觀的認知去決定的，所以在實際的情況下，很難個別去掌握這三者，要個別去測量它們，更是不容易。但是，對服務業而言，這三者各具有不同的意義，對經營也會有不同的啟示，所以，首先必須將三者在概念上的差異說明清楚。服務品質與滿足感的差別可整理成下列三點。

第一，服務品質是針對服務商品的特色層面去做的評價。在前面我們已經說明過，許多服務都可以從可靠性、確信感、反應性、共鳴性、物的要素等五個方面，去對其品質進行評價。至於要針對哪方面去進行評價，則會因顧客的期待內容而異。相對於此，滿足感是由複數要因所形成的綜合性單一感覺。影響滿足感的要因包括服務的品質、被利用物的要素品質（例如開車去參加演奏會、中途因為車子故障而趕不上時間）、價格、狀況要素（例如是否趕時間、或是否時間充裕）、個人因素（討厭搭飛機）等。換句話說，舉凡利用該服務時所產生的各種狀況因素，都與滿足感的形成有關。

第二，所謂服務品質，雖然是顧客的主觀評價，但是不管怎麼說，在評價過程中，顧客還是會盡量利用客觀的基準去進行知性的判斷。相對於此，滿足感則比較偏向於對某些特定、具體的服務交易的一種感情上的直接感覺。因此，滿足感往往會受到當時狀況下所產生的一些細微事項的影響。例如，住院的病患雖然認為醫療品質不錯，但是他可能會抱怨醫院供應的伙食不夠好吃。另外，到自己喜歡的餐廳去用餐，卻碰不到自己認識的服務員，這也可能使顧客感到失望。

第三，對服務品質的評價，是一種長期性的評價，它可能發生於購買前、購買時或使用後。但是滿足感是體驗服務之後的一種短期性的感覺。

另外，一般而言，對品質的評價會比滿足感先發生，並且影響滿足感。但是，如果倒過來想：「因為感到滿足，所以品質也應該很好。」這樣的想法也是成立的。因為人儘管會忘掉一些細節內容，但多半的人會對當時的感受記得很清楚。所以，雖然一般來說品質的評價發生於滿足感之前，但是隨著時間的過去，滿足感會演變成對該服務品質的評價。

由這裡可以看出，服務品質與滿足感是針對服務的不同層面進行的評價，而影響它們的先行要素也各不相同。因此，對於這兩者在檢討時應該加以區分。所以有人說：「雖然我認為某某品質很好，但是我卻不喜歡」，這是有可能發生的情形。

接著要討論的是價值的問題。所謂價值，是指顧客對某個服務商品的整體效用的評價。價值是依據服務商品為該顧客帶來的效用以及顧客為獲得這些效用所付出的費用（成本），亦即獲得之物與支出之代價的對比來決定的。在支出的費用當中，除了商

品的價格之外，交通費用等金錢的費用、必須親自步行前往至該商店的身體費用、時間費用以及壓力等等的精神費用，都包括在內。

對價值的評價，它和對服務品質的評價一樣，理性多於感情。因此，服務品質的評價會比價值的評價先發生。此外，一般來說我們對價值的判斷，多半根據有形產品或服務的消費活動，進行最終的評價。例如，某家洗衣店洗的衣物很乾淨（品質好），服務人員的態度也很和善，顧客雖然感到很滿意，但是因為這家店離家太遠，所以有時候可能會另外找離家較近的店。因為商店位於不方便的地方，親自前往所付出的時間、身體成本遠高於獲得的利益，所以相較之下，新的洗衣店的價值較高，因而獲得青睞。

顧客會在有意識或無意識之間去使用上述的三種評價。而這三種評價當中，又以價值的評價對消費者決定是否再次購買該商品，最具有影響力。

最後的問題是要以什麼樣的水準來對服務進行評價呢？例如是針對在餐廳用餐的一次體驗，或是透過多次的體驗，根據自己接觸到的服務，對該商店進行綜合的判斷？還是以該特定企業的整體為對象呢？或是以該企業所屬的家庭餐廳業界為對象去進行評價呢？關於服務的評價對象，如上所述，可以是一次的服務接觸，也可以是該企業所屬的產業。換句話說，可以採用的水準有許多種。

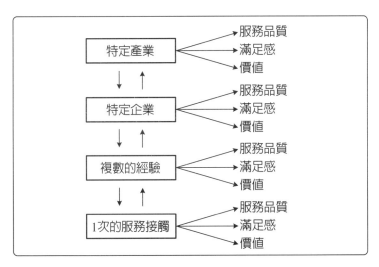

圖 10.4　服務品質、滿足感、價值的分析水準

出處：V. A, Zeithaml and M. J. Bitner, Service Marketing, 1996, McGraw-Hill, P.125.

若想利用顧客對服務品質、滿足感、價值這三項的評價資訊，作為經營上的決策，必須將分析的對象設定如下。首先，當調查的樣本可以大量且持續取得時，應以一次的服務接觸為對象。這樣不但可以利用最小、最具體的水準去累積資料，也比較容易掌握相關的各項要素。如果想要進行更簡便的調查，下面數上來第 2 項的水準是

比較合適的。雖然抽象度稍微增加了，但還是可以獲得具體體驗的反應。如果以企業為對象的話，雖然可以掌握整體的印象，但是不易使個別的問題點顯現。雖然是以企業為分析對象，但是其結果會和以第二水準（以自己的經驗為依據）為調查對象的回答一樣。這樣一來，它會和企業的整體形象重疊在一起，反而使得個別的問題點模糊不清。另外，如果品質、滿足感和顧客價值三項要分開進行調查，不但費事又費錢。所以，如果在服務品質的調查中加入滿足感與顧客價值的調查，把它們當作一個調查來進行，可能會比較實際。

此處，我們將以某個服務調查為題材，以實際的企業為例來檢討服務品質、滿足感與顧客價值這三項內容。

1997 年 12 月 20 日在日本所出版的「Diamond 週刊」中，刊出了以「由女性票選的顧客滿意度排行榜」的專輯。調查的對象是 20 歲到 60 歲的女性 3,000 人，由她們去評價各個不同的服務業。調查結果顯示，綜合滿意度最高的前一、二名是以漢堡速食為主的麥當勞與摩斯漢堡。在評定各業種的排名時，調查所採用的項目共計 6 項，亦即「待客態度」、「地點」、「價格」、「品項豐富」、「店內環境」、「優惠活動」。

從這些調查項目來判斷，這是一個針對顧客滿足感與顧客價值的調查。其中的「價格」、「地點」及「優惠活動」與顧客價值的評價有關。「地點」一項所要呈現的是顧客所付出的成本，亦即顧客要去消費是不是方便。與服務品質有關的項目包括「待客態度」、「品項豐富」、「店內環境」三項。但是這些項目還是不夠周全，無法完全顯現對品質的評價。例如，在外食產業中，料理的味道是左右用餐經驗的重要項目（可靠性），但是這裡並未將此項列入。另外，此調查是以各業種的多數企業為對象（未顯示評價對象企業的數目），所以它的目的充其量只是顯示排行名次，對經營未必能提供多少意見。

知識補充站

在速食業的水準調查中，為何麥當勞會獲得第一名而摩斯漢堡得第二名呢？這裡我們就針對這一點來做一下思考。首先，依據日本「Diamond 週刊」的調查和行銷專家的觀察，將這兩家企業的特徵整理一下。我們先看看它們在服務品質方面有什麼差別？第一是有關「可靠性」方面。所謂可靠性是指提供所承諾之服務的能力。在這個項目上，兩家企業獲得的評價都很高。摩斯漢堡一直堅守一個原則，那就是客人點餐後才開始製作。另外，在「確信感」方面，兩家企業也都具有高水準，沒有太大的差別。從業人員方面，兩家的員工都很開朗、充滿生氣，給人良好的印象。在「反應性」方面，麥當勞稍微領先。因為摩斯漢堡是在客人點餐後才開始製作，所以難免回應會比較慢。就「確信感」與「反應性」兩方面來說，麥當勞給人的印象是體制完善，而且服務品質建立在其體制之上。在「共鳴性」方面，由於它們都是速食店，所以比較沒有強烈的感覺，但是摩斯多少有給人一種手工製作的感覺。

　　另外，在處理顧客的抱怨問題等等方面，麥當勞由於東西都是做好準備著的，所以在因應顧客的抱怨上，似乎比較沒有問題。

　　在「物的要素」方面，兩家企業也沒有太大的差異。硬要說的話，麥當勞比較有氣派而摩斯感覺比較樸素。

　　如對服務品質做整體的評價時，情況如上述一般，兩者之間並沒有太大的差距。摩斯堅持的是手工製作，麥當勞堅持的則是整體的品質。但是，堅持什麼是方針上的不同，顧客會依嗜好去選擇要到哪一家。

　　這兩家企業的最大差異在於「地點」、「價格」、「優惠活動」等與顧客價值有關的項目上。摩斯自其創業以來便一直相信只要東西做得好吃，地點不佳仍然可以吸引顧客上門。但是，麥當勞從它第一家店開設在銀座，便不難看出它重視地點、堅持選擇市況繁榮、往來行人眾多的地點的方針（到目前為止，台灣地區摩斯的總店數有276家，麥當勞的總店數已達327家）。

　　在「價格」方面，如眾所周知的，麥當勞採取的是低價格攻勢。不定期舉行的半價促銷活動，往往給業界帶來衝擊。

　　摩斯直到目前為止，仍在激烈的價格破壞競爭中，保持超然的姿態。以前還甚至因為採用有機及低農藥蔬菜而漲價6%左右。這是摩斯堅持其食物品質的表現，他們稱這樣的方針為「新價值宣言」。另外，麥當勞幾乎每個月都會有新的特惠活動，但摩斯對此似乎絲毫無動於衷。在「Diamond週刊」的調查中還顯示，在「地點」方面，麥當勞的得分是66.1，摩斯是27.5。「價格」方面，麥當勞54.4，摩斯6.2。「優惠活動」方面，麥當勞32.3，摩斯則為-7.1。

　　換句話說，根據「Diamond週刊」的調查，對象顧客根據其獲得的利益與付出之費用的對比，給予麥當勞高度評價，摩斯則略居其後。亦即顧客認為到麥當勞消費比較划得來。而這也是造成兩者在排名上分別為第一與第二的原因。

10.6 服務品質的模式(1)

評估服務品質的方式很多，其中最常使用的，是由 Parasuraman、Zeithaml 以及 Berry 所創的 PBZ 模式（參照圖 10.5）。三位學者於 1985 年進行服務品質的探索性研究，選擇深度訪談銀行業、證券經紀商、產品維修及信用卡四種服務業的主管，提出了「服務品質觀念性模式」（A Conceptual Model of Service Quality），此模式存在五個服務品質落差。

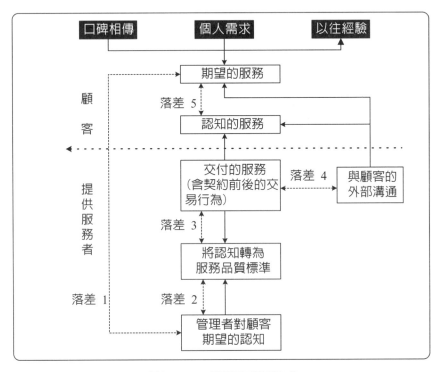

圖 10.5　服務品質模式

出處：A. Parasuraman, Valerie A. Zeithaml, and Leonard L. Berry, "A Conceptual Model of Service Quality and Its Implications for Future Research," Journal of Marketing, Fall 1985, p.44.

1. 認知落差

(1)內涵：顧客所期望的服務與管理者對顧客期望服務的認知之間的差距是造成此落差的原因，這是因為管理階層未能真正瞭解顧客的需求所致。

(2)主要原因：①市場資訊收集的程度；②企業組織上下溝通的程度；③管理階層的層級數。

2. 設計落差

(1)內涵：管理者對顧客期望服務的認知轉變為品質標準之間的差距是造成此落差的主要原因，這是因為縱使管理者明瞭顧客的期望，但限於組織內部資源或企業主的經營理念，並不能提供完全符合顧客期望的服務品質。

(2)主要原因：①企業對服務品質的承諾；②明確設定服務品質的作業目標；③工作的標準化程度；④達成顧客期望的可行性程度。

3. 執行落差

(1)內涵：服務品質的標準與交付服務之間的差距是造成此落差的主要原因，這是因為服務人員在實際執行服務作業時，本身的知識、技能及能度，以及與其他服務人員或顧客之間的互動等原因，而無法達成服務品質的標準。

(2)主要原因：①服務人員對管理當局所設定標準之明確瞭解的程度；②服務人員面對管理者、顧客所扮演之角色的衝突程度；③服務人員是否能勝任的程度；④技術與工作的配合程度；⑤員工績效指標、報酬的相稱程度；⑥服務人員涉入服務過程中自主能力的程度；⑦內部團隊合作的程度。

4. 溝通落差

(1)內涵：交付服務與外部溝通之間的差距是造成此落差的原因，提供服務的業者對外的媒體或廣告會影響顧客的期望，然而在顧客實際感受服務之後卻與媒體廣告所認知的有所不同時，便會產生此落差。

(2)主要原因：①組織內部水平溝通的程度；②組織是否有過度誇張的習慣。

10.7 服務品質的模式(2)

5. 傳遞落差

(1) 內涵：顧客期望的服務與認知的服務之間的差距是此項落差的原因，主要受前
述四項落差的影響，亦即為落差一、二、三、四的函數。落差五的大小將決定
服務品質的滿意程度。若實際認知的服務水準高於期望的服務水準，則顧客對
服務品質的滿意程度將會大幅提升。

(2) 主要原因：服務提供給顧客的方法，與原先所設計的是否符合。

從上述可得出結論，企業若想要全面提升品質，必須同時解決此五項落差，因為當
顧客期望的服務與認知服務一致時，顧客對服務品質會感到滿意。由該模式可知，口
碑相傳、個人需求、過去的經驗將會影響消費者對服務期望的水準。因此在服務過程
中，除了考量顧客的感受之外，亦要考慮服務業管理者的知覺，強調服務過程中的互
動關係，其所涵蓋的層面較為完整。此外，Parasuraman、Zeithaml 以及 Berry 還提出
十項服務品質的決定因素（參照圖 10.6）。

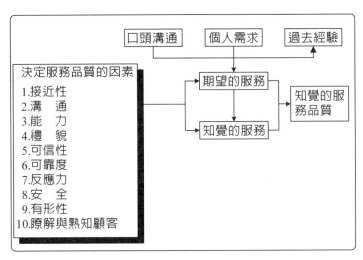

圖 10.6　服務品質的決定因素

出處：A. Parasuraman, Valerie A. Zeithaml, and Leonard L. Berry, "A Conceptual Model of
Service Quality and Its Implications for Future Research," Journal of Marketing, Fall
1985, p.46-48.

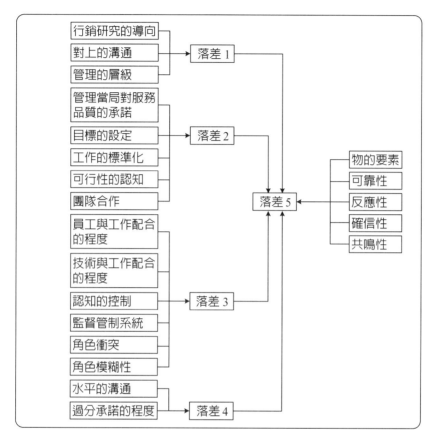

圖 10.7　服務品質擴張模式

出處：A. Parasuraman, Valerie A. Zeithaml, and Leonard L. Berry, "A Conceptual Model of Service Quality and Its Implications for Future Research," Journal of Marketing, April 1988, p.12-24.

　　Parasuraman、Zeithaml 以及 Berry 於 1988 年進一步明確地指出服務品質的因素組合，會影響落差 1 至落差 4 之幅度與方向，而此因素組合包括：服務組織對管理員工之溝通與控制程序的執行與結果，並整理出影響「服務期望」與「實際期望」差距的因素，且詳細描畫出各因素之間互動影響的關聯（參照圖 10.7）。

以下請參見一則服務業（醫療業）的事例：

民國 91 年 11 月 29 日台北縣（現改為新北市）北城婦幼醫院發生一件「錯針奪命」之駭人聽聞事件，有 7 名剛出生的嬰兒，因施打 B 型肝炎疫苗卻被 1 名剛從學校畢業、年華 21 歲、才上班 7 天的護士誤打肌肉鬆弛劑，以致造成 1 名嬰兒死亡，6 名嬰兒住院治療。

綜觀此次事件，不禁讓人覺得多麼崇高的醫療行為卻因醫療疏失而讓人對醫療品質感到不安呢？為何會發生如此的醫療疏失呢？

據當時的報導知，肌肉鬆弛劑與 B 型肝炎疫苗被一起被在冰箱，雖然有標示但由於外型相似，卻未加以分開區隔（如有中文標示會更好），造成護士拿錯藥，這是第一項疏失。

護士是受過專業訓練，在用藥之前應先確認才是，可是這名護士卻未三對標籤，亦即拿藥時對一次，配藥給病人時再對一次，打針時再對一次，雖然只是無心地打一支針，卻會有意地奪走一條人命，焉可不慎哉？這是第二項疏失。

護士雖然受過專業訓練，但並非絕對負責人，一般在用藥時都是由主治醫師把藥交給護士，而非護士自行取藥，而且也應從旁觀察而非由護士全權負責，像此次出現狀況時，醫師即可立即急救，然而醫師未在旁負起監視之責，僅由護士一人打針，這是第三項疏失。

以上三項疏失如從服務品質的落差來看時，第一項疏失可謂是設計上的落差所造成，第 2 項疏失則是執行上的落差所造成，第 3 項疏失是溝通的落差所造成。發生上述的醫療疏失，無可諱言服務落差之弊害有多大；尤其對醫院的醫療服務造成不可彌補的地步。

當務之急有志之士已呼籲政府應建立「醫院評鑑系統」，讓人民有知的權利，可以選擇有良好醫療品質的醫院，以提供人民安全的權利。

第11章
服務與顧客滿意

11.1 顧客滿意的構成要素

當企業對顧客提供有用且有價值的商品或服務時，顧客便要支付代價，不過顧客雖然在形態上對物品或服務支付代價，但購買意願卻是在對產品的價值與支付價值做綜合檢討，再和其他競爭產品比較過後才會有較明確的決定。

所謂「價格」通常是指對物品所訂的交易價值，不過，除了物品本身的交易活動外，往往還附帶著各種服務行為，所以一般人的觀念都認為服務是包含在代價之中的產物。但是，如果服務是交易唯一標的時，這裡的價格自然就成為服務的價格了。

物品的品質要素可大略區分為：「當然（must-be）的品質要素」及「魅力（attractive）的品質要素」。所謂「當然的品質要素」，指的是物品的規格精度與類似材質等必要的品質項目，而「好」便是應有之品質要素。不過，當品質要素有所缺陷時，通常顧客的不滿會由內心提升至表面化。至於「魅力的品質要素」，是指此項品質要素具備時顧客會感到滿意，如未具備顧客也不會特別感到不滿意，只是覺得可惜而已，此項品質要素會在不知不覺中變成應有之品質要素，所以企業應該經常把魅力的品質要素，當作是策略性的品質要素向市場展開攻勢。同時，這也是容易轉變為個人情緒（感性化）的價值判斷項目，因此，對於滿意度而言，每個人會有不同的差異性存在。

形象對顧客來說，就等於是一種信用良窳的保證，在形象方面又可分三點來探討。對於銷售、製造欠缺實績的新興企業，與具有豐富實績的企業相互比較之下，縱使是相同性能之產品，但變成了相對性的價值後，就會有不同的結果產生，這種情形在推銷耐久財，如大型機械設備時便愈發明顯。

至於所謂的品牌形象，是一種產品的記號，若拿有品牌的商品與類似商品做比較的話，價錢的確顯得較為昂貴，這是因為購買有品牌的商品也較有安心感。

再者，企業形象也是顧客決定購買意願時，具有重大影響力的誘因之一。一般而言，只要該企業的產品在品質要素上沒有給人不好印象，此時印有企業名稱的產品包裝便會與顧客的滿意度產生很大之關聯，而被當作是顧客風格的象徵。因此，企業平時能對社會、國家負起責任，並秉持取之於社會、用之於社會的理念，必能建立起良好的企業形象。

知識補充站

曾有一項大規模的實驗中，讓較具有代表性的顧客樣本面對不同類型的差異價格，結果發現，顧客原則上並不喜歡「價格差異」這個概念。差異化訂價要能看起來公平合理，且必須符合社會公益。另外，價格差異要搭配產品差異。讓顧客可以自行選擇不同的價位區間，而不覺得遭到剝削。

　　服務的要素可分成人的服務、物的服務以及系統化的服務等三種。所謂人的服務，是指以人的勞動直接變成交易的對象而言，例如女管家的服務便屬於此類。物的服務方面，譬如醫院病房內供入院患者所使用的電視機之類的物品，即為醫院提供物的服務，此時電視面板便不只具有顯像器之功能而已，其間所顯示之意義在於使用價值之實現，不光是指物品本身，而是提供給患者使用的一種服務。

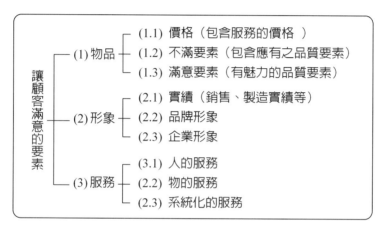

圖 11.1　讓顧客滿意的構成要素

　　另外，像是組織中提供資訊之服務，如太平洋房屋推出之電腦公開報價制度即為系統化的服務。又如信用卡發卡公司所進行的顧客服務活動，先要透過櫃台以獲得人的服務，再藉著人的服務才有辦法將系統化的服務推而廣之。

知識補充站

　　服務的要素可分成人的服務、物的服務以及系統化的服務等三種。
　　所謂人的服務，是指以人的勞動直接變成交易的對象而言。
　　物的服務方面，譬如醫院病房內供入院患者所使用的
電視機之類的物品，即為醫院提供物的服務。
　　系統化的服務像是組織中提供資訊之服務，如太平
洋房屋推出之電腦公開報價制度即是。

11.2 顧客事前期待的形成

我們購買某種產品或利用某種服務時，潛意識中都會抱著「希望能夠發揮某些功能」或「希望能夠為我們做某些事」的期待。所謂「滿意度就是商品或服務滿足這種期待的程度」。

首先我們來看這種潛在的期待是如何形成的：

第一種的事前期待，是過去對此種產品或服務曾使用過無數次，因之以自己無數次體驗的平均值作為我們的事前期待。譬如，乘客搭乘計程車，由於過去有無數次的經驗，乃以此累積的經驗，設定出一個「一般的服務」基準。如，從東海大學大門搭乘計程車到台中火車站，根據好幾次的經驗得知，時間大約 30 分，車資大約 300 元，因之如果所搭乘的計程車在時間上或車資上高於此基準，顧客就會不滿。

另一種則是顧客對從未體驗過的服務，事前的期待又是如何形成的呢？通常可以透過電視、報紙、雜誌或廣告等宣傳廣告，或是營業人員的說明，對服務或產品形成印象。

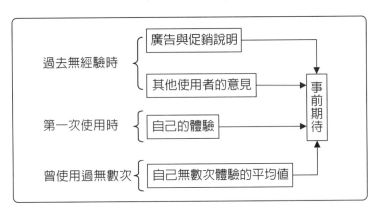

圖 11.2　事前期待的形成

但是，對於沒有親身嘗試無法了解好壞，好像黑洞般的服務，付費時就會出現排斥心理。因此，除非所費有限，否則大多會先詢問曾經體驗過這種服務，而且可信賴的第三者，然後才決定期待的內容。

對於初次接受的服務，若與自己的期待相同或超過原來的期待，就會感到滿意，並根據經驗，下次還會繼續光顧這家公司，至於再度使用服務的顧客，心中當然會留下最初使用時的印象，這就是所謂的事前期待。若要使顧客保持滿意，就得提供與前一次完全相同之服務。

圖 11.3 事前期待的五項要因

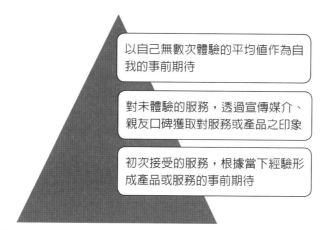

圖 11.4 顧客與服務接觸次數對顧客事前期待的影響

知識補充站

美國行銷學會認為顧客的「事前期待」可能是消費者透過廣告、宣傳、推銷以及過去之相關經驗對某種服務所產生的預期心理。

事前期待主要是由五項要因所形成,第一項是要購買的服務商品的特徵;第二是個人的需求;第三是期待會受朋友的口頭宣傳、企業廣告、宣傳等活動的影響;第四是購買者過去經驗;最後的第五項是企業的形象,即是對該服務業的評價、規模、由過去的活動等累積出來的企業形象。

另外,以顧客與服務接觸次數探討顧客事前期待的形成,可分為三類:第一種是過去對此產品或服務使用過無數次,並以自己無數次體驗的平均值作為自我的事前期待;第二種是顧客對從未體驗的服務,可以透過宣傳媒介、親友口碑等方式獲取對服務或產品之印象;第三種是初次接受的服務(未有產生第二種的事前期待),顧客會根據當下經驗形成產品或服務的事前期待。

11.3 服務滿意度的衡量與分析(1)

當我們建議企業調查顧客的滿意度時，最初的反應多半是抱持懷疑態度，譬如：

1. 滿意度是人們內心的感覺，如何具體衡量？
2. 每個人的想法不同，滿意的判斷基準也互異，衡量的標準爲何？
3. 滿意度會因產品或服務的接觸頻率而異，似乎不易衡量？

雖然有這些顧慮，但事實上要衡量滿意度並不是太困難的事。例如在咖啡店詢問顧客對咖啡和服務是否滿意時，一定可以獲得「普通」、「很好」等表示滿意程度的答案。姑且不問他們內心產生此答案的過程，但是至少可以得到是否滿意的結果。

而且，即使是相同的產品或服務，滿意與否確實會因判斷基準和經驗的多寡而異，但是，只要有人滿意，即代表顧客滿意度的形成，滿意的客人愈多，顯示顧客對產品性服務的滿意度也愈高。

換句話說，所謂滿意度衡量，就是調查人們心中經過判斷後的結果，與調查選民將選票投給哪個政黨並沒有太大的差別。將滿意度衡量應用在企業經營上，是非常重要而且必要的事，但是衡量本身並不太困難，也無需顧慮心理學上的問題。

雖然方法上沒有太大的困難，但每一個人的事前期待不同，有的人容易滿足，有的人不易滿足，是不可否認的事實。因此，在衡量滿意度時，僅調查少數人的意見是不夠的，必須以多數人爲對象，然後將結果平均化。

1. 顧客的定義應先明確

在進行顧客滿意度調查時，首先必須考慮的是以誰爲對象，也就是說在衡量滿意度之前，應先考慮誰是顧客。通常顧客有「既有顧客」與「潛在顧客」之分，開發潛在顧客之成本往往是確保既有顧客的五倍之多，因此，提高既有顧客的滿意度是非常重要的。不過這也並非意味完全沒有考慮新顧客的開發，相反地，能使既有顧客感到滿意，他們自然會以介紹或推薦的方式，廣爲宣傳所用過的產品或服務，成爲開發市場的尖兵。

其次還要考慮是否將顧客設定爲「實際使用者」還是「決定購買者」。如果是一般性產品譬如肥皂、日用品等，可以說購買者與使用者幾乎一致。但是如果是企業所使用的材料，決定購買者與實際使用者未必完全相同。

服務業直接將商品（服務）提供給消費者，但在製造業方面，產品的銷售及售後的服務，消費者未必與製造廠直接接觸，產品經由批發、零售等配銷過程到達消費者手中，這時顧客的滿意度除了對「產品本身」外，還受到配銷過程中的「服務內容」所左右。

　　另外，配銷過程中不論連鎖店或量販店，由製造廠商的角度來看，整個配銷過程也可看成是一種顧客。滿足最終使用者的要求固然重要，而中間的配銷過程也不可忽視。有時，除了使用者的滿意度之外，配銷過程的滿意度也要一併調查和檢討。

　　此外，製造廠商單純地將使用者視為顧客，或許沒有任何疑問，但是今日產品對社會的影響已非昔日所能比擬，如果視野不隨之擴大，產品的開發必然會發生不周之處，譬如，廠商生產卡拉 OK 伴唱機，使用者的滿意度當然最為重要，但是，周遭鄰居的反應也不容忽視，因此在調查顧客滿意度時，也應將整個社會的反應一併考慮進去。

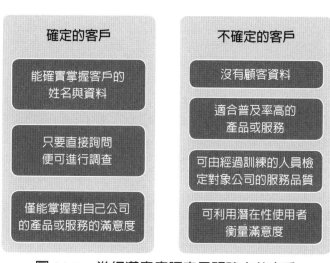

圖 11.5　進行滿意度調查需明確定義客戶

知識補充站

　　由於顧客有不同的定義，因此先決定誰是顧客是非常重要的。即使同業之間，對於顧客的考慮重點也可能因公司經營方針的不同而出現很大的差異，當然提高顧客滿意度的策略和方法也各不相同。這種策略和方法上的差異，最後即表現在各公司的業績上，甚至可以說顧客的定義常左右公司的業績。

(1) 確定的顧客

確定的顧客，是指能夠確實掌握客戶的姓名和住址，例如生產財的製造廠商，明確了解向自己購買產品的公司以及承辦人員是誰。當然不限於生產財，消費財的製造廠商和服務業也是一樣。

銀行或信用卡發行公司，將所有顧客都確實地建檔管理，航空公司銷售機票需了解購票者的姓名等，都可以說是顧客確定的例子。

能夠具體掌握顧客資料時的調查方法比較單純，只要直接詢問顧客即可。這時多半會使用印刷好問題和答案的問卷進行問卷調查。

在能確定顧客的情形下，透過問卷調查即可測出顧客的滿意度，但是所能夠掌握的只有顧客對自己公司的滿意度，例如自己公司的主要顧客，同時也使用其他公司的產品或服務時，透過問卷調查，雖然可以了解一部分顧客對其他公司的滿意度，但一般而言，這些顧客對其他公司的滿意度通常都較低，若直接拿來與自己公司比較是很危險的，這時能夠真正掌握的，僅限於對自己公司的產品或服務的滿意度。

當然，想與其他公司比較是人之常情，而且不與其他公司比較也無法獲得一個基準，衡量顧客對自己公司的滿意度到底是高還是低，這時需要一些特別的方法，譬如設法取得其他公司的顧客資料，然後以這些人為對象進行調查，但這種方法並不是正規的途徑。最好是有意進行比較的公司相互公布顧客資料並將調查結果公開，不過基於商業機密，絕大多數的公司希望獲得其他同業的資料，卻不願自己的資料曝光，因此要實現可以說非常困難。

(2) 不確定的顧客

沒有顧客資料的情形以消費品居多，此時可隨機抽取大量樣本，請他們回答對利用過的產品或服務的滿意度情形。

不過，當企業單獨使用此方法來進行調查時，如果所選擇的人都曾使用過它的產品或服務當然沒有問題，但事實上未必所有的人都是如此，這樣就無法從這些人獲得對自己公司滿意度的資料。若是一般性而且普及率高的產品或服務，造成白費力氣的機率不大，但是，普及率不高的產品或服務，調查效率就可能相當低落。因此，單一企業獨自進行時，它可說不是一種有效率的方法。但是如果由多數企業聯合進行調查，效率不高的問題即可獲得改善。雖然有效率的問題存在，但相反的，也有一個很大的優點，就是以廣泛的大眾為調查對象，因此可以收集到不同公司的顧客資料。

另有一個衡量滿意度的方法，就是對服務的內容建立統一且客觀的評價基準，然後由經過訓練的專門調查人員來檢定對象公司的服務品質。這時，調查人員必須站在與一般人相同的立場，才能使公司在正常的狀態下調查。這種調查可說是先設定顧客認為滿意的應對方式，再根據員工實際實施的程度，間接地測量顧客的滿意度。嚴格來說，不能稱之為顧客滿意度的衡量，但是，在顧客特定化困難以及前面所述大量取樣效果不佳時，倒不失為一種有效的方法。採取這種調查，事前對調查人員的教育訓練非常重要，而且為了使事後的改善能順利進行，僅可告知員工有這樣的調查，但不可能指出明確的時間，以免員工作假。

　　此外，也有利用「潛在性使用者」來衡量滿意度的做法。由於前述擔任評定工作者都是經過訓練，而且對各個公司的服務有充分經驗的人擔任，因此有人擔心他們與實際使用者的感覺會有一些隔閡，而有此做法之產生。例如測量某公司的服務滿意度時，配合該公司顧客的年齡層結構，從一般人（非調查員）選出 21 至 30 歲 3 人，31 至 40 歲 6 人，41 歲以上 5 人，然後讓他們實際接受該公司的服務，再根據實際體驗的感覺，站在顧客的立場來評估服務好壞。要使調查結果接近實際的顧客滿意度，調查人數必須儘可能增加，但是在實施上有其限度，因此不妨配合公司顧客的結構如年齡、性別、職業等，選擇屬性最接近的調查人員來實施，可說是顧客無法特定化時的有效方法。

知識補充站

　　消費者調查問卷可協助您掌握客戶的喜惡，以及貴公司有待改進之處。例如，一般客戶對您的定價有何看法？太貴嗎？還是合理？員工在客戶服務方面表現如何？客戶成功團隊對於客戶日益提升的需求及期望又有多瞭解？在整個客戶體驗的歷程當中，是否有哪個環節會讓客戶感到失望？您甚至可以展開民意調查來了解客戶為何不再使用您的服務或商品、該如何贏回這些客戶的信任，以及如何防止未來再度流失客戶。

　　讓您的員工能根據客戶需求達成階段性目標。此外，如果您正在研發新產品或是改良現有產品，不妨讓客戶針對產品的設計與功能提供寶貴的意見，畢竟客戶往往能夠看出您未留意到的問題。

　　此外，亦可活用外界機構進行調查，因為外界的機構若是有公信力時，往往可以增加對公司內部的說服力，公司內的員工也可以產生安心感和信賴感，對於調查結果，公司上下可立即針對缺失採取改善的行動。

11.4 服務滿意度的衡量與分析(2)

2. 顧客滿意結構的設計

　　顧客滿意度調查之後，在分析獲得的資料時，除了知道顧客是否滿意外，還應了解滿意或不滿意的原因。因為只要能夠了解原因，即使現在滿意度不高，今後只要對症下藥，依然能超越其他競爭對手。所以在設計問卷時，應正確掌握影響滿意度的因素，並將它們轉變成問卷的問題。

　　那麼，影響滿意度最重要的因素是什麼？具體地說，像窗口的應對、電話的詢問、促銷活動等都是與顧客的接觸點。另外，顧客所購買的產品本身、設施與設備的舒適性、公司的氣氛等也是重要的接觸點。每一個接觸點的好壞都可決定顧客對這家公司產品或服務的滿意度。要了解與顧客之間有哪些具體的接觸點，有必要詳細詢問公司內實際與顧客接觸的員工，也可以詢問曾實際與公司員工接觸過的客戶。

　　詢問顧客時還有一點不可疏忽的，就是除了了解與顧客之間的接觸點外，還要稍微改變角度，去發掘問題點和可疑點，或許可以由此發現許多意料不到的事實。

　　訪問顧客之後，要再一次確認是否所有的顧客接觸點都已網羅，只要依顧客實際接受服務的流程，將接觸點一一陳列出來即可。譬如以到日本料理店用餐為例，其服務流程可以整理如下：

　(1) 車子駛入停車場。
　(2) 進入餐廳，由服務生帶入座位。
　(3) 點餐。
　(4) 在寧靜的氣氛中進餐。
　(5) 小孩上洗手間。
　(6) 結帳。
　(7) 將車駛出停車場。

3. 滿意度衡量的注意事項

　　首先，在選擇調查對象，進行問卷調查以測量實際的顧客滿意度時，應廣泛地涵蓋各種屬性的顧客（如持有貴賓卡的顧客或偶爾使用的顧客等），這時最好先準備所有顧客的資料，然後從中任意選出。但若要追求更高的正確性，則應採取更精細的方法，將顧客依年齡別或使用的頻率來分類，再依屬性的結構任意選出一定比例的顧客來調查。無論如何，在選擇調查對象時，應儘可能地隨機抽樣。

　　其次，要儘可能提高回收率。回收率高的話，答案是否偏向某方向即可一目了然。問卷調查的方法有郵寄法與當面訪問法。後者只要獲得回答者的同意，即可當場作答，回收率自然比較高，但其缺點是成本較高。因此，許多公司為了節省經費，寧可選擇前者。到底要採取哪一種方法，不妨考慮精確度以及公司的預算，衡量兩者之得失後再決定。利用郵寄法時，要注意以下幾點：

(1)明確說明調查的目的，同時強調寄回問卷有助於改善服務的品質，對回答者本身是有利的。

(2)問卷的內容不可過多，以免回答者感到厭煩。內容固然應儘可能詳盡，但也必須為回答者設想，最好以 30 分鐘內能夠答完為限。

(3)以禮品對回答者表示謝意，但價值無需太高。

第三，要根據分析單位決定樣本數。決定樣本數之前，必須先檢討需要什麼樣的分析。也就是說，樣本數並非愈多愈好，四千人的資料與二千人的資料相比，並不能達到兩倍的精確度，甚至可說效果相差無幾。因此，只要確保相當程度的樣本數即可，無需過度在意數量的多寡。不如多注意回收率的提高，以及調查對象的選擇與代表性。因之樣本數應依分析單位來設定，譬如將全國分成五個營業區，依各營業區之大小決定所需樣本數，最後再合計求出全體的樣本數。

知識補充站

抽樣調查是很重要的一種觀測研究，西方有句諺語「你不必吃完整條牛才知道肉是老的」。抽樣的精髓正是：從檢查一部分來得知全體，但是正如瞎子摸象的寓言，抽到的樣本是不是有代表性，是我們所關切的重點。

抽樣方法因母群體性質的不同，常用的方法有：簡單隨機抽樣、系統抽樣、分層隨機抽樣、部落抽樣。

1. 簡單隨機抽樣：抽樣時不摻入人為因素，且每一個樣本被取機率相等，這種方法稱為簡單隨機抽樣。

2. 系統抽樣：在母群體依序分為若干組，在第一組抽取第一個樣本，依序在其他組抽取所需樣本，這樣的方法稱為系統抽樣。

3. 分層隨機抽樣：(1) 母群體可依某一衡量標準分成數個不重疊的子母群體，稱為層，將母群體分層，然後從每一層中選出簡單隨機樣本，再將這些樣本混合為單一樣本，來估計母群體的過程，稱為分層隨機抽樣。(2) 分層抽樣的原則是企圖使各層間的性質差異變大，而層內個體間性質的差異變小。

4. 群集抽樣：(1) 將調查對象（母群體）按某種標準分成若干組，每組稱為一個群集，然後從這些群集中，隨機抽取若干群集，再將這些群集做全面性的調查，這種方法稱為群集抽樣。(2) 群集抽樣的原則與分層抽樣剛好相反，群集間的差異要變小，每個群集即成為母群體的縮影，而能充分顯示出母群體的特性。

11.5 服務滿意度的衡量與分析(3)

4.滿意度的分析

僅由調查的樣本中滿意者所占的比例，未必能正確看出公司顧客中滿意者的比例。例如與公司的產品性服務接觸頻率非常高的顧客，因為對產品或服務滿意所以經常使用，他們的滿意度必然比別人要高。相對的，偶爾使用的顧客，滿意度即可能比較低。而且依產品或服務性質，各年齡層的滿意度也會有相當大的差異。

因此，進行滿意度調查時應儘可能區分樣本的屬性，以分別掌握不同屬性顧客的滿意度，另外，還要了解各種屬性在全體顧客中的比例結構，再根據比例算出各別的比重，以掌握平均的滿意度。如此，在所有的顧客中滿意的人占有多少，即可一目了然。計算時，可以利用以下的公式：

$$\text{全體顧客的滿意度} = \sum (\text{屬性 i 的比例}) \times (\text{屬性 i 顧客的滿意度})$$

當然要了解各屬性（例如性別、年齡、使用次數等）顧客的比重，先決條件是必須預先掌握各屬性，在全體顧客中的比例資料，然後即可推算出全體的滿意度。

測量滿意度時，通常將滿意的程度分成若干級，讓接受調查者選擇最合適的答案。供選擇的答案不論分成五級或七級，最重要的是顧客是否真的感到滿意。計算顧客的滿意度可依下列公式計算：

$$\text{顧客的滿意度} = \frac{(\text{回答非常滿意} + \text{滿意}) \text{的人數}}{\text{總回答人數}}$$

也有不少公司將稍微滿意也併入滿意的範疇內，這樣一來，「滿意」的人比例必將大幅提高，公司若因此而感到安心是非常危險的，因為回答「稍微滿意」的人極可能因為一些小事而轉變為「不滿意」。所以，在判斷顧客到底是否滿意時，應儘可能採取嚴格的標準。

進行顧客滿意度的衡量，不單是了解顧客對公司的產品或服務是否滿意，同時藉此分析與滿意度關係密切的顧客接觸點，也是非常重要的，因為分析的結果可作為其後提高滿意度的參考。因此，測量滿意度時應從所獲得的資料中探索顧客滿意度，以及與顧客接觸點之間的關係。

假設整體上感到滿意的人，對某一具體的接觸點全部都能滿意，相反地，整體上不滿意的人，則全部對該具體接觸點感到不滿，那麼即可了解這個接觸點上，在使顧客滿意或不滿上，有非常密切的關係。根據此原理，將可抽出與滿意度關係密切的接觸

點。

　　此分析可利用迴歸分析來進行。根據分析的結果，所有具體的接觸點與滿意度之間的關係都可一目了然。關係的深度，在數學上以迴歸係數來表示，以下是計算的公式：

$$滿意度 = \sum (關係的深度) \times (顧客的具體接觸點 i)$$

知識補充站

　　Kolter（1997）將滿意度定義為一個人所感覺的愉快程度，源自其對產品性能結果的知覺與個人對產品的期望。由此可知，滿意是指一種感覺或態度、願望或需求的達成。而滿意度是指對一項活動的感覺或態度，來自於對需求感到滿足的程度，或當慾望結束後所得到的感受。

　　在收集和分析顧客滿意度時，必須注意兩點：

1. 顧客有時是根據自己在消費商品或服務之後所產生的主觀感覺來評定滿意或不滿意。因此，往往會由於某種偏見／情緒障礙和關係障礙，顧客心中完全滿意的產品或服務他們可能說很不滿意。此時的判定也不能僅靠顧客主觀感覺的報告，同時也應考慮是否符合客觀標準的評價。

2. 顧客對產品或服務消費後，遇到不滿意時，也不一定都會提出投訴或意見。因此，企業應針對這一部分顧客的心理狀態，利用更親情的方法，以獲得這部分顧客的意見。

了解各個接觸點與整個滿意度之間的關係後，由於顧客對各接觸點的評價都已明白，即可將滿意度關係的深淺與現狀的滿意度評價做一比較（參照圖 11.6）。

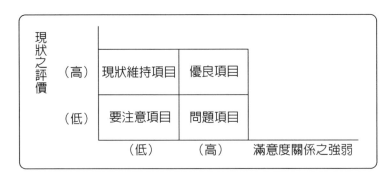

圖 11.6　顧客接觸點之位置關係

圖中各個位置的項目分別具有以下的意義：

(1)優良項目：對滿意度的影響強烈，而且現狀評價亦高的項目，今後可望維持高評價。

(2)問題項目：對滿意度的影響雖然強烈，但是現狀評價不高的項目，今後渴望成爲改善重點。

(3)應注意項目：對滿意度的影響不太強烈，現狀評價也不高的項目，評價特別低的項目有改善必要。

(4)現狀維持項目：對滿意度的影響太強烈，但現狀評價很高的項目，至少可維持現狀。

經以上的分析，可以爲所有具體的接觸點定位，同時也可明瞭各個接觸點在提高顧客滿意度上的重要程度，這樣才能找出日後必須重點改善的項目。

最後，即使了解改善重點，但在改善方面需要投下龐大的費用（如設備或人事），而改善行動卻無法擴大業績時，此種投資即無必要。因此在投資之前，必先檢討效果。總之，過去常依賴靈感與經驗下決策，未來將以顧客的滿意度爲基礎，以科學的方式來決定。

Note

第2篇
服務體系的運作與革新──
創造顧客價值的體系

　　在第 2 篇裡，我們將從各種方面去探討服務，藉此回答很多人有關「什麼是服務及服商品」的疑問。在第 2 篇當中，我們將延續第 1 篇中的探討，和大家討論作為一個成功的服務業，應該如何將服務組織建立成一個服務管理體系。

　　在第 12 章中，我們除了思考這個主題之外，還要另外討論兩個副題，當作本章的開始，第一要探討的是有關顧客價值的部分，亦即顧客在購買某一個服務的時候，他們是以什麼為其判斷基準？第二個要探討的課題是要成為一個成功的服務業，應該具備什麼樣的效果性、效率性及如何去適應環境？最後我們也會討論一下有關將服務組織當作一個整體體系去掌握的重要性。

第12章
顧客價值的實現與服務組織

12.1 顧客價值是終極的判斷基準

近來在許多與經營有關的論文或討論中，經常可以聽到「顧客價值」這樣的用語。當顧客想要去購買某個東西或服務時，他會先衡量看看這些東西有多大的價值，然後再決定是否購買。顧客價值的觀念其由來便是出自這樣的一個前提。顧客在決定是否購買某個東西或服務的時候，他依據的並不是價格，也不是該商品的魅力，而是這個商品能夠為他們帶來多大的價值。顧客價值是顧客依照他們本身的觀點去判斷東西及服務，它會左右顧客是否決定購買這些東西。

價值的大小是由顧客去評價的，而不是生產的人。換句話說，這個「顧客價值」的觀念，使得企業不得不放棄過去那種不顧顧客需求只管推出產品，即所謂「**生產導向**」（product out）的方式，並漸漸建立「**市場導向**」（Market-in）的觀念。市場導向意味的是將市場的需求反映到產品裡，但是這裡談到的價值則超過一般顧客的單純需求，指的是更進一層的個別顧客的心理。

如果從顧客價值的性質去探究它的意義，其實最後它就是顧客的個人判斷。因為不管是有形的產品也好、服務也好，對購買者而言，商品的最後意義在於它是個人的東西。因此，有些人會購買一些旁人看起來無法理解的東西。但是，對當事人而言，這其中必定存在充分的理由與價值。

因此，若想要實現最大限度的顧客價值，必須設法做到使每一位客人都是完全的個別顧客。倘若就效率的觀點來看，不可能達到這種水準的話，退而求其次的方法是儘可能地去做到**客製化**（Customization）。亦即儘可能地去掌握每個人的個別需求，將其共通點歸納成一個較小的範圍，以便可以將企業方面的商品，提案給有這些共同需求的人。**關係行銷**（Relationship-marketing）就是比較具體的作法，它的目的即在於此（關於關係行銷的部分，後面將會做說明）。

另外，顧客價值會受到顧客利用該產品或服務時的「時機與地點」等狀況、背景的影響。就算消費者平日勤儉過日，必要時他們也不會排斥高額的消費。最近這樣的消費現象是一種很普遍的趨勢。

如果消費者認為有那個價值，即使是高額的消費，他們也會很積極去付出。在了解顧客的狀況和背景之後，才能知道如何提案一些可以產生新意義的生活價值與生活方式給他們。如果缺乏了這樣的想法，將無法創造更新的服務商品。

接著要談的是顧客如何判斷顧客價值的大小？以**海斯凱德**（Heskett）及**薩沙**（Sasser）為中心的哈佛大學研究小組，曾提出下列的方程式：

$$服務的顧客價值 = \frac{帶給顧客的結果 + 過程的品質}{價格 + 消費服務所要付出的各項成本}$$

此方程式是以除法來表示，它的重點在於所謂的價值是由分母（付出的東西）與分子（獲得的東西）的對比來決定。一般來說，雖然消費者都會很想擁有一台像保時捷

（Porsche）那樣外型超炫的跑車，但是卻不會因為被它的魅力吸引就完全無條件地買它。他們會先仔細考慮價格及其他的成本，看看自己的錢包再做決定。亦即他們會先衡量看看，要付出的費用和想要的產品之間，是不是划算？

在經濟學裡，財物的價值可從「使用價值」與「交換價值」兩方面來看。使用價值一般指的是某些東西為消費者所帶來的有用性及效用；交換價值指的是可以金錢等去計算的相對價值。在顧客價值的方程式裡也包含了這兩者，亦即購買該商品所獲得的使用價值（分子），以及決定該商品相對價值的交換價值〔由使用價值和分母（費用）的對比來決定〕。

以玩具零售店為例來說，如果它有小孩想要的特定玩具，讓小孩可以買到它，那麼零售服務所提供給顧客的「結果」就很大。如果店員的態度很和靄，可以向顧客親切地說明使用方法及危險性等，則過程的品質將會受到很高的評價。

像醫療或複雜的機械修理等，很難依據服務的結果去進行評價，像要靠信用品質的服務商品，顧客往往不易依據結果，只能根據服務的過程品質去進行判斷，所以過程的品質便成為分子部分的主要要素。因此，我們常常看到的一種情形是，病患在評價一個醫師的時候，多半會受醫師態度好壞所左右。

分母（付出的東西）裡，包含了「價格」和「價格以外的購買成本」。這裡所謂的價格以外的購買成本，指的是顧客在利用該服務時所要負擔的各種成本。例如時間、程序、步行到該商店的體力支出以及壓力等的精神支出。

在此方程式的分母中包含了「購買的成本」，這點可提供服務業者許多啟示。因為服務業者只有降低這些成本，才能提高顧客價值。例如，藉由增加分店，提供更多的服務據點，可以減少顧客到店的麻煩和時間，降低顧客為購買所付出的成本。另外，上網購物可使顧客 24 小時在自己家中下單訂購，非常方便。到高級的法國料理店消費，對一些比較少有利用經驗的顧客而言，難免會產生精神壓力，因此如果接待人員能夠對每一位顧客都以公平、親切的態度去迎接的話，那麼即使是第一次前來消費的顧客，也會感覺很安心，不會為來此感到後悔並且愉快地歸去。如果這個方程式中的其他要素都沒有改變的話，那麼業者或許可以從提高顧客的方便性、降低購買的成本，去提高該服務商品整體的顧客價值。

過去在談及行銷時，一般都只就有形產品的使用價值與其價格的對比來進行討論。這裡提及服務行銷的顧客價值方程式，將獲得之內容與支付之內容做進一步的擴張。它的成功之處在於它與現實非常地相近。

知識補充站

在服務的顧客價值方程式中，它和有形產品的財物所不同的是，在它的分子（顧客所獲得的東西）裡，除了服務的效用「帶給顧客的結果」之外，還包含了對服務提供過程的服務品質的評價。服務商品所帶給顧客的是結果和過程的體驗，所以當然要包括這兩項在內。想要提高服務的顧客價值，有必要針對結果與過程兩方面或是其中一方面，加強它的服務品質。

12.2 判斷服務組織成功與否的評價基準

　　接著我們要討論的是，我們應該以什麼樣的基準去判定一個服務組織的成功與否？不論什麼樣的組織，至少必須具備下述的四個條件，才能順利地維持其活動。亦即，第一，組織對其所存在之環境的適應，而這又分為對①外部環境與②內部環境的適應。第二，有兩個基準可以表現組織活動的品質，這兩個基準也可以反映組織目標的達成度。第三，效果性與一般常說的「生產性」。第四，效率性。對任何組織而言，它的特徵是不同於製造業或其他的組織。

　　首先，我們先來看看①對外部環境的適應這個問題。所謂外部環境，指的是市場、一般經濟狀況、社會環境、國際關係、國內外的政治狀況等，存在於企業外部的一切環境條件（請參照第 2 章說明）而言。所謂環境，一般指的是會帶給組織各種影響，同時無法由企業這一方去加以操作的既定條件而言。因此，對於一些足以對組織造成重大影響的環境因素，企業必須敏銳地掌握其變化並設法去因應它。在許多外部環境要因之中，目前尤其要注意的，除了一直在變化的顧客心理之外，其他應該還包括經濟與國際環境以及資訊化的趨勢。這些因素都具有使目前市場構造產生激烈變化的可能性。

　　不論對個人也好、對組織也好，要他們拋棄過去的經驗、重新去適應一個新的狀況，並非容易的事情。尤其是在他們過去曾有過傲人的成功經驗的狀況下。因此，當為了適應不斷變化的狀況而不得不大幅改變過去的作法及方法時，負責的人必須拿出勇氣與勇敢的決斷才行。

　　這裡不妨舉一個例子來做說明。很多日本人都有帶小孩上相館照兒童節、成人節紀念照的經驗。在日本的任何一條街都可以看到一、二家這樣的相館，但是，這些相館目前正面臨著嚴苛的環境變化的考驗。原因之一是現代人孩子生得少，使得它的重要潛在顧客總數因此急遽減少。另一方面，在孩子的節日或家裡有喜慶時，特地去相館照紀念照的這種過去想法也不斷在改變。因為很多人認為不必特地上相館，即使拿畫素高的手機或數位相機照出來的感覺也很好。

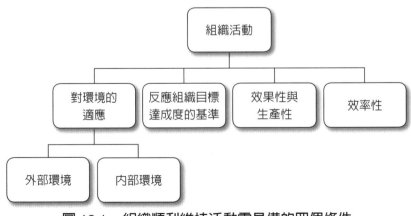

圖 12.1　組織順利維持活動需具備的四個條件

知識補充站

小野照相館如何從小鎮照相館進軍全日本？

　　日本的小野照相館（茨城縣常陸那珂市）的小野哲人社長，打出「自訂式雇用」口號，因應每個員工的家庭狀況，實現具有彈性的工作方式。

　　該公司成立於 1976 年，原本是「街坊的小照相館」，由於相機數位化及智慧型手機的登場，照相產業產生劇烈的變化。小野社長於 2006 年，30 歲的時候繼承了家業，開始力圖經營的多元發展。

　　他將規模較小的婚禮攝影獨立出來，成立婚禮事業部，而總公司創立的婚禮複合設施「Enchanté」，則有少人數的婚禮教堂、攝影工作室、婚紗店、婚禮美容沙龍等。總公司除了攝影工作室外，還在神奈川縣橫濱市及千葉縣柏市等地，成立了成人振袖公司「二十歲振袖館」及家庭取向的攝影工作室「Cocoa」等店鋪。

　　至 2018 年 8 月為止，合計共有 29 家店面，業績在 2018 年 9 月時為 16 億日圓。公司員工有正職員工 108 人、短期員工 14 人、計時人員 56 人，合計 178 人。

　　小野社長表示：「從事服務業的人有八成都是女性，如果不建立一個可以兼顧家庭的工作環境，人才就不會留下來。」所以他引進了自訂式雇用。具體來說，就是讓員工即使結婚或生產也不用離職，是一種符合每個人需求、自由度極高的工作型態。

　　在家事與育兒上能否得到家人的協助，以及每個人的情況跟價值觀都有所不同。有人在單身時會全心投入工作，但有了小孩後只想每週工作兩三天。就算是同一個人，在單身時、結婚後、帶小孩、照顧長輩等每一個時期的工作型態都會自然地有所變化；當然也有人的理念是工作即生活，小野照相館也可以應對這種型態。

接著來看看②對內部環境的適應這個問題。適應環境中的第二項內部環境，指的是作為一個開放體系的組織，必須設法使許多取自於外部的環境要素，融入這個組織。人才、物、資金、資訊等企業經營資源，自外部進入組織，構成組織內部的活動體系。這些要素當中，尤其以人才和資訊是重要的檢討對象。

企業之間的勞工流動狀況，我們雖然沒有像美國那麼盛行，過去大多是沿襲終身雇用的體系，目前已愈來愈難繼續維持。在這種人才流動快速的情況下，企業面臨了許多課題，例如如何禮遇人才、促進其成長，以及確保從業人員的滿意感等。一般來說，服務業的工作因為勞動的時間長，所以員工離職率也高。如果業者不能建立一個可以給員工（包括兼職人員）工作士氣的勤務體系，則技能與經驗將無法累積，最後，服務的品質也將隨著降低。這種情況在外食產業及醫療領域中尤其明顯，特別是改善醫護人員的勤務體系更是當務之急。

另外，資訊技術雖然是外部要素，但它同時也是重要的內部因素。目前雖然屬於資訊化的過渡時期，但是，如果整個從業人員的資訊能力無法平均地提升，企業內部體系的資訊化也不會有太大的成效。

關於適應環境的問題，服務業特有的特徵是由下述兩項原因所產生。第一，在服務業中，生產（銷售）與消費是同時進行的，所以顧客（外部要素）會直接參與服務的生產。亦即服務的組織會在其生產主要服務的時候，直接接觸到外部的環境。在這樣的直接接觸當中，顧客會向服務的組織提出許多要求，在這種情況下，組織會被迫得去面對、解決這些問題。例如，如果一般的地區醫院突然來了一位愛滋病患，以地區醫院的一般診療系統，應該無法處理這樣的病患問題。

知識補充站

過去常依賴靈感與經驗下決策，此後將以顧客的滿意度為基礎，以科學的方式來決定。

Howard and Sheth（1969）更指出顧客滿意度乃是顧客對於特定交易的結果反應，並認為滿意度是購買對於犧牲所獲得的適當或不適當報酬之認知狀態。由於消費者滿意衡量皆是有關態度的衡量，因此，如何精確、正確地衡量消費者滿意程度量就變得十分重要。

滿意度的衡量大致可分為兩種，一為整體滿意度衡量，二為多重屬性的衡量，Czepil（1974）將顧客滿意視為一種整體性的評估，代表的是消費者對此產品的主觀反應總合。部分學者認為滿意度的衡量具有多重的標準，也就是針對各屬性的滿意度分別進行衡量再將其做加總，Singh（1991）指出滿意度是一種多重的構面，且消費者對於滿意度的衡量，會因產業或對象的不同有所改變。

其次，在服務的生產方面，顧客是一位共同生產者，因此如何讓顧客有效地參與生產是非常重要的。從這個意義來看，顧客即是外部要因，他同時也是內部的「第二位從業人員」。以電話服務解決顧客電腦操作問題的例子來說，解決問題的重要關鍵在於指導者如何依照步驟教導在電話另一方的顧客，按部就班地操作。如果能夠有效地誘導顧客執行必要的作業，問題應該立即可以獲得解決，否則可能耗上幾個鐘頭也沒有結果。

接下來要檢討的是有關組織活動本身應該具備哪些條件的問題。前述第 3 項中的效果性，指的是組織的目標達成度。一個組織會有它自己的許多目標，例如利潤、市場占有率、顧客占有率、提升品質、提升顧客滿意度等。這些目標通常由上位目標到下位目標形成連鎖。應該具體設定什麼樣的目標，是經營策略上的關鍵課題。

企業所設定的目標不可過於抽象，它必須是能夠讓從業人員具體執行的活動，而且其定義要明確，可以讓員工想像得出它的操作方式才行。由此可見，想要建立有效的目標，使從業人員產生工作動機，在擬定中位目標之前，必須仔細研究它和上位目標之間的關連，確信其關連之後再行設定。

最後是第 4 項的效率性。效率性是怎麼計算出來的呢？它是根據「**為獲得某個結果所投入的要素**」（input）與「**獲得之產出結果**」（output）的對比去求出的。由 10 人完成的定量作業，如果 5 個人能在同樣時間內完成的話，其效率（生產力）就是一倍。在投入的要素中包括有人、物、資金等的經營資源，而這些各有勞動生產性、物的（機械）生產性、投入的資本利益率作為其指標。不論任何一個組織都不能無限地利用其經營資源，所以必須確保一定的效率性，企業才有辦法繼續生存。最近的一些企業重整、企業革新和行政改革等，都是試圖提高效率性的改革手法。一般消費者的情形也是一樣，如果用一半的價格可以買到和以前同樣品質的商品，其成本效率等於提高了一倍，也就是說錢的運用變得比較有效率。

一般來說，「效果性（effectiveness）」和「效率性（efficiency）」之間存在著拉距的關係，兩者是無法同時提高的。例如，製作美味的料理，需要有價格較高的食物材料配合。而且要讓服務做到盡善盡美，必須雇用較多的服務人員才行。但是，服務行銷對於這種必須從兩者當中取其一的想法，感到疑問。它試圖去尋找一個同時可以提高效果與效率的方法，並將之理論化。為了提高服務品質而雇用更多的人才，並沒有太大的意義。應該設法由一定的人員去提供更高品質的服務，同時以更少的經營資源去實現更高度的服務。如何使這些成為可能，是服務業者應該去摸索的方向和基本姿態。

知識補充站

Chase 和 Hayes 兩位學者提出下表的架構來描述一個服務組織的策略發展中作業方式（operation）所扮演的角色。

世界一流的組織是不會以滿足顧客的期望為滿足的，世界一流的組織會擴張顧客的期望，讓競爭對手無法趕上。管理階層積極主動地倡導較高的績效標準，並且聆聽顧客的聲音以尋求新機會。世界一流的服務公司，像是迪士尼、Marriott、American Airlines 所定義的服務品質都是其他組織視為標竿的。

新科技也不再只是被視為降低成本的一種方法，而是無法輕易模仿的競爭優勢。例如 Federal Express 開發 COSMOS（Customer Operations Service Master On-Line System）以追蹤包裹從接件到送達的每一個過程。

在世界一流的組織工作是很特殊的，每位員工都認同組織及其使命。例如迪士尼的垃圾蒐集員都被視為幫助遊客享受迪士尼之旅的服務管理者。

經由服務系統維持卓越的績效，是一大挑戰。在不同的地點複製服務，特別是能夠在海外據點成功地複製服務，才是真正世界一流的服務組織。

傳統組織與世界一流組織的組織結構與工作環境

構面	傳統組織	世界一流組織
系統假定	封閉系統	開放系統
工作設計原則	員工的分開	彈性
結構	嚴謹	流動
與其他人的關係	個人	團隊
員工的趨向	任務	顧客
管理	監督者	教練（coaches）、促成者（facilitators）
科技	取代人力	輔助服務提供
資訊	效率	效能

　　例如，由於技術革新的結果，銀行的 ATM（**自動提款機**）服務，就是在效果與效率方面取得雙贏的例子。如大家都知道的，現在很多地方都設有 ATM，有了這些設備，顧客不必再親自走到銀行去提領存款。而且它的營業時間也比銀行長，其中有的更是 24 小時營業。除此之外，機器的操作很簡單、省時，可以減少許多排隊的時間，而且也可免掉與人接觸的許多麻煩。所以，在提高顧客的便利性（效果性）方面，ATM 有著很長足的進步。最重要的是它還可以幫助銀行削減許多營運的成本。以美國的花旗（Citibank）為例來說，相較於過去運用人力時的費用，現在只需 1/25 的費用即可營運（效率性）。

知識補充站

　　企業所設定的目標不可過於抽象，它必須是能夠讓從業人員具體執行的活動，而且其定義要明確，可以讓員工想像得出它的操作方式才行。由此可見，想要建立有效的目標，使從業人員產生工作動機，在擬定目標之前，必須仔細研究它和上位目標之間的關聯，確信其關聯之後再行設定。

　　彼得‧杜拉克在《有效的管理者》（The Effective Executive）一書中表示，效率是以正確的方式做事（Do the thing right），而效能則是做正確的事（Do the right thing）。效率和效能不應偏廢，但這並不意味著效率和效能具有同樣的重要性。我們當然希望同時提高效率和效能，但在效率與效能無法兼得時，我們首先應著眼於效能，然後再設法提高效率。

　　效率是指以最少的投入（包括人力、物力、財力等資源），得到最大的產出（成果），也就是想辦法把該做的工作或者交付的任務做好，著重於方法；而效能指的是那些工作或任務必須能幫助組織達成目標，選擇對的工作或任務，著重於結果。彼得杜拉克認為效能比效率還重要，也就是工作或任務的首要目的就是達成組織目標。但是如果目標達成了，而過程中花費過多的耗損與成本，則達成此項組織目標也不盡完美。

12.3 關於服務組織體系的整體性

　　國內最近出版不少介紹成功的服務業例子的翻譯書。其中舉出的例子包括諾得斯頓百貨及西南航空等，書中並介紹有關其經營的一些插曲。這些事例可以幫助讀者了解，事實上要提供完善的服務是可能的，而且成效顯著。

　　但是，正如海斯凱德（Heskert）所指出的，在介紹這些事例時，必須說明它們提供這些服務的背景以及整個服務的生產體系，才能提供其他企業學習的參考。如果只是把它們當作有趣的故事來談，企業恐怕很難從中獲得任何學習。

　　例如，在說明諾得斯頓的賣場服務人員對待顧客的特色時，必須先讓讀者了解該企業以顧客為主的企業文化背景。而且其服務人員對於自己的賣場，從商品品項、擺設到銷售，都是全權負責，他們可以在自己的裁量範圍內，做任何的判斷與決定。而且，服務人員的大部分酬勞都依他所負責之賣場的銷售額而定。如果讀者不了解這些背景，他們勢必無法充分理解每個有名的趣聞背後所包含的意義。諾得斯頓之所以會有這麼多的趣聞產生，原因還是在於企業的體系，因為它授予服務人員充分發揮其能力的權限。

知識補充站

　　西南航空公司的例子也是一樣，它之所以可以創造出許多佳話和提供高品質的服務，原因還是在於企業的體系。西南航空的理念與方針一向重視顧客與從業人員，而且它會掌握每一個與顧客接觸的機會，帶給顧客許多驚訝。例如，西南航空一向以起飛、降落時間準確聞名，它之所以能夠這麼準時，主要是他們縮短了一架飛機降落到重新起飛的準備時間。西南航空在這方面所花費的時間只有其他航空公司的一半，前後大概 20 分鐘即可準備就緒。它之所以可以辦到這點，原因在於它的地上作業人員是採用小組編制的工作方式。

　　另外，西南航空不像其他航空公司一樣，採取轉乘的制度。由於沒有轉乘的乘客，也就沒有裝卸行李的作業。因為少了這些多餘的作業，才能正確遵守飛機起降的時間。但是相對的，需要轉機的乘客就無法搭乘西南航空的客機。所以，這種方式剛好也算是一種區隔顧客層的方法。

顧客會利用與服務業者的直接接觸的機會判斷服務的品質。但是，服務業者與顧客接觸時的服務內容，則是取決於包括後台工作人員在內的整個服務生產體系。服務組織是一個服務管理體系，這個體系是由數個主要要素所構成的（後面將會另做說明）。這幾個構成要素相互之間的關係，比起它們在製造業中的關係還要來得密切。就其體系的特徵來說，常常會有某個要素的狀況會影響其他要素狀況的情形出現。

在製造的組織裡，產品開發、設計、生產、銷售的各項機能可以獨立活動，而且各部門之間的合作，通常也有一定的時間間隔。但是在服務的組織裡，各部門的活動比起製造業裡，需要更密切的合作。

以餐廳為例，如果接待客人的服務生與廚房的連繫作業做得不好，客人便不知道何時可以上菜。飯店的情形也是一樣，在前一位客人結帳之後，下一位客人住入之前，客房的清理作業一定要完成。

換句話說，服務業者與其顧客接觸時的服務品質，會受到構成服務組織的各個部分的活動所影響。因此，對於構成服務組織的各項要素的品質，以及連結這些要素的經營活動、基礎部分的經營策略、方針、理念、企業文化等，都必須加以檢討，否則將無法提供每位顧客良好的服務品質。

下一章之後，我們來看看整個服務組織的框架，討論三個有關服務體系的理論，它們分別是「服務行銷組合（Service marketing mix）」、「服務管理體系（Service management system）」、「服務利益鏈（Service profit chain）」。

知識補充站

在服務的顧客價值方程式中，它和有形財所不同的是，在它的分子（顧客所獲得的東西）裡，除了服務的效用「帶給顧客的結果」之外，還包含了對服務提供過程的服務品質之評價。服務商品所帶給顧客的是結果和過程的體驗，所以當然要包括這兩項在內。想要提高服務的顧客價值，有必要針對結果與過程兩方面或是其中一方面，加強它的服務品質。

Note

第13章
服務行銷組合

13.1 服務行銷組合的特徵及內容

　　當企業準備將商品提供到市場的時候，在銷售活動方面，它必須先決定幾項主要的要素。我們稱此所有的要素為「**服務行銷組合**」（service marketing mix）。一般來說，這些主要的要素包括「產品（product）」、「地點（place）」、「促銷（promotion）」、「價格（price）」等。企業為了生產有形的產品或無形的服務，通常會動員人、物、資金、資訊等經營資源去成立生產的組織。另一方面，行銷指的是將組織所生產之商品推出市場的各項促成活動，而行銷的綜合要素，指的是各個活動領域裡的促成手段。本章將藉由檢討服務業的各項行銷要素，來掌握整個服務組織的活動。

　　首先要檢討的是行銷組合的想法，服務業的服務行銷與有形產品的製造業的行銷，是否相同？

　　一般來說，行銷組合的要素大致包括前面提及的**產品**（product）、**地點**（place）、**促銷**（Promotion）、**價格**（price）四項，我們總稱之「**4P**」。這些都是影響顧客是否決定購買某商品的主要因素，因此在服務行銷中，這些都是屬於重要的因素。但是，對服務業來說，問題是，只要有了這些條件就足夠了嗎？

　　以到某家餐廳用餐為例。首先我們會在意的是菜色的內容，其次是有哪些種類的料理？菜餚種類多不多？以及最重要的是菜到底好不好呢？這些都是與「產品」有關的問題。接著會考慮的問題是這家餐廳位於何處？走路可不可以到達？在熱鬧的都會中還是在山上？關於「地點」的評價，會因人而有很大的差異。其次是「促銷」，該商店是否有做盛大的宣傳？還是原本就已熟悉的店家？它使用了什麼樣的媒體做宣傳？這些促銷活動也是會影響顧客的決定。最後一項則是「價格」，是貴還是便宜？價格是不是合理？還有是不是有價值？換句話說，幾乎每個顧客都會在心裡盤算付出與結果是否合算。以上這些就是傳統的「4P」，也是顧客事前會考慮的項目。

　　但是，事實上必須列入檢討的不會只有這些。另外，還要考慮的有服務人員的待客

知識補充站

　　美國密西根州立大學麥卡錫（McCarthy）教授在 1960 年提出 4P 行銷理論，該理論認為企業在做好市場調查的基礎上，生產出品質好的能夠賣得出去的產品，制定合理價格，注重經銷商的培育和銷售通路的建立，通過一定的推廣手段實現交易去達成企業的行銷目標。行銷 4P 一直以來廣被全球的學術界與行銷人員採用，且歷久不衰，為行銷管理的基石。

態度如何？禮貌是否週到？態度是否親切？還是言詞粗暴無禮？其次，店面的外觀及氣氛也是顧客會在意的。尤其當與情人或重要的人一起前往時，顧客尤其會在意建築物或用餐的室內氣氛與感覺。最後，提供服務的方法也是顧客會在意的。採取的是服務人員全部代勞的全套服務呢？還是採取自助式的服務？需不需要等候很久？可不可以預約？料理是合菜呢？還是可以自己詳細選擇？

　　最開始談到的待客態度等，是屬於「人」的問題。第二項是和構成服務場地的「物的要素」有關。最後一項則屬於服務業「提供服務之過程」的問題。從這些可以看出，當我們在消費某一項服務的時候，除了傳統的 4P 之外，通常還會考慮「人才」、「物的環境要素」、「提供的過程」等的要素。這三項要素，**柴他穆爾**（Zeithaml）與**皮特納**（Bitner）稱之為「**服務的證據**（Service evidence）」。這些都是構成顧客體驗服務，左右服務「過程」品質，對顧客的滿足感影響極大的要素。

　　為什麼把這些「服務的證據」當作行銷組合的要因事前妥善加以計畫、準備是很重要的工作呢？理由很簡單，因為這些要素都與服務商品的本質特徵有關。例如，服務的特徵之一即為它是無形的、生產與消費是同時進行的，因此服務業者在提供顧客服務的時候，無法事前先將對人服務之商品做起來存放著。例如，理髮店都是客人上門才開始進行修髮、剪髮，不可能先把剪好的頭放著。因此，顧客若想剪得一頭好髮，必須慎選技術良好的理髮師。擁有技術高超、經驗豐富、美感很好的從業人員的理髮店，顧客才能隨時都安心地接受理髮。由此可見，在以人為對象的服務當中，「人才」是一項很重要的行銷要素。

　　比起有形的產品，顧客在消費服務時會感受到較大的風險，這是我們前面已說明過的。因此，顧客在消費服務之前，會試著去尋找一些可以減輕其風險感的依據。而「物的要素」通常是提供顧客推測他們想要購買之服務品質的一項重要依據。例如，對於第一次想要投宿的旅館或飯店，大部分的人都會在意建築物的狀況、外觀、房間的調度與清潔感等等條件。其他像醫院、學校、餐廳等，建築物與其設備裝置，也是提供顧客推測其服務品質的重要依據。

　　因此，在服務的行銷中，除了有形商品行銷中的 4P 之外，還要加上「**人才**」（people）、「**物的環境要素**」（physical evidence）、「**過程**」（process）的 3P 才行。因此，在服務的行銷組合中，總共需要有 7P。

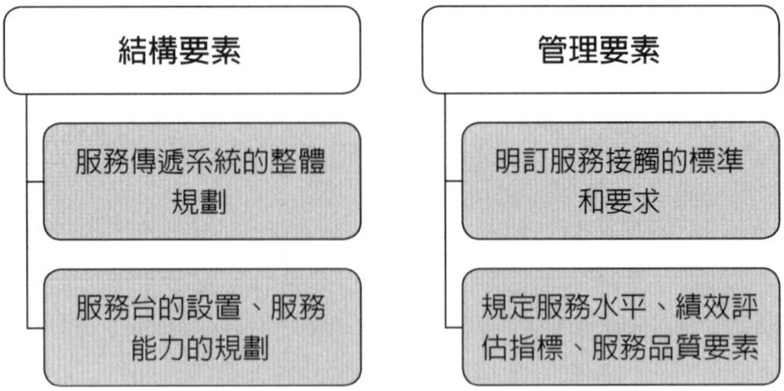

結構要素	管理要素
服務傳遞系統的整體規劃	明訂服務接觸的標準和要求
服務台的設置、服務能力的規劃	規定服務水平、績效評估指標、服務品質要素

圖 13.1　服務藍圖包含的兩個部分

知識補充站

　服務藍圖（Service Blueprinting）一如生產系統中的作業流程圖，是詳細描畫服務系統的圖資或地圖，服務過程中涉及到的不同人員可以理解並客觀地了解、使用它，無論他的角色或個人觀點如何。服務藍圖直觀上同時從幾個方面展示服務：描繪服務實施的過程、接待顧客的地點、顧客雇員的角色以及服務中的可見要素。它提供了一種把服務合理分塊的方法，再逐一描述過程的步驟或任務、執行任務的方法和顧客能夠感受到的有形展示。

　服務藍圖包括「結構要素」與「管理要素」兩個部分。服務的結構要素，實際上定義了服務傳遞系統的整體規劃，包括服務台的設置、服務能力的規劃。服務的管理要素，則明確了服務接觸的標準和要求，規定了合理的服務水平、績效評估指標、服務品質要素等。

　　行銷組合的觀念是考慮各個要因之間的關聯性，然後在統一的策略之下，去計畫各個要因的具體內容，這是很重要的。因為這些驅使顧客購買的各項要因，如果彼此矛盾或各自獨立，其效果將會大打折扣。從前面我們說明過的理由可以明白，在服務行銷中，這點是相當重要的一個重點。以下探討服務行銷組合的各項要素。

表 13.1　服務行銷組合的內容

Product（服務商品）	1. 服務品質 2. 次要的服務 3. 包裝 4. 商品線（product line） 5. 品牌化
Place（地點）	1. 選址 2. 銷售管道的類型 3. 生產、銷售據點 4. 交通 5. 行銷通路的管理
Promotion（促銷）	1. 促銷組合 2. 銷售員 3. 廣告 4. 促銷活動 5. 媒體宣傳
Price（價格）	1. 價格水準 2. 期間 3. 差別化 4. 折扣 5. 價格幅度
People（人才）	1. 從業人員：雇用、訓練、願景、報酬 2. 顧客：教育、訓練 3. 企業文化、價值觀 4. 從業人員的調查
Physical evidence（物的環境要素）	1. 設施之設計美感、機能、舒適性 2. 附件、工具 3. 招牌 4. 從業人員的服裝 5. 其他的有形物：報告、卡片、宣傳單
Process（提供的過程）	1. 活動的流程：標準化、個客化 2. 程序數目：單純、複雜 3. 顧客的參與程度

13.2 服務商品

一個服務商品，必須包含以下的項目：
1. 服務方針的設計
2. 決定服務品質
3. 決定服務配套
4. 決定商品線與品牌化

圖 13.2　服務商品必須包含的項目

1. 服務方針的設計

在決定要提供什麼樣的服務商品時，首先最重要的要素是**服務方針**（concept）的設計。所謂方針，指的是「可以滿足新奇感的需求，同時要包含企業的主張在內」。換句話說就是由企業一方去掌握顧客的需求。這裡之所以要強調「企業的主張、新奇感」，是為了使該商品有自己的定位特徵，不致於輕易被其他的企業所模倣。在掌握顧客需求的時候，應儘量縮小顧客對象層，加深與顧客的關係行銷。但是，如果走的是大眾行銷，方向剛好相反，應儘量掌握廣泛的共同需求。將已掌握的市場需求形成一個行銷的方針，並表現在商品上，亦即所謂的服務方針的設計。

例如，您在日本的車站中常會看到站著吃的立食麵店，它的服務方針是什麼呢？「簡單、迅速、滿足食慾」就是它的方針。此服務是因應一些早上匆忙上班無法慢慢

吃早餐的上班族，想要以簡便的方式果腹的需求而產生。所以，麵雖然不會做得特別好吃，但也不致於太難吃。一般來說，口味與速度通常有你消我長的關係，但是這裡比較強調的是速度，這正是立食麵店的重要方針。

相信每個人心裡都曾想過：「要是有××的服務就好了」。這樣的念頭（需求），我們稱之為「**利基（Niche）**」的需求。把這些需求當作商品方針加以事業化後，一般常稱之為「**新事業（New Business）**」。

筆者曾在政府機構所主辦的經營指導課程「開發新事業、企劃新商品」的講座中擔任講員。該課程是以來自各企業的社會人士為對象，以為期一年的時間，指導他們如何擬定新的事業計畫。每年都有許多學員提出很多令人覺得很有創意的新事業方針（當初學員所提出的新事業、新商品企畫案中，有四成已進入事業化的階段）。但是，我們要說的是，新的服務方針還不只是這些，還有許多各種各樣的構想等著我們去發掘、開發。

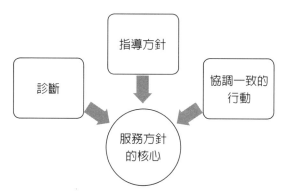

圖 13.3　服務方針的核心三要素

知識補充站

服務方針的核心包含三要素：

1. 診斷：界定或說明挑戰的本質。良好的診斷通常能找出情況的關鍵、簡化過度複雜的現實狀況。

2. 指導方針：處理挑戰的指南。選定一個整體解決方案，處理或克服診斷所發現的障礙。

3. 協調一致的行動：設計能執行指導方針的步驟，而且每個步驟都環環相扣、彼此協調，以落實指導方針。

對醫生來說，他的挑戰是出現一系列的疾病症狀，和對病患病歷的考量。醫生要做出臨床診斷、判斷疾病或病理；選擇療程就是醫生的指導方針；制定飲食計畫、治療方法和藥物治療等特定處方，便是採取一套協調一致的行動。

2. 服務品質的決定

服務的結果與過程應該達到什麼樣的品質水準，必須事先決定清楚。服務品質的決定與服務方針有密切的關係，因為服務的品質水準有時是方針內容的一部分。舉個例來說，近來由於家庭孩子生得少，使得婦產科醫院面臨了激烈的競爭，有的醫院甚至以提供豪華飯店客房般的病房，以作為招攬顧客的號召。這些都可說是以服務品質為商品方針的例子。

服務的品質水準與服務的執行水準是互為表裡的。所以，如果服務品質要求得很高，其執行度也會很高，而經營資源也要與之相呼應才行。例如，一家醫院如果要求自己必須達到最前端的醫療水準，則它除了必須有相對水準的醫療設備、體制之外，還要擁有最尖端知識與技能的醫師群及醫療幕僚才行。

這一類設備產業型的服務，一般來說組織的效果性與效率性是呈現相反的關係（如果引進高價位的設備時，經費將增大），但是在以人為對象的服務裡，情況則未必如此。在以人為對象的服務中，當服務的技術是內部存在時，效果性與效率性常常是可以兼顧的。尤其當一個服務組織中的服務人員都有很高的工作動機時，除了可以有很高的效果性之外，常常也可以達到很高的效率性，以最簡單的例子來說明，如果從業人員的工作士氣很高，每小時的勞動生產力當然也會相對提高。

3. 服務配套的設計

在前面第 9 章的地方已經討論過，一個服務商品是由主要服務與次要服務等的構成要素所組合而成，一般的服務都會以這些作為服務配套的內容，提供給顧客。服務業企業必須決定它的服務配套裡要有什麼種類、什麼範圍的次要服務，以及什麼樣的服務組合才行。

最近出現一種附屬於外食產業與便利商店之下的宅配服務，它可以把料理或商品送到家裡給顧客。它所採取的策略是藉由追加新的次要服務以突顯其特徵。以低廉價格為訴求的代客送車檢驗的服務，目前的競爭也愈來愈激烈。

另外還有一種做法剛好與此相反，亦即它把過去列入其中一般認為理所當然的服務給廢除掉。旅館與飯店不同的地方之一是住宿費之中有無包含餐點費，但是最近也有只負責提供住宿的旅館。它的方針是把餐點費用從住宿費中扣除，藉此提供顧客更便宜的住宿。

除此之外，還有一種是綜合相關的必要服務，以一次購足的方式，提供顧客服務。日本青木（AOKI）國際公司原本以低價銷售洋裝、西服聞名。最近它投入婚禮服務業，成立專門提供與婚禮有關的一切服務商品。它除了銷售、出租結婚禮服之外，也銷售結婚戒指，另外從挑選結婚場地、飯店，到預約蜜月旅行，它都可為顧客代勞。它的服務方針是舉凡與結婚有關的一切服務，都可在店內一次購足。亦即顧客不必到處接洽場地、飯店、服飾、旅行社等，只要在同一個地方就可辦妥相關事宜。雖然它所集合的各項服務都有其核心服務內容，但是以這個企業為例來說，我們可以把它所提供的與結婚有關的綜合服務視為核心服務。而構成這些綜合服務的個別服務視為次要的服務，這樣會比較容易了解。

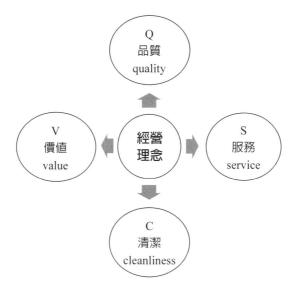

圖 13.4　麥當勞的經營理念

知識補充站

　　所謂服務配套指的就是企業或商家在販售主要產品或提供服務項目時，所增加的附帶優惠措施與回饋辦法，其方式有許多類型，例如：集點折扣、代客郵寄、會員優待、售後服務、維護保證、策略聯盟專屬優惠等，其選擇方式端視產品特性與業者行銷手法之不同而各有所不同。

　　麥當勞為全球食品連鎖企業，其服務配套有其長久建立的制度，但也充分授權各地區總公司適時評估並推出不同的辦法。以台灣麥當勞最為人熟悉的配套服務來說，有所謂的套餐供應、生日包場、兒童餐附贈玩具、通關折扣、專用購餐車道、開發米食等都是推出許久的服務。

　　麥當勞的經營理念可以用四個字母來代表，即 Q、S、C、V。Q 代表品質（quality）、S 代表服務（service）、C 代表清潔（cleanliness）、V 代表價值（value），以其嚴格的企業管理與品質控管，本來就已經在世界各地快速發展，加上其推陳出新的配套措施能夠反映市場動態與顧客需求，不僅可以歷久彌新，更能使顧客增加選擇與品牌信任。除了增加實質營收外，也大大提升了顧客選用的「幸福」、「時尚」、「滿意」的附加價值。

4. 商品線與品牌

所謂商品線（product line）是指服務商品的品項多寡。大部分的服務業，例如住宿業、交通工具、外食產業等，主要都以提供一種服務為主。不過，也有同時提供複數以上服務商品的業者，例如，綜合醫院裡有內科、外科、婦產科、整形外科、神經科等，其所涵蓋的技術領域各自不同。決定商品的品項，就是考慮要提供什麼樣的服務商品。舉個例來說，最近的便利商店，除了零售服務之外，多半會附帶提供很多的服務。例如快遞服務、代收洗衣、代收沖洗相片、代收各項公共費（電話、水費等）、代理報名旅行、提供住宅資訊、代客影印、傳真等。這些都是各自索費的個別服務，預料便利商店的商品線今後還會再擴大。

接著是**品牌化**（Branding），亦即給商品一個名稱，使其成為一個品牌。品牌可產生各種不同的效果，服務的商品如能給予合適的命名，亦可使之達到品牌化的效果。BMW 汽車公司對購買 BMW 車的顧客，可以享有保用 5 年 10 萬公里以及契約期間免費檢驗（包括驗車）、整備、維修的綜合服務，這套服務稱為「Service Freeway」。

知識補充站

產品線是指一群相關的產品，這類產品可能功能相似，銷售給同一顧客群，經過相同的銷售途徑，或者在同一價格範圍內。如果能夠確定產品線的最佳長度，就能為企業帶來最大的利潤。

產品（組合的）寬度：指擁有的產品線數目。如某公司假如擁有清潔劑、牙膏、條狀肥皂、紙尿布、衛生紙，那它的寬度為 5，如表 1 的產品組合寬度是 4。

產品線的長度：每一條產品線內的產品品目數稱為該產品線的長度，當然如果一個公司具有多條產品線，公司可以將所有產品線的長度加起來，得到公司產品組合的總長度，除以寬度則可以得到公司平均產品線長度。

$$公司平均產品線長度 = \frac{公司產品線總長度}{公司產品線總寬度}$$

小博士解說

1. 什麼是品牌化

　品牌化是賦予產品和服務一種品牌所具有的能力。品牌化的根本是創造差別使自己與象不同。

2. 品牌化的要點

　不能只強調品牌的屬性。

　只強調品牌的某些利益也有風險。

　品牌的實質應包含其價值、文化和個性。

3. 品牌化的意義

　(1) 品牌對營銷者的作用

　　　品牌有助於促進產品銷售，樹立企業形象。

　　　註冊的品牌（註冊商標）可以保護企業合法權益。

　　　品牌有利於約束企業的不良行為。

　　　品牌有助於擴大產品組合。

　(2) 品牌對消費者的作用

　　　品牌便於消費者辨認、識別、選購商品。

　　　品牌有利於維護消費者利益。

　　　品牌有利於促進產品改良，有益於消費者。

13.3 場地──選址與銷售通路(1)

在行銷組合要素中的「場地」，原本指的是店面的所在，但現在它所指的領域，一般已擴大到「產品流通的通路」的問題上了。換句話說，它所涵蓋的範圍，上至銷售商品的場地，下至流通至此場地的中盤及零售商。服務業必須就服務的特徵，針對場地與銷售通路兩方面去進行檢討。因此，我們將就以下兩個方向來討論服務行銷中的「場地」問題。

1. 選址
2. 銷售通路

1.選址的問題

服務無法像有形的商品一樣流通，所以顧客必須前往生產的地方進行消費。因此，對服務業者而言，決定選址是一個很重要的課題。以飯店或餐廳來說，一般以選擇在交通方便的地方較爲有利。另外，零售商通常也喜歡選擇在熱鬧的街市或車站前較多人來人往的地方。

但是，如果要考慮顧客的各種方便，恐怕也沒有那麼簡單。例如，超市或購物中心的顧客，買的東西可能體積很大、重量也不輕。因此有沒有足夠的停車位，往往會影

知識補充站

以婚宴場地爲例，挑選須考慮的重點如下：

1. 地點

場景風格：婚禮想要營造什麼樣的風格？古典中國、現代典雅、歐美奢華、甜蜜雅致、簡約工業等，都是場地設計的風格種類，百百種，待你挑選。

室內婚禮：不必太擔心天氣，可以在宴會上做些團康遊戲、舞蹈等娛樂。

室外婚禮：室外的婚禮較不用擔心空間，假若風和日麗，天然的燈光又會在人們的心中大大加分。

會場有提供哪些設備：場地是否會提供音響設備、燈光設備、舞台、桌椅？而哪些又需要自己準備？

容納人數：最高能容納幾人，太擠是否顯得小氣？太空是否顯得不熱鬧？

2. 距離

大眾交通工具能到嗎：公車、捷運、客運、火車能方便到達嗎？畢竟位置很遙遠的話，賓客舟車勞頓可會影響到參加喜宴的心情。

是否有停車位：賓客若數量多，附近的停車位很容易就不夠，得確認一下場地附近或地下室是否有其他停車場。

響到來店的人數。另外，具有複數功能的商業集中地，對顧客也會有很大的吸引力，因為顧客可以同時在此辦完許多事情。例如先到銀行、再到附近購物、接著順便到郵局、回家前再去喝杯咖啡。如果各項服務的品質都能達到水準之上，這樣的商業集中地，往往可以聚集人潮。因此，具有某種規模以上的大型購物中心，都會具有相當程度的集客能力。

有的服務業則不是靠其生產地點來招攬客人，他們會把生產地點移至顧客之處，藉此提高服務的價值。這些例子包括過去既已存在的計程車業、醫師的出診、家庭教師、外出修理電器產品等。最近比較成為話題的新興行業包括在車內代為裝置機器的企業，前往老人之家看診的牙醫，甚至有把設備安裝在車上親自前往老人之家等為顧客提供服務的美容院。只要用心去設計，還是有辦法提供服務給那些因為種種因素無法前往生產地點進行消費的顧客。

關於選址的問題，有一家商業旅館顛覆了過去的常識，靠著它的新想法創造了成功的事業。它是位於日本長野市的「長野燦路都大飯店（Hotel Sunroute Nagano）」，就以往的常識來說，一般都認為商業旅館最好位於車站旁，但是這家旅館卻在郊外的路旁，以每 5～10 公里的間隔、建造了 8 家旅館，成長極為快速。「燦路都大飯店」之所以採取緊鄰密集建造的方式，主要原因是因為它覺得旅館座落於路旁，汽車駕駛人驅車急駛，很難注意到它的存在。所以，它以每行駛 10 分鐘左右就可以看到同一家旅館的集中方式去吸引駕駛人的注意。這種集中開店的方式，還有一個好處是可以在經營的效率化上發揮效力。這家旅館每 3～5 家由一位負責人負責管轄，由於服務人員可以彼此調動，所以，只要極有限的人員就可應付得來。它所付出的人事費只占銷售額的 20%，比一般少了 10% 左右。另外，當一家旅館客滿時，可以將客人轉介到隔壁的旅館，不會因此錯失上門的客人。除此之外，由於它也統籌處理食材等的進貨，所以在營運上很有效率。服務業很容易受制於選址的條件，但是這家旅館卻靠自己的一套想法出奇致勝。

2. 銷售通路

我們稱商品及所有權的移轉經過路線為**銷售通路**（channel），從這個定義可以看出，這樣的定義通常使用在有形產品的流通上。但是，有些服務商品的銷售活動裡，有時也會看到類似通路這樣的用語。例如，機票由航空公司流通到旅行社，而其中的一部分再批給下一個旅行社，當作低價的機票出售。但是，機票是屬於航空服務的預約，並非服務本身。亦即流通的是一張含有權利在內的票證。

13.4 場地──選址與銷售通路(2)

　　服務業如果想要善加活用規模經濟之原則，它必須增加生產（銷售）據點的設置。家庭餐廳、錄影帶出租店等會不斷開設連鎖店，根據的就是這個原則。我們預料今後的服務業將會不斷擴大連鎖店的經營。這些企業所流通的也不是服務本身。服務本身雖然是在各個銷售據點生產的，但是如果能讓所提供的服務內容中的有形產品（外食產業的食材、半成品、便利商店的商品等）流通，並統一服務生產的規則（例如待客方式或店頭的展示方式），同時多增加銷售據點的話，必能善加活用資訊優勢與規模經濟之原則。

　　在談到選址及銷售通路時，一定要順便了解一下資訊技術的影響才行。接著我們將分別針對選址與銷售通路來討論。

　　資訊一般可以分為服務財的資訊與資本財的資訊。前者與資訊的**內容**（contents）有關，後者具有手段的作用。有線電視與無線電視等的通訊衛星（Communications Satellite, CS）轉播及透過網路播放音樂等，都是利用異於過去的通路在提供服務財的資訊。另外，像網路購物等，則是利用電子空間資訊，提供一般顧客及法人顧客銷售的服務。這些新的服務都與資訊的手法及內容雙方面有關。由於資訊科技的發展才有電子空間資訊這樣的新通路的產生。

　　此外，由於資訊科技可以不受時空的限制，隨時隨地都可以利用，所以在利用資訊科技時，選址反而成了不必列入考慮的要素。倘若家庭銀行可因技術而進一步地發展，預料將來有一天銀行就不必再像過去一樣，在許多街上設立分行。從較廣的意義來看，資訊科技的發展將會使以資訊為素材的服務活動（例如金融、保險、教育、宣傳、廣告等領域）有更多選擇行銷售通路的機會，將來選址的問題甚至可能變成不需要考慮的因素。

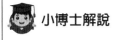 **小博士解說**

何謂電子空間資訊？

　　我身在何處？往圖書館怎麼走？附近有什麼店可以提供午餐？在一個陌生的環境中，我們往往會遇到類似的問題，也會用各種不同的方法獲得答案。通常是問路，再來就是找相關的地圖，如果能從圖上找到自己所在位置，便可知道目的地離自己多遠、在哪一個方向，或目的地附近有何種設施等資訊。

　　美中不足的是，這樣的地圖要靠一些用圖人的法則加以配合，例如由鄰近建物或道路名稱知道自己所在位置、自己面對的方位與圖上方位是否相同等，方能發揮效果。此外，圖上不一定會提供更詳細的資料如餐廳位置、營業時間、菜色、價格等，用圖人要進一步了解後，才能作為決策的基礎，這樣的資訊對於用圖人在下達決策時幫助不大。

　　但空間資訊系統的建構，就是要塑造一個最符合人類思考模式的資訊整合應用方法與環境，包括資料產生、擷取、處理、傳播、呈像與使用方式的改變等，同時提供針對空間資訊處理的專屬資料架構、軟體模組（用來分析與處理空間資訊）、使用界面和表示界面。前述資料架構包含由投影座標形式表現的點、線、面等空間（位址）資料，以及描述空間資訊特徵或量化的屬性（統計）資料二大部分。

　　所有針對空間資料進行處理、應用、分析的系統，均可稱為地理資訊系統（geographic information system, GIS）。它可以將空間與屬性兩種資料，利用圖形界面進行鏈結，也可以將不同屬性圖層套疊，更可以將數位化資訊轉成圖形化，進行統計分析，甚至可以模擬預估作為使用者決策時的參考。因此，地理資訊系統是展示空間資料的一種工具，但是系統功能的完整性仍取決於資料本身的精確度。完整的空間資訊是採用全球定位系統（global positioning system, GPS）定位，結合遙測（remote sensing, RS）取得現況，再加上地理資訊系統（GIS）展示資訊，三者的結合已成為現今應用最廣，也最為人熟知的三 S 空間資訊處理技術。

13.5 促銷

在有形產品的大量行銷中，促銷活動（Promotion）占有著非常重要的角色，它的作用在於結合顧客與商品。例如成為人們討論話題的廣告，常對銷售額有很大的貢獻，這類的例子俯拾皆是。

但是，回過頭來看服務商品，條件則完全不同。由於服務是沒有形體的活動，所以無法像一般有形的產品一樣以照片呈現，或者拿來試用。另外，有形的產品可以針對其機能決定產品的規格，使任何人使用後都能達到同樣的效果，但服務的情況則不同，它的效果（結果與過程）通常不一定會維持相同的水準。例如，電視正在廣告某一款的車，任何一個人都可以看了廣告後去買到相同設計、相同機能的車子。但是，看了電視瘦身美容廣告而去買該服務的人，卻未必都能成為像廣告模特兒那樣的曼妙身材。大部分的顧客都能明白這個道理，所以當他們在購買一個服務商品時，多少都會感受到一些風險。

總而言之，雖然服務商品也需借助一些廣告來促銷，但是它不像有形產品一樣容易獲得信任，對廣告的效果不能寄予太高的期望。因此，在服務商品的促銷上，「口頭宣傳」是一個非常重要的手段。已經體驗過某項服務的第三者，他的評價會直接影響到潛在顧客的判斷。但是要顧客代替廣為宣傳，前提還是業者要提供高水準的服務品質才行。由此可見，當顧客對服務有不滿的時候，業者應該審慎處理，否則將可能成為負面的宣傳。

就傳統的促銷手法來說，大致有宣傳、廣告、特賣活動以及由人去推銷等。接下來我們將針對以下的二項進行探討：

1. 宣傳、廣告
2. 物的要素

知識補充站

傳統的行銷方法指的是數位時代之前的行銷方法，多半著重在廣告曝光，包括電視、看板、傳單、雜誌、報紙等版位的運用。隨著網路時代的崛起以及消費者習慣的改變，傳統行銷現在已經不如以往有效、受歡迎。

數位行銷從消費者的需求及消費模式出發，除了具備行銷預算彈性、可追蹤成效、高互動性的特點，更是可以透過數據分析進行精準分析的行銷方法。

1. 宣傳、廣告

　　服務商品的宣傳，很難直接將服務的內容原原本本地表達出來，所以有時只能將之轉換成其他的要素，以影像去表達它的形象，爭取顧客的信任感。迪士尼樂園裡令人心動的遊行隊伍、麥當勞的小丑裝扮麥當勞叔叔，這些都是想藉由一些活動或吉祥物，來傳達主題樂園或商店的氣氛。另外，有些證券公司會懸掛營業員的大幅照片，營造一種可信任的印象。也有航空公司會在報紙刊登大幅的客機座椅，強調飛行的舒適感。要突顯服務的效果並非容易的事，但是還是有業者會努力將它表達出來。快遞業者 FedEx 藉用報紙的半個版面，把整個塗成黑色，正中央以小小的白色字體寫著：「只需一晚」。這是一個名為「Asia One」的廣告，意思是說只需要一個晚上就可以把行李運送到亞洲各國。由此可見，在服務的宣傳裡，常常會利用活動的某個場景、從業人員、物的要素、背景的景觀等，來作為服務本身的替代印象，以此進行宣傳。在宣傳商品效果及服務內容時，多半會使用文字，像 FedEx 一樣，在文字上下工夫，吸引消費者會看它，是決定宣傳成功與否的關鍵。

2. 物的要素

　　關於的要素部分，我們會將之列為服務行銷組合的要素，在後面的章節重新進行探討。這裡要強調的是建築物、制服、設備用品等，都是讓顧客對服務的內容及品質建立印象的重要要素。所以業者（例如家庭式餐廳）多半會對建築物的設計、色彩、商標、制服等加以統一，設法讓顧客藉由這些媒介建立對服務的印象。

 小博士解說

　　在新產品剛上市，知名度及消費者接受度尚低時，利用大量促銷手段，可提高產品曝光度、增加購買意願或衝動購買，進而提升銷售量。

　　促銷活動短期效果明顯，不同促銷方式對購買意願、品牌評價有不同效果，產品知名度對促銷方式和結果也存在一定的關係。常用的促銷手段有下列幾種：

1. 價格折扣：多屬於低涉入產品，是最簡單直接迅速，應用最廣的促銷活動，如開幕優惠、週年慶、每日特價品。
2. 折價券：屬價格折扣的另一種運用，如消費滿 1000 元，送 9 折優惠券或 100 元折價券一張，可於下次使用。
3. 贈品促銷：簡單說就是，買一送一。
4. 免費試用：透過免費送樣品，吸引消費者對主打產品和品牌的關注，增加購買意願。
5. 抽獎：是最吸引人的促銷手段之一，消費者比較願意嘗試這種無風險的有獎購買活動。
6. 集點：增加消費者再次消費意願，如飲料店、超商，消費滿 100 元集一點，集滿 10 點可換取贈品。
7. 舊換新折價：吸引消費者汰舊換新，如舊機換新機可折 1000 元。
8. 現場示範：讓消費者身歷其境，快速了解產品，產生購買意願。

13.6 價格(1)

對顧客而言，價格具有兩項機能。第一是反映成本價值的機能，它提供顧客判斷商品價值的資訊，而這些資訊是以市場的相對評價為其依據。如果以較低的價錢，從B公司買到和A公司相同的商品，表示獲得的成本價值較高，所做的決定是對的。第二，推估品質的機能。一般來說，顧客對於想要購買的商品，不會有很完整的資訊。所以，他們會根據價格去推測該商品的品質，以此判斷要不要購買該商品。

上述的兩項機能可以有效地運用在有形的產品裡，但是服務的商品，由於具有無形性的特徵，還需要做進一步的心理考察才知道。首先，在購買服務商品之前，很難與其他同種的服務商品進行比較。有形的產品可以事先知道它的規格、設計、價格等，很容易和同種的產品比較。但是，正如第10章中說明過的，很多的服務商品甚至在體驗的當時或過後，都還不能明確了解它的品質（信用品質之商品）。因此，當顧客在面臨是否決定購買一個沒有形體的服務商品之時，他所感受到的風險會比購買有形商品時大。因此，當在決定一個服務商品的價格時，如何減輕顧客的風險（不安），可說是最大之課題。

以下要介紹的是兩位服務行銷研究者針對此一課題所提出的提案。

1. 培利（Berry）與雅達布（Yadav）的價格策略

顧客對商品的價值判斷是影響他們是否決定購買該商品的最重要因素（第12章）。顧客會積極地去購買他們認為有價值的東西，但價值的判斷與價格絕對額的大小無關。因此，在設定服務商品的價格時，特別要注意的是如何將商品的價值傳達給顧客。因此，所謂價格，有時也是業者與顧客之間的一個溝通手段。

知識補充站

購買服務商品，不像購買有形商品是一種所有權的轉移，它所消費的是服務商品的體驗（保證）。所謂價格，指的是產品成本加上利潤，而顧客通常也了解這個道理。但是，除了餐廳或零售服務這類附帶提供有形產品的服務業之外，一般的服務商品都很不容易去推估它的成本。飛機、電影院、飯店這類服務的固定費用很大，但是卻很難從外部去計算它的變動費用。例如，客滿的飛機與只載一半座位乘客的飛機，每一位乘客的成本究竟相差多少？換句話說，在服務的生產裡，費用與價格的關係很難利用公式計算。

因此，對顧客而言，價格便成了推斷品質的重要依據。服務業者在設定商品價格時，必須設法減輕顧客的不安，設定一個他們可以接受的價格。

培利（Berry）與雅達布（Yadav）提出了三個類型的價格策略（表 13.2），各個提案中都具體說明了價格的設定方式以及與之具體配合的各項策略。

(1) 以顧客的滿意為基準的價格策略

第一個價格策略的重點在於減輕顧客心中的風險感（不安）。其具體策略包括下列三項：①服務擔保（service guaranty）；②以顧客的方便、利益為依據之價格；③定額比率（flat rate）的價格。

表 13.2　價格策略（Berry & Yadav）

價格策略	提供顧客價值	具體對策
以顧客的滿意為基礎的價格設定	減輕顧客的不安	・服務保證 ・以顧客的方便、利益為依據設定價格 ・定額比率（flat rate）的價格
以情誼為基礎的價格設定	與企業締結有利顧客的長期關係	・長期契約 ・提供配套的服務
以效率化為依據設定價格	從服務的生產中的去削減成本	・成本主導

①所謂「服務擔保」指的是業者對服務的最終品質加以保證，若顧客無法獲得期望的結果，業者必須給予相對的補償。補償的方式有很多種，例如更換商品或退錢等等。更換商品的作法由美國的諾得斯頓百貨開始實行，後來許多零售業也隨著跟進。

國內最近也有些企業引進這種方式，但很少像美國那樣無條件的更換商品給顧客。多數業者都會以持有購買 10 日以內的收據，或購買後三個月以內作為更換商品的附帶條件。

知識補充站

如果能有效地將企業堅持服務品質的態度以及堅持顧客滿意度的服務保證理念傳達給顧客，將可除去顧客對價格的不安。達美樂披薩店剛開始規定 30 分鐘內未將披薩送達，將不收取費用，後來改為賠償顧客 3 美元。這項計畫曾經因為送貨員發生車禍而造成官司，但是這項制度還是給人對達美樂堅持其服務品質的深刻印象。而這應該也是達美樂可以創造全美市場占有率 31% 的原因吧！

另外，保證的內容以直接了當的無條件方式較有吸引力。根據美國的研究，無條件的方式與長期性的附帶條件方式，其實在費用方面並沒有太大的差別。服務保證另外還可達到一項效果是提高從業人員努力提升服務品質的動機。

在美國邁阿密設有總公司的 BBBK（"Bugs" Burger Bug Killers Inc.）是一家提供顧客驅除害蟲服務的公司。它提供給顧客的產品擔保可說非常的徹底，如果驅除害蟲之後仍然發現害蟲的話，除了退還收取的費用之外，還會代替給付請其他業者處理的費用，或賠償公司倒閉的損失及罰款。若接受此項服務的餐廳或旅館的客人發現害蟲，它甚至會負擔這個客人的住宿費或用餐費用。這家公司所收取的服務費用雖然比其他同業高 6 倍之多，但是它卻享有全美第一的市場占有率。

②「以方便、利益為依據的價格設定」，指的是在設定商品價格時，應以帶給顧客的方便、利益為首要考量。有些服務的商品是依照時間收費的。例如，網路咖啡店通常是根據使用電腦的時間去計費的。像這種不是根據獲得的資訊量，而是以時間單位計費的方式，顧客所期待的便益性似乎與付出的費用沒有太大的關係。

歐洲有一家以電腦連線提供資訊的大公司注意到這點，所以它不根據時間，改採以資訊量為依據去計算收費。結果它的營業額反而比過去依時計費時大為提升。這種新的方式更能使顧客清楚地感受到服務的方便與利益。

③「定額比率（flat rate）的價格」是指不考慮活動的內容與時間，只依照各個服務商品去設定定額比率的費用。律師的費用一般都會依服務活動的內容設定規費，最後逐項合計。因此，顧客直到結案之前無法得知總計的費用是多少。紐約有一家法律事務所，每隔一段期間會依據固定的費用與企業締結契約。與之締結契約的企業可因此節省 25% 的費用之外，對該法律事務所而言，也可因此長期要確保安定的客戶。

(2) 以情誼為基礎的價格設定

所謂情誼，指的是與各個顧客建立長期性的往來關係，彼此互相學習與理解。關於情誼（關係）行銷的部分，我們將在後面的第 18 章中另做討論，這裡要特別說明的是情誼的建立，對顧客與企業雙方面都可以帶來利益。

①長期契約

建立長期性的往來關係，對企業和顧客雙方都有好處。對企業而言，可以在一定的期間內確保顧客；對顧客而言，可以不必每次重新去尋找服務的提供者，安心地接受他所信賴的企業的服務。另外，在締結長期契約的時候，企業必須先以費用的折扣來吸引顧客，但是由於可因此確保顧客，因此長期而言仍可降低成本，其收益仍可高於折扣給顧客的部分。換句話說，企業與顧客雙方都可享受到金錢或非金錢的好處。由於雙方的互相學習，還可達到效率化的效果，這也是建立長期關係的另一個好處。因為企業可以配合固定顧客的需求，去設計他們所要的服務提升效率。顧客方面也不必事前做調整，只要安心地去接受定型服務即可。以美國的快遞業 UPS 為例來說，它與通訊銷售的蘭斯恩得（Lans'End）公司締結長期的契約，使得配送目錄的時間縮短了一半。

②提供配套的服務

這是一種利用概括提供複數服務的契約，去降低收費的方式。對提供服務的業者而言，他們不但可藉由匯集複數個服務降低成本，又可以加強與顧客之間的關係。另一方面，對顧客而言，他們只要在同一地點就可接受各項相關的服務，不但可以節省時間，也很省事。

　　電話公司 AT & T 於 1990 年發行國際卡，此卡同時具有折扣電話卡與信用卡的機能。此卡的發行使得 AT & T 在很短的期間內躍居全美第二位的發卡公司。顧客有了這張卡片，不但可以撥打折扣電話，同時也可以用來購物刷卡，畢二功於一役。另外，AT & T 除了鼓勵顧客撥打電話之外，還從撥打長期電話的顧客資料當中，挑選出利用頻率高的顧客，贈送他們直撥的電子郵件。

(3) 以效率化為依據設定價格

　　這個想法與其說是價格的設定方式，其實是利用經營的效率化削減生產的成本，再將節省的成本反映在收費上，提供顧客低價的服務。

　　前面一再提到的例子西南航空公司，便是利用集中飛行短矩離的航線，使用單種飛機（波音 737）削減維修與訓練的費用，以及不利用擁擠機場，飛機可以在 20 分鐘內重新出發等等措施，提高飛機的利用率。同時再以免持機票的方式降低成本，這些優勢使它得以較其他航空公司大幅壓低成本。這也是它可以在同樣的航線提供全美最低價位的原因。換句話說，它先用價格當作最主要的行銷訴求要素，然後再去建立完成這些訴求的生產體制。

知識補充站

　　近年來藥妝業的屈臣氏或零售業的家樂福等企業之所以能夠快速建立「低價」形象，不外乎其運用豐富、動人與靈活的定價策略成功所致。

　　我們都知道，消費者對高品質、低價格商品的追求是永恆不變的。然而，經深入研究後，我們就會發現這些知名企業的低價策略並不僅是在低成本上直接反映出低價格那麼簡單。我們不難發現，他們的許多商品價格與我們經營的店並無多大區別，但卻能讓消費者形成低價的深刻印象。其中的奧秘乃在於他們除了切實奉行「低費用、低毛利、低價格」的經營法則外，更重要的是他們著眼於消費者心理感受所形成的效應，大量運用定價藝術與高超的價格策略來實施完善的價格管理。

　　根據調查顯示，有 70% 消費者其購買決定是在賣場做出的，而他們只對部分商品在不同賣場的價格有記憶，這部分有記憶的商品稱為敏感商品。敏感商品往往是消費者使用量大、購買頻率高、最受歡迎、省時、便利的商品，對這些敏感商品實施低價銷售策略，可在市場上擁有絕對的競爭優勢，並樹立價格便宜的良好形象。同時在對不同品牌商品的選擇上，應充分利用 80/20 法則，選擇有市場開拓能力的少數品牌去實現多數的銷售。如此才能大幅的壓縮賣場的商品種類數量，以降低滯銷品及管理成本。

13.7 價格(2)

2. 諾曼的價格策略

　　諾曼（Norman）對於價格設定的提案也和**培利**（Berry）、**雅達布**（Yadav）一樣，他強調的是如何將服務商品的價值傳達給顧客，取得顧客的認同。他的提案包括下列5項：

圖 13.5　　諾曼的價格策略

(1) 詳細說明服務方針

　　服務商品很多都是以配套方式提供，再一起設定費用。最近，電腦業開始銷售一種叫做「解決問題」（solution）的服務商品，它的目的是為了改善企業（顧客）的各項業務。例如產品或零件的一元化管理體系或訂購業務的體系化等。這些商品雖然動輒索價幾百萬，但是大部分卻沒有提示金額的依據是什麼。因為在這些情況之下，計算提供服務所必要的成本，並沒有太大的意義。

知識補充站

　　日本以神奈川 co-op（消費生活聯合工會）為主體的 co-op 綜合葬儀，便清楚列出各項葬儀費用的成本，並設定整體的價格。因此，葬儀業已逐漸朝向收費內容透明化以及整體費用下降的趨勢發展。日本通運搬家公司，引進一項叫做「Super-program Component」的營運方式，它將行李打包、裝箱、裝運的每一項服務收費都加以標準化，顧客可以根據自己的預算，自由組合自己要的服務。

至於商品內容的說明，大部分都只抽象地將機能列記出來而已，顧客很難去理解它的內容。因此，諾曼認為業者應該站在顧客的立場，以容易理解的方式向顧客說明，究竟這些服務商品可為顧客的企業帶來什麼樣的效果。換句話說，設法讓顧客了解可以獲得什麼好處，而不是告訴他們成本如何計算。總之這個方法的目的就是要將服務所能產生的價值，傳達給顧客。

(2) 將配套的服務各自分開標價

將原本配套在一起的各項服務商品分開標價，使顧客清楚了解整個總價是由哪些內容組合而成的。這種方法乍看之下，與**培利**他們所提出的「**定額比率價格**」或「概括提供方式」似乎是反其道而行，但是當不清楚整個配套服務究竟是針對顧客所要求的什麼價值而存在時，這卻是一個很合適的方法。

過去葬儀社的價格設定一直被認為是最不透明，任由業者決定的一項服務。有人甚至笑稱此行業是「看顧客家裡的門面在決定價格」的一項服務業。但是，近來為了因應顧客對這種情況的不滿，許多不同業種的企業正準備加入此行業。

(3) 尋找新的服務項目

從顧客的配套服務內容當中，找出顧客原先沒有期待的項目，將這些項目列為新的附加價值項目，向顧客提出訴求。例如，當顧客買進一套電腦系統時，除了要提供他硬體和軟體之外，顧客的企業有時需要訓練他們的員工。這時就可以把訓練員工當作新的服務項目，加入配套的服務中。另外，零售店與製造廠結合時的大規模系統化，除了要擴大目的機能與追求效率之外，應該還有許多事前未預料到的工作。服務業者應針對這些部分，充分檢討其可能性，將之提案給自己的顧客企業。

(4) 成功報酬型的價格設定

當服務創造出顧客想要的附加價值時，它可以利用報酬的方式去設定其價格，這將會使得顧客價值與價格的關係更為明確。例如，在保全服務裡，如顧客在一定的期間內未蒙受損害，業者可對此設定付費；經營顧問也可以在其客戶企業增加收益時，要求部分的收益作為報酬。

(5) 獎勵金型的價格設定

這個方式的想法是藉由提高顧客對服務生產的參與度而降低價格。例如，出租的機器設備等若由顧客自行維修時；或害蟲控制業等顧客自己投入一定的設備投資時；都可以因此降低收費。換句話說，讓顧客自己去負擔部分的責任，進而提高他對價格的認同度。

13.8 人才

　　人才是服務生產中最大且最重要的因素。原因是人對人的服務類型是最普遍的服務活動。它不像製造業一樣，人所面對的是「物」（當然也有人對物的服務活動，例如第 9 章中提及的修理汽車、洗衣業等）。而我們在前面服務品質的地方也說明過，要讓顧客感到滿意，必須具備許多項條件，如確實實行承諾的服務（可靠性）、具備知識、經驗、禮貌（確信感）、迅速回應顧客的要求（反應性）、有能體會顧客感受（共鳴性）的人才等，這些都是充實「關鍵時刻」的要素。

　　服務業的課題在於如何雇用、保有這些人才，如何建立一個可以給他們工作士氣、成長以及有成就感的體制。以下是目前的服務行銷研究中，對於如何確保優秀的人才，提高其能力所提出的對策（表 13.3）。

表 13.3　服務業人才的課題與對策

課題	對策
1. 雇用	1. 內部行銷
2. 提振士氣	2. 付予權力
3. 提高穩定性	3. 企業再造（re-engineering）
4. 從業人員的滿意度	4. 職務、職場設計
5. 能力的發揮	5. 報酬體制的設計
6. 對業務活動的支援	6. 業務工具的充實
	7. 理念、領導能力

　　關於表 13.3 中提出的各項對策，我們將會在第 15 章服務的利益鏈中進行探討。充實人才有助於提供顧客更大的服務價值，而顧客也會因此成為更忠實的顧客，最後獲利的仍是服務業。這些影響環環相扣形成連鎖。所以我們如果從這些關聯性中進行探討，將會更容易明白它的道理與意義。

Note

13.9 物的環境要素

所謂物的環境要素，指的是與服務生產有關的一切實體上的事物。如建築物、景觀、外部環境、停車場、室內、設備、排列方式、空調、溫度、機器、宣傳單、制服等皆屬之。旅館或餐廳等業種，應該都很了解這些物的要素的重要性。

物的環境要素除了能構成部分的經驗之外，它還另外具有一項功能，那就是將服務的品質傳達給顧客（促銷機能）。以日本迪士尼樂園為例來說，就算不必親自到現場，只要從照片中看它的彩色建築物、交通工具、穿著華麗衣裳的卡通人物及服務人員、還有綠樹成蔭的彩色馬路，自然也能感受到歡愉的氣氛。雖然服務這種東西必須親自去體驗，才有辦法了解它的內容，但是在服務中物的要素卻具有顯示服務內容的功能。因此，在服務的行銷中，物的要素是向顧客訴求的一項非常重要的方法。**皮特納**（Bitner）稱提供服務之場景為「Servicescape」，具有以下四項機能。

1. 包裝（package）的機能

此機能是指將服務加以包裝給人某種印象。飯店的豪華外觀等等，可暗中形成顧客對該服務內容的期待與印象。名為凱撒（Kaiser）的家庭餐廳是西洋式的餐廳，它以新型的建築外觀，去營造美國西雅圖高級住宅區的印象。它的內部裝潢以木紋強調穩重的感覺，讓在裡面用餐的客人享受美國式的中流家庭的團圓氣氛。

2. 服務性企業（facilitator）的機能

此機能是指以顧客和服務人員兩者為對象，促進服務生產與體驗消費的樂趣，同時提高服務品質之機能。精心設計的制服，嚴格來說不屬於 Servicescape 裡的物的要素，但它卻具有上述的機能。Crazy scrable 公司是 30 年代時由美國女性所創立的公司，它專門製造、銷售制服給醫院，業績一直維持穩定成長。這家公司所製作的醫師制服跟傳統的白色醫師制服不同，它不但採用明亮的顏色，上面還印著熱帶花朵、汽球、紅鶴、熱帶魚等的圖案。過去純白色的醫院制服雖然感覺很清潔，但是會增加病患的緊張。新的制服不但可以舒緩緊張的感覺，還可營造愉快的氣氛，所以獲得病患（特別是兒童病患）的好評，同時醫生們的評價也不錯。

知識補充站

日本的 Sky-lark 所經營的 Sky-Lark gust、Sky-lark garden、Sky-lark grill，均會依照它們鎖定的顧客層，去設計各店的外觀與內部裝潢。gust 是以年輕人為主要對象，所以裝潢以簡樸、明朗為主；garden 是以年輕女性及太太為對象，所以它的裝潢以帶有南歐風情的藍、白色為主軸，另外再擺設一些觀賞植物。grill 是以男性顧客為對象，強調穩重的氣氛。這些裝潢與料理的內容相互呼應，成為在各店體驗用餐的部分經驗。

3. 社會關係（socializer）的機能

可以促進顧客與從業人員，或是顧客彼此之間相互作用的機能。桌子的大小及形狀、房子的擺設及椅子的方向等等，有時可以從心理上去促進人與人之間的交流，但相反的，有時也會阻礙交流。地中海俱樂部（Club Med）是一家休閒企業，它以提供精心設計的服務理念而聞名。此企業在世界各地的觀光地，設置有為**輕鬆自在**（Breezy）的休閒設施，此一設施中的餐桌一律採用 8 人座的方式。由於該企業認為服務人員與顧客以及顧客彼此之間的交流，是體驗休閒的重要要素。根據他們觀察的結果，認為 8 人座的桌子最適合，讓一名服務人員（他們稱之為 GO）及 7 名客人，一起坐在一塊兒盡情聊天。

因此，物的要素一方面雖然具有促進社會關係的機能，但是相反的，它也同時具有切斷社會關係的機能。在消費者金融裡採用的無人契約機，便是注意到這點而成功的。它之所以可以普遍推廣，掌握的就是顧客在貸款時不想與人面對的心理。目前一半以上的新款契約，幾乎都採用這種自助貸款的方式。

4. 差異化（Differentiator）之機能

此項機能指的是強調自己公司服務內容的特徵，以與其他的競爭企業形成差異化。日本航空公司於 1996 年開始，在各國際航線的大型客機中引進價值高達 2,000萬元的豪華洗手間設備。另外，頭等艙的洗手間地板面積也比原先擴大了 25%，在此甚至可以更換衣物。室內除了採用自動水洗式之外，牆壁也採用三面鏡。另外，日本 JAS（Japan Air System）則是在它的所有機種中，設有女性專用的洗手間。

希爾頓大飯店目前已在美國各主要都市的飯店中，設有所謂**睡眠舒適房**（Sleep-tight Room）的客房。它的服務理念是保證房客能有安詳寧靜的睡眠。此客房的牆壁經過特別處理加厚，裡面再鋪上厚毯，窗外也採用隔離強光與噪音的特殊玻璃。

上述的洗手間與客房，除了更進一步滿足顧客的需求之外，它的另外一項功能是藉此強調與競爭企業之間的差異化。

知識補充站

近年來藥妝業的屈臣氏或零售業的家樂福等企業之所以能夠快速建立「低價」形象，不外乎其運用豐富、動人與靈活的定價策略成功所致。我們都知道，消費者對高品質、低價格商品的追求是永恆不變的。

在制定價格時，企業要考慮以下因素：1. 定價目標；2. 確定需求；3. 估計成本；4. 選擇定價方法；5. 選定最終價格。

13.10 服務的提供過程

餐廳裡用餐，有好幾種類型。一種是類似麥當勞的方式，先和其他客人一起排隊點選食物，然後拿著食物去找位子，吃完之後再把盤子、餐具等，放回固定的地方。另一種是由服務生帶領到座位，然後點菜或酒。有時可由服務生帶領到座位，然後點菜或酒。有時還可將自己的喜好由服務人員傳達給廚師。用餐之後可再喝一杯咖啡等，然後在原地付帳，最後從容地由服務人員送離餐廳。同樣是用餐的經驗，但是上述類型的內容卻有相當大的差異。其不同在於服務的提供過程。

就顧客的立場來說，服務的提供過程，指的是顧客實際體驗到的活動過程（因為服務本身就是活動）。在**服務管理**（Service Management）中，稱之為「服務的提供」（下一章我們將討論服務的提供體制）。顧客實際體驗到的服務提供，多半是在顧客看不到的後場支援下進行的，服務的提供過程，事實上是由這兩者來決定其內容的。

若以顧客的立場來看服務的提供過程，主要可以二個尺度來分類。第一是服務過程是否加以標準化？還是依照顧客的要求來決定（客製化）？第二是顧客必須參與服務過程到何種程度？這兩項尺度相當於兩個基軸，服務位於此基軸的位置，會影響顧客有完全不同的經驗，因此在服務行銷中占有非常重要的地位。

1. 標準化的程度

標準化程度愈高的服務，其所提供的服務品質將會愈安定，沒有不均的狀況。有的洗衣店洗出來的衣服品質不一，有時點同樣的義大利麵，一碗是脆硬的，另一碗可能是黏糊狀的，這些都是品質管制上的問題。店家必須確保同樣的時間提供同樣的品質，否則將會失去顧客的信任。另外，迅速化也是追求標準化服務品質時的重要指標。不論是速食店也好、公共交通工具也好、主題樂園也好，想要提供顧客均質的服務，首先一定要確保品質的安定與速度。

相反的，在**客製化**（customization）程度較高的服務裡，注重的則是能夠配合顧客的個別要求到何種程度。它的重點比較不在於提供服務的速度，而是如何讓顧客對服務的提供者產生信賴，以及如何和顧客產生共鳴上。

就最近的趨勢來說，消費者愈來愈要求服務要走上客製化的方向。消費者已不再對一成不變的服務感到滿足，他們希望的是能符合自己需求的服務。體能（Fitness）健康中心，在泡沫經濟期的時候，每年約有 200 家以上的新業者開張。但是最近已掉落至二位數，有的企業甚至已倒閉關門，能夠穩定經營的只占整體的二成左右而已。能夠穩定經營的俱樂部與不能穩定經營的俱樂部，其差異倒不一定在於設備的好壞，而是在於軟體方面的差異，亦即體能課程的充實程度。其中，最重要的是它是否提供符合會員個人體力與運動能力的課程。

2. 顧客的參與程度

　　姑且不論程度的多寡，凡服務之生產，顧客一定多多少少會參與其中的一部分。有的服務是採自助服務的方式，有的則如醫院的看護工作一樣，採用的是完全的服務。速食餐廳、超級市場、便利商店等零售業以及金融機構的 ATM、投幣式的洗衣機等，是以顧客的自助服務為前提成立的。引進自助式的服務，至少必須具備下列二要項中的任何一項。

　　第一，必須讓顧客從自助服務中，獲得某些利益（好處）。最近流行的沙拉吧（Salad bar），可以讓客人依照喜好和數量，自己製作沙拉。換句話說，一般的自助

知識補充站

　　根據 Davis（1989）定義客製化的基本概念，即運用資訊技術以大量生產的成本，生產個人化設計的產品，以達成每位顧客的需求。Sheth and Sissodia（1999）則將大量顧客化解釋為「藉由某些科技的槓桿作用，公司可提供客製化的產品給消費者，同時亦能維持大量生產的競爭優勢」。

　　近年來，經濟社會變遷快速，個人化的產品、設計、包裝與交貨等客製需求逐漸增加，大量客製化因應而生，期望能讓顧客以標準化產品的價格，滿足其客製化的需求。客製化的好處有：

1. 節省時間、賓主盡歡

　　將顧客上一次訂貨時，所給予的個人資料做紀錄，下次客人再下單時，只需告知此次的需求，並確認送達地點，無需再次告知地址、統編等其他資料，如此可省下的時間相當可觀！相對也替客人省下不少時間，這就是客製化的好處。

2. 掌握顧客、掌握市場

　　紀錄顧客的資料較能掌握顧客的需求與喜好，也會有助於對目標市場的分析。亞馬遜強調：「我們賣的不是書，是服務」，每一次會員登入時，亞馬遜就會給予根據之前買的商品屬性，延伸推薦的其他產品的資訊。除了方便客人快速獲得資訊外，也增加公司成功推銷商品的機率，這就是一種客製化的行銷。

3. 增加差異、創造獨特

　　用各種客製化的商品和服務來滿足客戶的需求，除了增加自家商品在市場的差異化外，客製化發展也可以提高自家產品的獨特性，在了解顧客需求後，就能夠針對主要市場的需求去設計新的產品，如此可避免跟別人削價競爭，也是紅海市場中，企業經營的長久之計。

4. 降低失誤、提高淨利

　　客製化的行銷，有了產品製造前的溝通，奠定量身訂做的基礎，因此產出貨品之失誤率、回收率及修改率非常低微；退貨、補貨及維修的損耗銳減，相對利潤大為提高。

服務體制，在設計上必須使顧客有自由選擇的權利，同時可以享受自我決定的過程。另外，像捷運的自動售票機、以及銀行的自動提款機等，則是藉由省略人與人的面對，以迅速完成作業的方式，提供顧客便利性。

日本航空公司從 1992 年開始，利用了一些方式進行了 CS 調查。調查結果顯示，在登記（check-in）的時候無法選擇自己希望的座位，是造成顧客不滿的原因之一。但是，利用自動登記機器的顧客，滿意度則顯然提升。多數的乘客表示，即使無法取得自己想要的位子，下次仍然希望利用登記機器。由此可見，未必所有的自助服務都能讓顧客滿意。但是，如果是出自自己的選擇的話，就算結果不盡理想，顧客也多半比較能夠接受。

雖然消費者的需求趨勢，愈來愈朝客製化的方向進展，但這並不表示，所有的服務只要採客製化的方式，就一定沒有問題。不管服務是位居標準化、客製化之基軸與顧客參與之基軸中的哪一個位置，重要的是這個服務究竟有沒有完全符合顧客的複雜需求？客人會因時因地，有時希望標準化的服務，有時希望個別式的服務。至於參與服務生產的方面，情況也是一樣。所以，服務的提供過程必須縝密地加以設計，同時與其他的服務行銷組合取得整合是非常重要的。

知識補充站

為了滿足消費者追求產品的獨特性與專屬性，市場需求慢慢轉向以「客製化商品」為主打，除了可以滿足某部分族群內心馬斯洛需求理論中所提到的自尊他尊之外，同時也在無形中讓沒生命的商品提升更多價值，而你知道在製作這類型的商品時，客製化與個人化的差異在哪嗎？

廣義解釋，客製化與個人化都是以顧客為尊，配合其需求並完成製作。但仔細分別，兩者之間其實差異甚大。客製化商品主要製作其本體，再依照客人部分需求而改變，像是大家熟知的客製化造型隨身碟、印製企業專屬 LOGO 就是一種最標準的客製化的表現，而個人化通常都是極為少量的製作，精準來說就是完全屬於自己的商品。因此即使是客製化也會有重複的可能性，這也是為什麼專門製作客製化商品的廠商通常都有一定的起訂量，且個人化的商品也較多牽扯到肖像權的問題。

第14章
服務管理體系

　　國內有許多服務業，曾嘗試就機能別（如銷售部門與作業部門等）將組織加以分類，進行各個部門的強化或重新編組的部分改革。但是，這些服務業當中卻很少有人可以以有體系的方式去掌握整個服務組織，再從這裡去檢討組織的優、缺點，從事整體的改革。此外，大部分的服務都將注意力集中在日常業務的執行與經營的擴大上，但是卻沒有明確的長期願景。要擬定長期的願景，首先必須確實掌握經營環境未來的變化，然後針對變化的方向，重新編組企業組織的活動。但是很多企業卻缺乏這些掌握整個組織活動所需的綜合性架構。

14.1 服務管理體系的構成要素

本章將以不同於前章所討論的服務行銷組合的觀點，從另外一個角度去掌握服務的組織。此處要介紹的是在服務管理理論的初期發展階段，將理論加以體系化，在服務管理的研究方面位居權威地位，目前仍活躍於歐洲的理查‧諾曼（Richard Normann）先生所提出的「**服務管理體系（Service management system）**」的理論。

諾曼所提出的服務管理體系理論，基本上也是以服務的行銷為依據。但是，諾曼特別注意到的是整個服務組織的體系特性及經營管理。換句話說，不只是行銷的領域，他也注意到整個服務組織的管理。它的最大特點在於可以將構成服務組織各要素的優、缺點及關聯性，當作一個整體的架構去進行檢討。

關於服務管理體系的構成要素，諾曼提出如圖14.1所介紹的五項，分別為：1.服務理念、2.市場區隔、3.提供體系、4.形象、5.組織的理念‧文化。

若就主要機能來區分這五項要素，其中的服務理念與市場區隔屬於行銷活動的課題。提供體系除了是行銷的要素之外，同時也是屬於服務生產的作業領域。形象本來是對外的部分，但也會對組織內的成員造成影響。至於組織的理念與文化，由於它會影響到服務組織的方向與服務的品質，所以它與行銷有一些關聯。但是它更重要的機能是為服務組織的內部活動及從業人員的行動，指示應遵循的方向。所以，它也屬於組織管理的問題。

諾曼強調的是這五項要素彼此密切關聯、相互影響（見圖14.1的箭頭指示）。因此，在建構各項要素之前，必須先考慮對其他要素的影響與關聯，再行決定其方向與內容。

知識補充站

服務管理體系是指以持續顧客滿意為目標、指揮控制接觸過程的管理體系。

對此定義的理解是，第一，服務管理體系是指揮和控制接觸過程的管理體系；第二，這個管理體系的目標是持續顧客滿意。

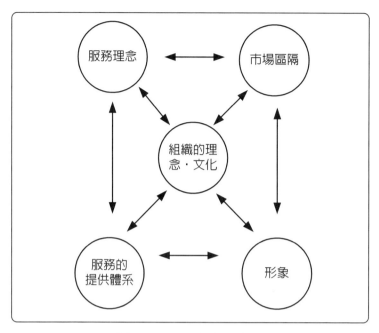

圖 14.1　服務管理體系

知識補充站

理查‧諾曼（Richard Normann），為瑞典 SMG 策略顧問公司的創辦人與董事長。

該公司主要為企業、組織與區域在更新策略時，提供建議，其顧客遍及歐洲與美國各地。曾任哈佛商學院的訪問研究員，現任哥本哈根商學院（Copenhagen Business School）的客座教授與全球商業網路（Global Business Network）的成員。

其本身在企業管理或領導風格方面的著作甚豐，其中包括《成長與服務經營之管理》（Management for Growth and Service Management）。最新的一本有關企業概念創新的著作，則於 2000 年發行。

14.2 服務的理念──服務的魅力在哪裡(1)

在前章「服務商品」中，我們曾解釋過「服務理念（Service Concept）」指的是企業根據顧客的需求，將這些需求反映到服務中，藉由服務為顧客創造利益。換句話說，它與「顧客需求」是一體的兩面。因此，服務理念所要決定的是「要滿足顧客哪些需求？為顧客創造什麼樣的利益？」。所以，一般來說，如果服務的理念能夠敏銳、實際地反映顧客的需求，市場也必然會給予積極的回應。

一般很容易認為服務理念是與服務的「結果」相互呼應的，但事實未必一定如此。服務的提供「過程」，或是服務行銷組合的各項要素，都可以構成服務理念。以過程來說，以簡便、迅速為主要方針。另外，像零售商以靠近車站的地利之便、西南航空採取的低價位政策、新加坡航空的空服人員的優良待客態度等，都可以當作企業的服務理念。

在第 13 章中曾說明過，服務理念指的是「透過企業的主張，以獨特的方式去達成顧客的需求」。所以，它不只是去滿足顧客的需求而已，還要有屬於自己的特性，足以與競爭企業形成差異化，並形成足以向顧客訴求的主要商品特徵才行。隨著社會的成熟化與消費者需求水準的高度化，新的服務理念愈來愈走向複合化及細微化的趨勢。因此，服務業者在決定自己的方針時，必須具備洞察能力，唯有能夠掌握消費者不斷變化的需求構造，確實掌握消費者的個別需求，才能符合時代的趨勢。

關於服務的理念，諾曼總共介紹了以下四種類型。

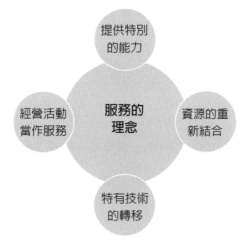

圖 14.2　諾曼提出服務理念的四種類型

1. 提供特別的能力

不論是個人或是企業性的服務，通常它必須具備一項優點，那就是它必須比顧客親自進行的結果還要好，或是還要便宜。從廣義來說，就是代替顧客進行的服務是否適切。舉個例子來說，洗衣店、理容院、旅行業、企業委外打掃大樓、代行秘書、處理電信資訊、及職業介紹所（鼓勵員工退休）等的服務業，大都屬於這一類型。

在這一組當中，還有另一種類型，這種服務專門提供顧客他們所沒有的能力。例如醫療、法律、稅務會計、非破壞性的檢查等的專業服務。最近出現一種專門提供建築相關建議的行業，便是屬於這一類的新型服務。它的內容包括：新建、改建、增建房子、更新隔局等，它的收費通常很高，但收費基準卻不明確，常常任由業者隨意開價。建築業一般有「抱怨產業」之稱，施工後常會發生許多紛爭。日本大和（Daiwa）房屋公司就是注意到這個問題，集合了建築師、工地主任、室內裝潢師等，以專家的立場提供顧客意見。從討論到提出具體提案，雖與以往的建築業沒有太大的差別，但是它如果能夠以顧問業的方式，確實地將之商品化，仍然有可能成為新的服務商品。

2. 資源的重新結合

老街與商店街、高速公路的停車區與遊樂機器、英語會話與運動、朋友關係與寫真箱。這些彼此之間原本沒有任何關係的事物，現在卻成雙成對結合在一起，成為當今流行的服務商品。日本有一家新開幕的健康俱樂部「Club Boybo」，特聘請外國人以英語指導教學，生意出奇興隆。

用新的想像將既有的資源加以結合，以此提供以往沒有的服務，這是第二種的服務理念類型。單一的資源，其效用可能不會很大，但是若將不同性質的資源結合，有時可以產生新的意義與價值。在北歐，有人將老人設施與托兒所設立在一起。這樣一方面可以讓老人看到小孩活潑生動的行動，增加刺激。另一方面，讓小孩們習慣老人的悠閒態度，也可以使他們感到親切、安心。在這種情況下，老人與小孩就彼此成為對方的資源。

知識補充站

隨著社會的高齡化，居家醫療成為一項頗受注目的服務。這是一項新型的服務，利用居家醫療，病患可以不必住院接受治療、看護，只要在自己家中就可以接受服務。居家治療之所以可以成為一個系統商品，主要是因為它結合了以下三項資源：1. 病患及其家人、2. 合適的醫療器具及藥品、3. 醫師及護士的指導與治療。由於這其中包含了自助服務，所以與住院的全套服務相比，可以節省很多費用。另外，病患也因為可以居家療養而減輕許多壓力。

14.3 服務的理念──服務的魅力在哪裡(2)

3. 特有技術的轉移

現代是一個資訊爆發的時代，一般人很容易就可以取得各種的資訊。想要知道美國政府的新政策內容，只要利用電腦進入白宮的網頁，立即可以取得許多資料，除了網路之外，資訊的提供手段不斷地擴大並多樣化，這些都使得一般消費者的知識量與資訊量，也隨著急速增加。所以，認為消費者是無知的想法已經是落伍了。

在這種情況之下，愈來愈多的消費者也希望能夠輕易地取得「技術」。換句話說，消費者不只是從其他人之處接受服務，他們也會希望能夠在自家中自己生產服務。但是，技術的形成，通常是將一個體系或人的行動形式化，並藉由經驗建立起來（手冊便是其例之一）。換句話說，它並不是一項容易傳達的簡單資訊。這也是為什麼「特有技術」（Know-how）的提供可以成為一個服務理念的原因。

日本的花王公司從 1998 年開始，以各超市及藥局等的連鎖零售店為對象，設置化妝品的自助賣場。賣場中放有試用品、鏡子、粉擦、面紙及其他專用器具，顧客可親自試用化粧水、夜用乳液、護膚商品等。在此顧客可免於推銷員的叮擾、輕鬆地選擇自己喜歡的產品。另外，它還會在一旁附設小型的電視，顧客可從這裡獲得商品說明及使用方法的相關資訊。根據部分商店的實驗，其每月銷售額較原來增加四倍。它所提供的不只是銷售的技術而已，由於它備有專用的器具，所以等於提供賣場本身的系統。預料將來在藥品、化妝品、加工食品等領域，以這種形式提供特有技術的趨勢將會愈來愈多。

知識補充站

據說美國還有專門教名廚如何處理垃圾（廚餘）的講習班，這是屬於比較有社會性的發想。由此可見，很多還沒有體系化的智慧，如果能善加利用，和顧客的需求巧妙結合，必然可以開發出新的服務商品。

　　有的企業會以專利許可契約的方式，大規模地提供其特有技術，將之當作服務商品，便利商店與外食產品便是這一類的例子。訂定專利許可的店舖，店主必須支付總部一定的專利費用，而總部則負責提供店主店面營運所必須的商品品項，以及待客、作業程序、計數管理、行銷方式等的相關技術。所以，即使是完全外行的人，只要能繼續獲得這些特有技術及相關的資訊，便可經營其店舖。這些店舖經營的特有技術，都是累積各個零售店過去以來長時間嘗試錯誤的經驗，然後將之體系化而來的。

4. 經營活動當作服務

　　諾曼所提出的最後一個類型的服務理念，是將組織及企業經營本身當作服務商品的例子。換句話說，這種服務的目的是代替經營者或業主挑起經營的任務。飯店業界很多都是採用這種方式，他們稱之為「**管理營運受託方式**」（Management Contract）。雖然飯店的名稱可能是雪拉登或凱悅，但老闆則是另有其人，其經營就由此名稱之企業來負責進行。在美國，這類負責幫忙企業進行管理運作的服務業愈來愈多，像購物中心、醫院、幼稚園等多數的組織及企業，都是以這種方式經營。

　　將經營體系本身當作服務商品的作法，預料今後在國內也會慢慢普及。一個組織或事業體的經營，不論它是什麼業種或產業，其中一定有共通的知識與特有技術可以利用。不論它經手的是什麼樣的商品，一定有經營專家可以發揮其經驗與知識的空間。因此，這種服務在國內未來極有可能成為非常重要的服務理念。

知識補充站

　　在美國很多行業都是採用這種專利許可契約的方式在進行。例如，附有照料的老人住居專利契約，以及小鳥用品專門店、幼稚園、醫院等，都採用這種方式。預料未來這種方式將會更進一步延伸到托兒、雙薪家庭內的服務、郵務、經營管理事務等的中小企業上。

14.4 市場區隔──顧客在哪裡

　　一項服務商品若想滿足顧客的特定需求，必須先找出具有這些需求的潛在顧客在哪裡，然後設法掌握他們的需求方向。這個顧客群，我們稱之為目標顧客。因此，目標顧客與服務理念是互為表裡的關係。所謂目標顧客，指的是在設計一個服務管理體系之際，首先要列為前提的顧客群。所謂市場區隔，指的是從整體市場當中，將列為前提的目標顧客區隔出來的意思。

　　在搜尋具有特定需求的目標顧客時，過去多半採用人口統計的方式。亦即從年齡、性別、職業、所得階層、家族構成等的顧客群分類當中，去找尋該顧客群的共通需求。由於各個顧客群都是某項特徵的集合體，所以他們會有許多共通的需求、價值觀及行動模式，因此要找出他們的共通需求會比較容易。例如，年輕人與中高年層者的服飾品味有明顯的差異，所以服飾店可區分為以年輕人為對象者、或是以中高年齡層為對象者。

　　但是，就大體而言，在各個方面年輕人與中高年齡層之間，確實存在著各種差異，但是差異當中仍然各有其統一性。因此，當我們實際就現實去觀察，會發現其實兩者之間的差異並不是那麼的單純可以清楚地劃分開來。例如中年人也有的喜歡穿牛仔褲、開 RV 車，或者去肯德基、麥當勞，也有人很喜歡去唱卡拉 OK。

　　相反的，有的年輕人也會買高價的 AV〔指音頻（Audio）和視頻（Video）〕機器，出國旅行。有時還會買高價的套裝，到 Tiffany 買昂貴的珠寶飾品給女朋友當聖誕禮物。換句話說，目前年齡的區隔已經愈來愈不見得有明顯差異了。

　　現代的人，不管是年輕人、中老年人，或是高所得者還是低收入者，他們會因為生活中的各種情況，隨時去消費各種不同的服務商品。例如平常搭頭等艙出差洽公的經營者，在攜家帶眷（包括小孩）出國旅行的時候，可能多半會改搭經濟艙。

　　因此，重要的是如何超越年齡與性別，尋找人們在生活上的共同需求。而這裡特別要注意的倒不是人的屬性，而是「事物」的屬性。俗語說「十種人有十種樣」，但是這裡要有一個新的想法，那就是「一種人就有十種樣」。辦公大樓附近的飲食店，其人員的配置及業務的準備方式，多半朝著提供上班族的男女人士能在短時間內享用美食的方向進行，因為午休時間對上班族而言是非常寶貴的。

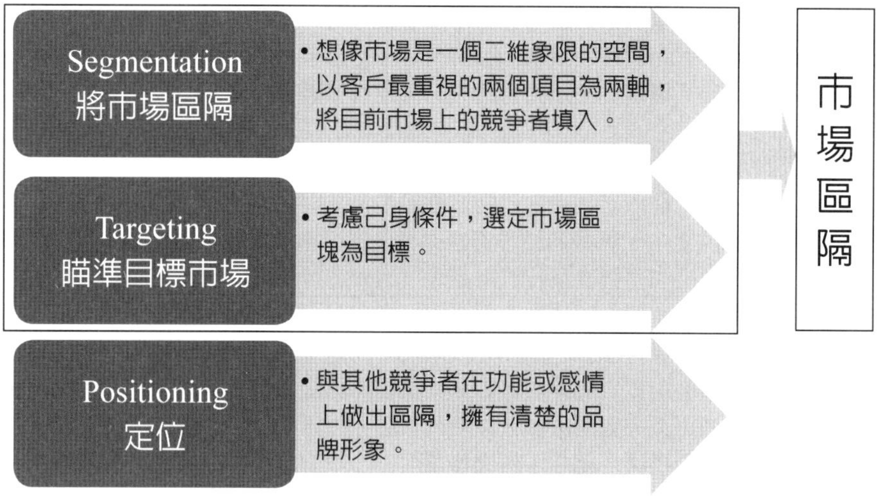

圖 14.3　市場區隔與定位

知識補充站

　　能像蘋果（Apple）公司一樣，一項產品通吃整個市場當然很好。但若不是市場先行者，最好要有差異化，較能成功。如何做出有意義的差異化？這就需要市場區隔與定位。

　　什麼是市場區隔與定位（Segmentation, Targeting, Positioning）？

1. Segmentation（將市場區隔）：想像市場是一個二維象限的空間，以客戶最重視的兩個項目為兩軸，將目前市場上的競爭者填入。
2. Targeting（瞄準目標市場）：考慮內部與外部的條件（常用工具：SWOT；自身與競爭者比較的優劣勢，外部的機會與威脅），選定幾個小市場區塊為主要目標，研究其顧客洞見（customer insight）。第一步與第二步合起來的動作，就是市場區隔。
3. Positioning（要如何定位）：在選定的小市場區塊中，也許已有先行者在其中，要如何在功能上或感情上做出區隔，擁有清楚的品牌形象，這就是定位。

以台灣咖啡市場為例：

1. 以「價格」與「方便可得」為兩軸，畫出台灣咖啡市場。
2. 若一公司為咖啡市場後進者，考慮市場還有幾個區塊沒有競爭者進駐。
3. 檢視這幾個區塊的消費者洞見與自身優劣勢，判斷是否能比競爭對手更好地滿足消費者。
4. 決定走哪一個區塊後，檢視此區塊中的競爭對手品牌形象與定位，定出對消費者有意義，也能清楚表達自己產品利益的品牌名。

另外，在情人節及聖誕節推出巧克力，大學聯考期間為考生推出休息的飯店，這些都是著眼在「事物」的例子。未來，服務業者可能愈來愈需要這樣的想法，亦即截取生活中的某一部分「事物」，以生活於此的人為目標顧客。

·為什麼決定目標顧客很重要？

對服務業者而言，他們必須有自己的目標顧客，其理由有三：

第一，服務商品當中，有些商品不適合從事大眾行銷（Mass Marketing）。以零售業來說，它們的商品如生鮮食品及日用品等，消費者習慣就近購買的商品居多，這些商品很適合大眾行銷。但是，比較有個人嗜好取向的商品，例如服飾、某些日用品與專業用品，則有必要採行顧客的區隔。餐飲業、住宿業等服務業，也有同樣的情形。

第二，有形的產品可以買起來放置著，但服務商品的消費，大部分都有時間與場地條件的限制。啤酒可以先買回家放入冰箱，等回家後再喝。但急著搭計程車時，則必須到有車的地方才能搭乘。總之，對服務業而言，設立的地點與營業時間是很重要的要素。所以在目標顧客較多的地方與時間營業是比較有利的。因此，計程車常會晚間到車站附近或熱鬧的街上候客。同樣的，小兒科及婦產科醫院，常會在較多年輕家庭居住的地區開業。

第三個理由與「80 對 20 的法則」有關。這是一個很多人都知道的正確經驗法則，亦即「80% 的利益來自於 20% 的顧客」。換句話說，經驗告訴我們，即使你與 100 個人進行交易，其中貢獻總利益 80% 的人，只是其中的 20% 的常客（另一個說法是 100 種的商品當中，真正暢銷的只是其中的 20% 商品）。事實上，要吸引 20 位貢獻度大的顧客，需要 100 件的交易與 100 種的商品。如果這個法則是正確的，則以這 20% 的顧客群作為目標顧客，自然是合理的。

知識補充站

航空公司所採用的累積里程數贈送免費飛行里程，也是屬於相同的作法。但問題是這些經濟上的利益，是否真能鎖住目標顧客？這類的經濟利益方式，很容易即被其他的同業模仿。因此，各百貨公司目前都以購物卡採折扣的方式，展開激烈的競爭，和航空公司的情形一樣。因此，想要鎖住 20% 的有利顧客，應該同時多管齊下，設法加強與顧客之間的關係。

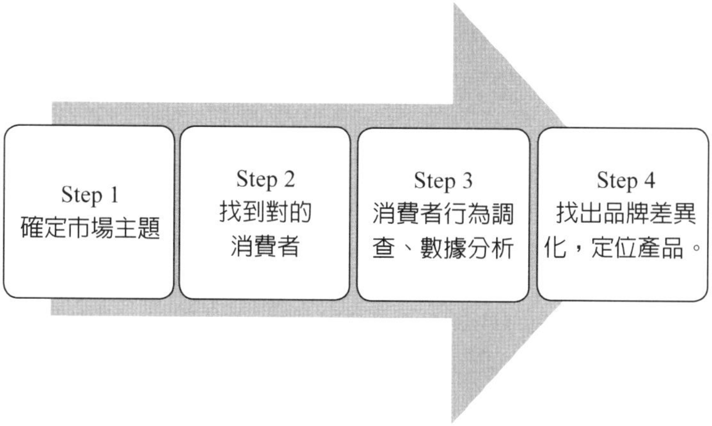

圖 14.4　定義目標客群思考流程

知識補充站

定義目標客群的思考規劃流程：

Step 1：確定你的市場主題

如果本身有不同類型的客群，需選擇其中一個作為主要市場區隔。

愈精準定義，內容規劃就能更細緻、客製化，更好投注心力、不被分散。

Step 2：找到對的消費者

列出你所在乎的潛在客群。思考他們的特徵，你能提供怎樣實用的內容資訊、去吸引他們。

Step 3：消費者數據分析、行為調查

從前面思考規劃中，確定好市場主題後，接下來就是找對的消費者，這部分可以再深入針對潛在客戶的行為調查、了解其特徵需求。

Step 4：找出你的品牌差異化、產品定位。

同樣的目標群眾裡，會有競爭者和你爭搶客群。確定產品定位，可以協助你發展、找到品牌特性，做出市場差異化。

14.5 服務的提供體系——如何生產服務

　　所謂服務的提供體系，指的是實際生產、提供服務給顧客的體系。有形產品的生產需要有工廠，服務因具有生產與消費同時進行的特徵，所以在其生產體系當中，如圖14.5一般，有顧客參與其中。從圖14.5當中可以看出，在服務組織中，它的提供部門與作業部門是重疊的。提供服務給顧客需要「場地」，而構成此場地的各項要素，也是構成提供體系（Delivery System）的要素。顧客從提供體系當中去體驗服務，以餐廳的例子來說，其要素包括房子、桌椅、餐具等物的要素，以及負責接待的服務人員、其他的客人、提供服務的方式（如自助服務等）。換句話說，顧客從服務的提供體系當中去體驗前面所說過的「服務的證據」的三要素，亦即物的要素、人才、服務的過程。

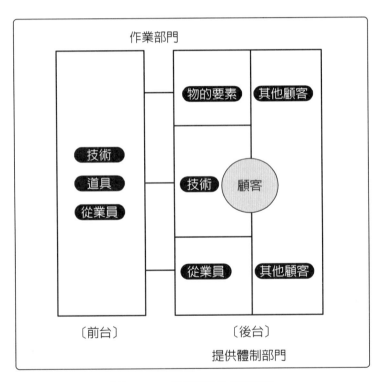

圖 14.5　服務的生產部門

出處：Lovelock, product plus, 1994, McGraw-Hill inc., p.91.

作業部門是不將顧客列入其中而假想服務生產時所需要的體系。它包含一部分接待顧客的櫃台作業在內，但主要還是以稱為後台作業的部門為主。像餐廳裡的廚房或飯店裡的家政部門等等。以劇場的例子來說，坐在觀眾席上的觀眾，他們看得到、聽得到的範圍是屬於提供體系的部分，但作業活動則包括在後台轉動舞台布景、操作音響、照明、幕簾的作業。作業部門的活動理論，與製造業裡工廠的作業部門比較相似，它要求的是必須確實掌握工程、按照時間作業。

至於服務的提供體系與作業體系兩者，應以何者的作業比重較大，則需視服務商品的種類而異。電氣、瓦斯、電信、電話、傳播、網路通訊銷售以及利用通信網路提供資訊等有「遙控服務」之稱的這一類服務，一般以後台的準備作業較重要，所以作業部門的活動會占較高的比重。相對的，比較偏重接待客人的服務業，則比較需要充實它的提供體系。

提供部門與作業部門，各自擁有不同的目標與技術，其從業人員的性質也不同，所以，有時候如何在兩者之間做好調整，對服務組織而言，是一個很大的課題。由已故日本導演伊丹十三所拍攝的「超市之女」，是以一部生鮮食品超市為舞台、描寫肉品、魚類等以生產為主的作業部門，和直接與顧客接觸、以銷售員為主的提供部門，兩者之間的對立故事。電影的結局是貫徹顧客主義的提供部門這方獲勝，在服務組織中，這兩個部門之間的紛爭，可說屢見不鮮。

諾曼認為提供體系的主要要素有三：1. 人才、2. 技術與物的要素、3. 顧客。關於1. 人才的部分，我們將於下一章討論，2. 物的要素已在上一章說明。此處我們將針對3. 的顧客進行探討。

・顧客參與服務的生產

為什麼顧客是提供體系的要素之一呢？第一，由於服務具有共同生產的特徵，所以顧客參與服務生產的方式，會左右服務的品質與生產力。以往，大家很少去注意到「顧客是商品的共同生產者」這個事實。但是，最近新登場的服務商品，例如在家醫療、消費金融的中所利用的無人契約機及 ATM 等機械（自助服務），愈來愈多都是採用顧客參與的方式。

對業者而言，讓顧客參與服務生產的最大利益是在於提高效率性。在國內，所有經營資產之中，以人事費的支出為最高。因此，如何設計讓顧客參與部分的服務生產是很重要的。而且，對顧客而言，參與可以增加他們自我決定的機會，同時，顧客的參與可以節省許多不必要的程序，讓消費迅速完成，效率也可因此提高。

顧客的參與可分為「直接的參與」（自己去影響服務的內容）與「間接參與」（即成為構成服務提供之「場景」的要素）。例如在餐廳或飯店中，扮演「其他顧客」之角色。日本京都祇園的料理店及高級旅館會對顧客進行篩選，原因是來店的顧客會影響該店的氣氛，同時決定其等級。我們到一家新店去消費的時候，常常也會注意進來的是什麼樣的客人，以此推測該店的服務內容。由此可見，「其他的顧客」也是非常重的行銷要素。

關於顧客的參與，諾曼將其在服務生產上所具備的機能，整理成六項，以下即簡單介紹其內容。

1. 決定式樣、規格

由顧客指明要什麼樣的服務內容。有的是藉由與生產者直接對話而決定其內容（如提供資訊之服務、理髮店、壽司店等），有的是從業者事先準備好的目錄或菜單等做選擇。有的業者會藉由改變選購方式強調特色，例如過去是採用目錄選購的話，就改成對話方式；相反的，如果一般是採用對話方式的話，就改成目錄選購的方式。以日本的機械零件公司三住（MISUMI）的例子來說，它過去的做法是價格與交貨都採用個別訂購方式，後來因改變成目錄方式，使得價格與交貨期限等等都很明確，因而成功地提高了顧客的信賴。

2. 共同生產（co-production）

由顧客自行進行部分的服務活動。車站的自動剪票機、投幣式洗衣服務、沙拉吧等自助式服務，都屬於此類。日本 JR 博多車站內的咖啡亭（GIGI Cafe），因採用讓顧客自己沖泡的方式，而大受顧客歡迎。客人到此，店家就會送上杯子、沖泡壺及一壺熱開水，和教你如何沖泡好喝的咖啡的說明書。這種方式頗獲有悠閒品茶者的好評，據說固定客仍不斷在增加之中。

3. 品質管理

生產與消費同時發生是服務業的特徵，所以，顧客會與服務的相關人員一起體驗服務的生產。因此，提供服務的業者就不得不去注意顧客的眼光，而這就變成了對服務品質的管理。事實上，對於一些平日習慣去的餐飲店、理髮店及牙醫診所等，只要其服務稍有疏失，一般人都會很快注意到其差異。如果這些疏失一直持續下去沒有獲得改善，很多人就會因此不再上這家店了。許多服務業都是處於被顧客選擇的立場，如果它不能維持一貫的服務品質，就會立刻被顧客淘汰。

知識補充站

北美大來（Diners）國際信用卡公司，在發卡時會嚴格依據職業與所得階層篩選顧客，藉此提高會員的層級。會員制等等以會員層級為選擇依據的方法，雖然會因此限制潛在顧客，但是它的優點是可因此鎖定目標顧客，提升服務的內容。如果在掌握顧客心理方面能夠做得更好，預料今後將會有更多可以提高效果與效率的新式會員方式出現。

4.「Ethos」的維持

　　「Ethos」是希臘語，指的是一個集團所特別具有的風情、習俗等，但諾曼所指的則是會影響個人工作動機的職場情感及心理狀態。具體來說就是顧客對從業人員的感情回饋。對多數從事服務業的人來說，顧客的肯定和情感上的回饋，是促使他們繼續工作的一大精神支柱。醫院裡的醫師、護士，平常的工作壓力很大，但是來自病患的感謝語言及態度，常常是促使她們繼續每天工作的重要動機。相較於歐美，在國內一般顧客對服務人員的情感表達顯然不足。對於良好的服務，其實顧客應該積極地給予肯定和感謝。

5. 發展

　　這裡指的是服務的提供者透過顧客對服務內容的嚴格點選，並針對該結果反映他們的想法、意見，本身也可以因此學習、成長。許多廣告代理店及智囊團，都是在顧客的嚴格鍛鍊之下，才逐漸培養出能力來的。凡抱持著「向顧客學習」的態度者，其企業必然可以發展。在碰到顧客抱怨的時候，有的業者覺得這是挑剔，有的業者則把它當作是學習的機會，這兩種完全不同的態度，日後勢必也將影響其發展的差異。如何建立有效的員工教育體系，以及有效吸收與顧客接觸時的資訊，是當今服務業所要面對之課題。

6. 行銷

　　之前我們已一再說明，在服務商品的銷售中，顧客的「口頭宣傳」是非常重要的。服務必須親自去體驗，才能知道其好壞，因此體驗者的感想會具有很大的影響力，由此可見，顧客也擔負著行銷的責任。根據全美消費者保護局的調查顯示，感到滿意的顧客，平均會向 5 個人敘述他的經驗，相反的，感覺不滿的顧客，會向 11 個人訴說抱怨。研究顯示，在不滿意的顧客中，有 45% 的人不會提出抱怨。他們有的是甘心沈默，有的則是轉而投入其他公司的懷抱。50% 不滿意的顧客會提出抱怨，但是他們的抱怨幾乎都是石沈大海，只有 5% 的不滿意顧客，會不只一次地提出抱怨，而願意花時間、花力氣提出抱怨的顧客，即使抱怨得不到回應，他們再次購買產品或服務的比例仍有 37%，而不提出抱怨的顧客只有 9%。這顯示，提出抱怨的顧客，才是忠實的顧客。企業要留住忠實的顧客、改進顧客服務，首要目標就是好好照顧投訴無回應的 50% 顧客。

14.6 形象——吸引顧客的心理準備

　　形象對服務業而言之所以重要，其理由在於顧客會藉由它來聯想服務商品的內容與品質。所以，服務業常利用形象來代替商品，以此作為向顧客訴求的手段。以日本的百貨業為例，根據 1996 年 7 月 13 日日經流通新聞的調查，在中元贈禮中，最受歡迎的百貨公司排名分別是：第 1 是三越百貨，第 2 是高島屋，其次是伊勢丹、阪急、SOGO、大丸百貨等，三越百貨的得票數遠遠超出其他公司。其實仔細想想各百貨公司的商品品質應該不會有太大的差異，在哪家百貨公司買應該都一樣，但是，三越百貨還是榮膺排名第 1 位。而這主要是形象的關係，雖然是同樣的商品，但受贈者會認為在三越買的東西比較高級，因為三越是享有信譽的老店。因此，如果仔細推敲這項調查結果的背景，會發現它的原因是出自顧客的心理。

　　形象這種東西，與其說是現實的反映，不如說是心理性的被單純化，如一旦形成，它會繼續強化並且維持很長的一段時間。人的行動受此形象的影響很大，因此對服務業而言，形象是非常重要的。

　　英國至今為止仍有很多店舖在店面或在信封、信紙上，書寫王室御用商人的文字，這些都是形象策略的一種。

　　形象影響所及的對象，並不僅止於顧客而已。從業人員、找工作的人、股東及往來的銀行，也都會受其影響。在日本帝國飯店工作的員工，哪怕他只是一名清潔的工人而已，他仍會很自豪地以自己在有歷史的飯店工作為樂。

　　形象除了可以暗示商品的內容及品質之外，人們同時也在消費商品本身所衍生出來的形象。記號論的行銷裡有這樣的觀點，而這的確也是一個事實。在 Tiffany（美國的高級珠寶店）購買高價的裝飾品，無非是想給人一種「我就是過這種生活（穿金戴玉）的人」的印象。中年男子穿著年輕人的衣服，也是想靠這些服裝去享受年輕的氣息。

　　服務商品，有一部分是在消費它的形象。麥當勞進入國內的時候，給人的印象就是美國式的生活。所以，在麥當勞吃漢堡，就是要體驗美式生活的氣氛。美國最近出現一家名叫「Coffee People」的咖啡店，它打出的形象是比較粗俗、人性與寫實的，剛好與規模較大的另一家店「Starbucks Coffee」所強調的高格調、白人的、以都會為主的形象形成對比。這也是一個將形象當作商品的一部分的例子。

　　服務業的形象是怎麼形成的呢？大部分都像上述的例子，是從服務本身的特質產生出來的。有的則如三越百貨一樣，其形象來自於它的傳統與知名度，有的則因為企業所雇用的職員都具有專業、或是職員清一色都採用像空服員一樣的年輕女性。另外，像前面說明過的，有的企業因採用會員制，使顧客的種類趨於一致。這樣的方式也可以形成企業的特有形象。

　　有的企業形象是經過長時間的經營，最後變成企業的經營資產。但是，對於形象的營造，不能任其發展，企業必須用心設計、檢討如何使之成為一個向顧客訴求的手段。相信這也是未來的趨勢。

Note

14.7 組織的理念與文化──朝向什麼目標前進

　　組織的理念、文化、風土等要素，可以指引組織成員的行動方向，所以，它們是服務管理體系中很重要的一個要素。它們會影響從業人員的行動方式，成為從業人員內心的「價值體系」。

　　人類的行動，都是先由需求去賦予能量（賦予動機），然後這些能量再化成具體的行動，朝著某個方向前進，去滿足這些需求。而影響一個人的行動方向，幫助他去找到具體的活動方式者，便是這個人的價值體系。舉個例子來說，一個人不管喉嚨再渴，都不會去買別人正在喝的咖啡來喝。通常，他會以社會認同的形式去滿足他想解渴的需求，例如去自動販賣機買一罐咖啡來喝。他會考量什麼樣的行動才會被別人接受、認可，而這就是他的價值體系。價值體系已在我們的生長過程中被「社會化」，銘刻於心。

　　組織的理念、文化、公司的風氣等個人價值體系之內容，對於一個人在職務上的行動，特別容易造成影響。換句話說，理念、文化、風氣等會透過組織成員內心的價值體系，提示他在從事服務這個工作時應該採取什麼樣的方式。

　　製造業的工作以製造物品為主，所以其大部分的內容會受到技術體系的影響。在它的流程中，對於接下來要進行什麼工作，通常都已事前決定好了。倘若有人不按照既定的流程去工作，整個工作流程可能因此受到干擾而停止。

　　相對的，服務的工作並不像製造業一樣，有持續不斷的流程，它的時間與場地多半沒有固定。所以，在服務業務的管理體系中，管理者只能負起部分的監督機能，在實際的工作執行上，還是要靠服務人員的自發性行動。

　　因此，如何將服務人員內在能源，引導到適當的方向，對服務業而言，是非常重要的。由此可見，理念、文化與組織風土，在引導服務人員的工作態度與行動方面，具有極重大的影響力。

　　組織的理念、文化及風土，各自以不同的形態形成組織內部的價值體系，此處我們將針對組織理念一項來進行探討。一般的組織理，多半是由經營者透過語言或文字來表達的一種價值觀。以麗池卡爾登（The Ritz-Carlton）飯店為例來說，它共提出 3 個信條作為組織的理念，第一條的內容如下：

　　「提供顧客真誠的款待與舒適的住宿，是麗池卡爾登飯店最大的使命與任務。」

　　一般而言，經營理念都習慣以「和氣」或「奉獻」等抽象的語言去條列它的內容，但麗池卡爾登則用簡明易解的語言敘述，目的是為了使這些理念能夠容易地落實作為行動的方針。光是這一點，我們便可以感覺出他們的理念並非只是口號而已。

諾曼認為服務業應該具備的理念，包括下列三項：

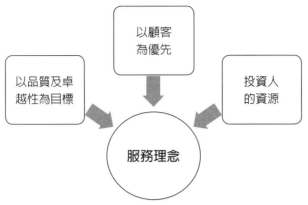

圖 14.6　服務業應具備的理念

1. 以品質及卓越性為目標

所謂以品質及卓越性為目標，簡單的說，其實指的就是以追求完美（Excellent）為目標。很多企業都是以堅持品質為企業的理念。問題是此理念能不能具體落實到管理體系中，而不只是唱高調而已。麗池卡爾登飯店就是利用員工教育徹底實現了它的理念。另外，影印機的全錄公司一直都持續在進行顧客的滿意度調查，它也具有可以將這些調查結果加以活用的健全體系。麥當勞有幾近完美、不會產生疏漏的管理體系。日本的高級料理店及旅館，不論是體系或是員工教育都經過長久的傳統淬練，所以能一直秉持以客為尊、真誠提供款待的文化。

業者能否實現其理念，實際提供高品質的服務，完全要看經營者與從業人員是否真的服膺品質的理念，並具體擬定對策，日夜為此不斷地努力。要使動人的詞藻（標語）成為實際，除了要有敏銳的觀察力之外，還需要組織的每一位成員都對工作有一份堅持與熱忱才行。

2. 以顧客為優先

「顧客至上」是許多企業標榜的理念，但是能夠真正站在顧客立場，提供顧客服務的企業卻是很少。一般來說，顧客的經驗都來自於服務組織的末端，即櫃台（服務台）人員的服務。顧客至上的理念，必須在此階段實現。日本朝日新聞有一個叫做「海外 OL 地獄變」的專欄，裡面記載的是一位日本女性在洛杉磯某家航空公司的服務台上班的經驗。據這位女性的敘述，她的其他美國同事不管有沒有客人在場，只要下班的時間一到，大家就準時下班。公家機構過去有一段時期也有類似的情形，但是這種情形發生在標榜顧客至上的航空公司，是比較匪夷所思的。由這裡也可以看出，在現實中要將顧客至上的理念貫徹到提供服務的末端從業人員，是多麼地不容易。

3. 向人的資源去投資

服務業因為顧客直接接觸的機會較多，所以其服務品質的好壞，最後還是與服務人員的能力及態度有關。由此可見，人的資源是最重要之要素。想要使自己的企業成為一個服務完善的公司，必須重視自己的從業人員，重視對他們的投資。在前面介紹過的麗池卡爾登飯店的「信條」中有一句是：「我們是提供紳士、淑女服務的紳士、淑女」，從這個表現中可以看出他們對自己員工的自豪。

美國最近很流行 Espresso（蒸氣加壓的咖啡方式）咖啡，遍布全美的 Starbucks（咖啡連鎖店）共擁有二萬多的員工，其中有 65% 是兼職人員。它的所有員工（包括兼職）都有承購股票的優先權。亦即可以以事先某個公定價格買進自己公司的股票，如果此企業繼續成長、股價上漲，購者可因此獲得極高的利潤。該企業同時也提供兼職人員企業年金與健康保險，這是一般很少有的例子。這些重視從業人員的理念，也是奠定該公司後來急速成長的基礎。

知識補充站 1

　　企業形象是經過長時間的經營，最後變成企業的經營資產。但是，對於形象的塑造，不能任其發展，企業必須用心設計、檢討如何使之成為一個向顧客訴求的手段。相信這也是未來的趨勢。企業形象塑造是指對企業的經營理念、價值觀念、文化精神的塑造過程，藉此改造和形成企業內部的制度和結構，並通過對企業的視覺設計，將企業形象有目的地、有計畫地傳播給企業內外的廣大公眾，從而達到社會公眾對企業的理解、支持和認同的目的。

知識補充站 2

　　一個能夠持續獲利、成長的服務業，一定要在這服務管理體系的 5 項要素上，比其他的競爭同業優秀才行。就算其他的要素的水準相同，也要有一項自己特別突出的要素才行。相反的，即使只有一項要素不如其他的競爭同業，顧客也會很敏感地感受到這些而漸漸地離它遠去。我們常可看到這樣的例子。

　　同樣是在附近的兩家餐廳，一邊是大排長龍，另一邊則是門可羅雀，其原因主要就在這裡。換句話說，顧客對於服務業的「缺點」是非常地敏感的。

　　新科技日新月異，未來大型連鎖店可能沒有店員，在跨國、集團式經營下，地點、進貨成本與價格將更具壓倒性優勢。在台灣，近年餐飲業雖一枝獨秀、逆勢成長，歇業比例卻也是各行各業最高。在這樣的年代，經營店鋪要逆勢生存，甚至超越連鎖店，從「人心」出發，才是能挺過市場與時代考驗的關鍵優勢！

　　日本有一部影集：將太的壽司，男主角能打敗高手的祕訣在於每做一份壽司都含著愛心，他說材料並無特別，只是比別人多一份愛心而已。因此，店鋪經營就是要用心經營。

14.8 迪士尼樂園的10個謎

東京迪士尼樂園於 1983 年在與東京緊鄰的浦安開幕。自開幕以來，至 2018 年度為止的入園人數，已達 3255 萬人次。無疑的，它已成為日本最有名的遊樂休閒設施，同時也是世界營業最成功的主題樂園。每一位入場者的消費額平均是 8,860 圓日幣，約為美國迪士尼樂園的 2.5 倍。就重複來遊率而言，1994 年美國是 75%，但日本迪士尼樂園則達到 93%。

這裡我們就要分析一下東京迪士尼樂園的服務管理體系，看看這個主題樂園究竟是以什麼樣的體系架構，去提供它的高品質服務？

由於東京迪士尼樂園屬於休閒設施，所以它的經營能不能成功，關鍵在於入場者停留在設施內的時間，能夠玩得多麼愉快，以及能夠體驗多少充實的「經驗」。而業者如何運用服務管理體系的 5 大要素，有效地加以組合、統一，生產出完善的服務來充實遊客的體驗，是我們所要分析的重點。

另外，由於主題樂園也屬於設備產業，所以它的重點在於如何給予遊客休閒的體驗，也因此 5 項要素中的服務提供體系，便成了最重要的要素。

以下是敏銳的觀察家對迪士尼樂園所抱持的 10 個疑問點：

1. 設置在迪士尼地下的迷宮，目的是為了什麼？
2. 廁所裡為何沒有鏡子？
3. 員工的手冊為何多達 300 本？
4. 表演（遊戲）會場的入口隊伍，為何要以彎曲方式排隊？
5. 為何下雨天也要擦拭室外的桌椅？
6. 為何進入園內之後就看不到外面的建築物？
7. 為何各主題區的地面，顏色都不一樣？
8. 為何園地的入口只有一處？
9. 為何員工被稱為「卡司」？
10. 它是一座遊樂園，為何大人反而比小孩多？

知識補充站

米奇老鼠（Mickey Mouse），暱稱「米老鼠」，是一個於 1928 年由華特・迪士尼和烏布・伊沃克斯於華特迪士尼動畫工作室創作的迪士尼角色。米奇是一隻擬人化的黑色大耳老鼠，且通常穿著紅色短褲、黃色大鞋和四隻手指的白色手套。作為華特迪士尼公司的官方吉祥物，米奇是世界上最知名的迪士尼角色之一。

華特・迪士尼有名句言：嘗試一些似乎不可能的事是一種樂趣。輕鬆的話語中充滿的是不斷挑戰的勇氣。這位出身貧寒的迪士尼動畫大師的確是個不斷挑戰的創業者，並把這種氣質融進了迪士尼文化中，由此，創造出了一個迪士尼樂園。

以下我們分析這些疑問，提出解答。但是，這裡我們先從服務理念的部分進行檢討。

1. 服務理念

主題樂園的中心理念是提供「非日常的經驗」。換句話說，就是要讓顧客去體驗一些平常生活中無法體驗到的樂趣與驚奇。在東京迪士尼樂園裡，這些非日常性的經驗主要靠「幻想與鄉愁」去構成，並以「家庭娛樂」的方式提供給顧客。這點與下面要談的顧客區隔是有關係的，亦即它帶給孩子的是幻想，而給大人的則是鄉愁。人不會因為長大而失去童心，只是這些都在日常生活中被埋沒在心底深處罷了。所以，當他們看到米老鼠、唐老鴨、坐船看到卡里夫海盜的時候，心裡會記起兒時難忘的記憶，重新體驗一次那時候的心情。

2. 市場（顧客）區隔

東京迪士尼樂園所鎖定的主要顧客，並不只是兒童而已，大人也包括在內。它當初的想法就是想建立一個不只是針對兒童，大人也可以遊樂的園地。所以，一個可以禁得起大人細細品味、鑑賞的樂園，就成了最開始的方針。

就實際情形來看，75% 的入場者都是大人（其中女性入場者又比男性多 10%）。所以，東京迪士尼的目標顧客是同時包括小孩與大人的家庭。

3. 服務的提供體系

(1) 設施、技術

東京迪士尼的地形以入口為一頂點呈倒三角形的形狀。從入口進入園內後，會經過一條叫做「world bazaz」的通路，直達位於中心位置的仙履奇緣（Cinderella）城前的廣場，然後從這裡可以分別往 5 個不同主題的遊樂區。入園口的植物以較低、較樸素的配色為主，愈接近入園口，就愈能看見整個樂園的指標象徵仙履奇緣城。這樣的設計是為了讓來此的遊客有一份驚奇的期待。

「world bazaz」大道愈往裡面走，路面會愈狹窄。而且路面有一些讓人不太會發覺的坡度，走起來會感到些微的負荷。兩旁的建築物都是採用底部大、上方小的形狀。一般人不太會注意到這些不同的形狀，但是無形中還是會覺得「有些地方不一樣」。這種感覺就已準備帶領他們進入一個非日常的世界了。

來到了中央的廣場之後，以花壇為中心，四周有入口，可通往各主題樂園區，各區的地面都以不同的顏色代表，而且各區都會種植花木等作為隔籬，遊客無法從這一區看到另外一區的內部。這種讓各區分別獨立的設計，目的是為了讓遊客有變換心情的感覺。

各遊樂場內所使用的木偶都是利用電子控制其聲音與動作。每一尊平均可以有 438 種動作，每秒可進行 24 種動作。機器人與員工所穿著的服裝，共計有 42 萬件之多，每年都編列 37 億日幣的預算在做有關的管理。

其他，在物的要素方面，化妝室的洗手檯上原則上不放置任何鏡子。這樣的設計一

方面是為了促進人潮的流動，另一方面是為了不讓遊客在照鏡子的時候，因看到自己而又回到現實的世界中。

　　另外，在迪士尼樂園的地下，挖有一道可直接從外部進入、全長 600 公尺的地下通路。它的目的是為了不讓遊客看到運送食品、商品到餐廳、商店的卡車往來。此外，迪士尼周邊的多數旅館都與園方訂立契約，規定建築物不能超過某個高度。這樣遊客才不會從園內看到外面的建築物或商家。從這種種物的要素的設計，不難發覺迪士尼樂園想要讓遊客徹底進入非現實的夢幻世界，在此盡情暢遊的用心。

(2) 從業人員

　　與入園遊客接觸的櫃台員工大約在 3,000～5,000 人之間，人數會依季節與星期假日而變動。登記的從業人員（打工者）約有 1.2 萬人。

　　櫃台員工被稱為是「卡司」（角色），園內的工作場是舞台，從業人員是舞台上觀眾所注目的演員。例如，負責掃地的人（Sweeper），他們穿著特殊的服裝，掃地時不彎腰，而以手腕握掃把的獨特動作掃地。因為隨時會有垃圾出現，所以他們要抱著隨地清掃的觀念去工作。掃地的人也是演員之一，他們隨時要想著遊客正在觀看他們（表演）。

　　各個演員應該如何行動、如何接待遊客，其用語、態度、動作等，每一項都有細微的規定。以叢林周遊船的遊樂區為例，遊客在渡口準備搭船的時候，服務人員會腳跨渡口與船身，左手扶著遊客的手肘、右手輕輕按著遊客的背，讓他安全上船。另外，與小孩子說話的時候，服務人員會彎下腰，使自己的視線和孩子平行相接。

　　這些行動方式及態度的訓練，員工須先在迪士尼大學受訓 3 天，然後再接受各部門的 5 天訓練，最後再與先進的人員親自到現場進行 3 天的 OJT。而與其相關的員工職訓手冊據說共計有 200～300 冊之多。

4. 形象

　　迪士尼樂園已經建立起它的形象，遊客一般都相信「只要去迪士尼絕不會讓你期望落空，一定可以體驗愉快的經驗」。雖然它在電視及各大媒體都有做宣傳廣告，但大部分的宣傳還是靠遊客的口耳相傳。迪士尼樂園的形象策略，是一個以基本為主但卻又是最成功的例子。

知識補充站

　　世界上 6 個迪士尼分別為加州迪士尼、奧蘭多迪士尼、巴黎迪士尼、東京迪士尼、香港迪士尼、上海迪士尼，然而，這當中並不是每一家都賺錢。事實上，長期獲得盈利的，就只有東京迪士尼；而巴黎迪士尼和香港迪士尼，則長期盈虧。有不少分析人士認為，迪士尼能長期成功的原因，在於其「快樂的價值傳播」。

5. 理念

　　迪士尼樂園的理念是 SCSE，即安全（Safety）、禮貌（Courtesy）、表演（Show）、效率（Efficiency）四項。

圖 14.7　迪士尼樂園的 SCSE 理念

(1) 安全

　　遊客當中有很多是小孩，因此安全是最重要的課題。他們之所以在雨天也要擦拭戶外的桌椅，原因就是要防範桌椅因潮濕而損壞、腐朽，對遊客造成傷害。儘管如此，每月還是有將近 100 件的事故或火災發生。為了因應這些事態的發生，園內設有三處救護單位，醫生隨時待機救援。

(2) 禮貌

　　他們認為入園者不只是顧客而已，也是來賓，因此非常注重端正、有親和度的禮儀。在服動與打扮方面，園方都有嚴格的規定，員工從髮型開始，都要接受詳細的指導。其基準以自然、高雅、清潔、簡單樸素為主。員工常被要求要以自然的笑容（所謂的 Disney-Smile）去接待遊客。

(3) 表演

　　整個迪士尼樂園就是一個舞台，員工隨時要意識到自己是舞台上的一個演員，遊客隨時在觀看自己，以這樣的態度去工作。換句話說，這裡要賣給顧客的不只是遊樂設備的乘坐而已，還要賣給顧客的是吸引力。

(4) 效率

　　除了要考慮工作（活動）的效率之外，還要考慮遊客的效率，亦即如何使遊客有效率地遊樂。所以為了避免遊客過多而不能玩太多項單元，當遊客過多時，園方會採取入園限制的措施。

比較受歡迎的一些單元，往往會大排長龍。為了使排隊等候的人不會感到不耐煩，在排隊方式上，園方也有特殊的設計。即它不採用直線式的排隊，而是每隔一小段即轉彎的方式。直線的方式會令人覺得毫無變化，但是如果以轉彎的方式前進，遊客每到一個轉彎處，就會有一份成就感出現。而且行列會先在戶外排隊，接著進入有帳蓬之處，一到此處，遊客的心理會覺得馬上就可以進入建築物中了。這些都是為了製造變化感而做的設計。

從以上的說明，我們不難理解迪士尼樂園提供服務的體系是如何經過精心設計的。而且，它的服務管理體系是各要素彼此之間緊密結合，朝著一個共同目標努力，提供遊客充實的遊樂體驗。

從外部來分析，迪士尼樂園的體系可說已經相當完美。但是，迪士尼樂園本身卻認為：「迪士尼樂園永遠還在追求更完美」，這也是他們創建以來一直秉持的理念。換句話說，他們一直秉持的態度是：「不斷努力追求提供更完善的休閒服務給顧客」。即追求卓越的價值體系在迪士尼樂園已根深蒂固，並已成為他們設計的基本方針。這也是迪士尼樂園可以成為舉世聞名主題樂園的最大原因之一。

像主題樂園這類以設備為主的服務業，它的事業特徵是必須不斷去增設新的設施，才能確保顧客的長期愛護。當然東京迪士尼樂園也不例外，但是只靠擴大並不一定就能防止遊客的厭倦，而且也不可能無限制地一直擴大下去，所以必須還要從別的方面著手才行。就行銷的觀點來想，讓顧客參與的方式應該是個可行的方向。所以，如何設計一些可讓顧客參與，藉由參與而在某方面獲得成長的娛樂單元，將是專業迪士尼樂園未來的課題之一。

知識補充站

迪士尼樂園的概念是從華特‧迪士尼帶著兩名女兒造訪洛杉磯的格里斐斯公園後開始誕生，當他看著女兒們搭乘旋轉木馬時，迪士尼有了興建一個地方讓大人和他們的小孩都能同樂的構想。

全球第一座的迪士尼樂園，位於美國加州洛杉磯的元祖迪士尼樂園。建成於 1955 年 7 月 17 日，1971 年，耗時十年的另外一座美國佛羅里達州迪士尼建成；另外，其他冠有「迪士尼樂園」之名的迪士尼主題樂園還有：1983 年建成的東京迪士尼樂園，1992 年建成的巴黎迪士尼樂園，2005 年 9 月 12 日開幕的香港迪士尼樂園。

第15章
服務的利益鏈

　　從最近出版的經營方面的雜誌及書籍，我們常可看到類似顧客價值、顧客的忠誠度（customer loyalty）、**顧客滿意（CS）**、**員工滿意（ES）**、關係行銷等一類的用語。這些都是著眼於顧客與企業、或員工與企業之間的一些心理層面問題的經營用語。從這些新的用語當中，我們可以看出在經營活動中，哪些要素可以增進顧客及員工的滿意度？而且它們與企業的經營效果和效率，又有什麼樣的關係？也就是說，這些新的用語正在提示著我們一些過去所未曾有過的，新的問題意識。

　　不管是個人也好、法人也好，現在的消費者比以往更重視方便性，而且需求也愈來愈細微、複雜。這使得企業的服務商品或其生產體制，也不得不走向複雜化，以因應顧客的要求。在這樣的背景之下，企業不能再視消費者是一個群體，而要把他當個人來看，只有深入從心理層面去分析顧客的需求及滿足，才是正確的方向。因此，企業未來要開發的服務商品及建立的服務體制，除了必須以顧客的需求及心理構造的變化為前提，還要考慮到如何提升效果性與效率性才行。

　　本章所提出的主題是「服務的利益鏈」，我們將以顧客、員工及服務商品三者為焦點，探討這些要素要如何組合、形成什麼樣的關係，才能幫助企業獲利與成長。本章將介紹**服務利益鏈**（Service profit chain, SPC）的概要，並針對它的各項構成要素進行檢討。

15.1 服務利益鏈的全貌

服務利益鏈（Service Profit Chain, SPC）是由以**海斯凱德**（Herskett）、**薩沙**（Sassar）等人爲中心附屬於哈佛大學經營研究所的服務研究小組所整理出來的研究結果。圖 15.1 是它的整體流程，不過它的主張要比圖示的內容簡單一些。

整體可大致分爲二大部分，一是提供服務給顧客的「服務提供體制」部分，另外一部分是服務的消費者（顧客）後續可能會採取的行動。也可以稱之爲服務組織的內部活動與顧客在外部市場（與組織相對應）的行動。

對顧客而言，將服務組織的內部和外部連結在一起的是「服務的價值」。由內部活動所產生出來的高服務價值，可以連帶提高「顧客的滿足」，高度的顧客滿意則可以喚起「顧客的忠誠」。顧客的忠誠會促使顧客的反覆購買行動，而這些最後將爲企業帶來「銷售的成長」及「利潤」。

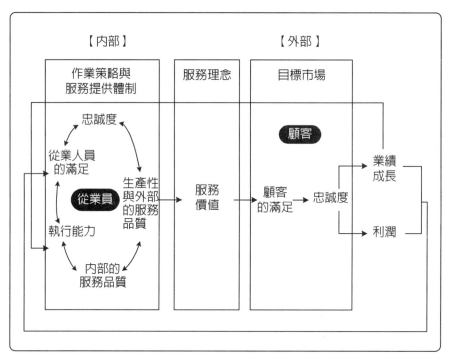

圖 15.1　服務的利益鏈

出處：Heskett, Sassar & Schlesinger The Service Profit Chain, 1997, The Free Press, p.19

　　另一方面，對顧客而言的服務價值是在服務的提供過程中，顧客與員工的接觸中產生的。而左右員工行動的是來自於「員工的滿足」之後的「員工的忠誠心與生產力」。員工的滿足，一方面會受到「內部服務品質」的影響（良好的內部服務品質，會使員工對工作產生成就感，並覺得做起來很順心），另一方面則會受到顧客反應的影響，亦即顧客在消費服務之後，會將他們感受到的價值與滿足，反映給提供者。

　　SPC 所主張的就是這樣的論點，即服務人員的滿足感與對企業的忠誠心，可以提高服務的價值。而這些將連帶使顧客產生滿足感與忠誠心，最後企業的收益也會因此提高。SPC 所強調的是一種因果關係鏈，亦即前面的各項要因，都會成為後繼要因的原因變數。海斯凱德們利用很多實際的企業例子去證明「各項先行的變數會影響後來的變數」的理論。現在我們就依照 SPC 的流程，逐一來探討 SPC 的各項要素及各項要素之間的關係。

知識補充站

　　服務利益鏈（SPC）整體可大致分為二大部分，一是提供服務給顧客的服務提供體制部分，另外一部分是服務的消費者（顧客）後續可能會採取的行動，也可以稱之為服務組織的內部活動與顧客在外部市場（與組織相對應）的行動。

　　對顧客而言的服務價值是在服務的提供過程中，顧客與員工的接觸中產生的。而左右員工行動的是來自於「員工的滿意」之後的「員工的忠誠心與生產力」。

15.2 「顧客滿意、忠誠度與收益」的關係(1)

我們首先來檢討一下圖 15.1 的右半部的關係。

1. 企業的獲利主要來自老顧客

在以前大量生產與大量銷售的時代，只要有人要買商品就可以了，沒有人會去管消費者是新顧客或是老顧客，反正總銷售額愈大就愈好。但是，現在時代不一樣了，企業不再像以往那麼容易獲利，所以，觀念也不能再和以前一樣了。

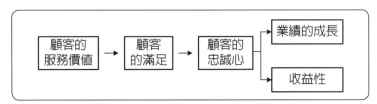

圖 15.2　外部服務的利益鏈

哈佛研究小組裡的**萊克海德**（Likeheld）與**薩沙**（Sassar）等人，曾經藉由調查證明一件事實，那就是第一次購買的新顧客，和多次重覆消費的老顧客，兩者的一次消費為企業所帶來的獲利率是完全不同的。以信用卡為例，會員在加入的當年雖然要繳會費給發卡公司，但是對發卡公司而言，它花在該顧客身上的費用，卻超出它的收入。發行一張卡片，必須先整理好申請者的資料，向申請者說明使用的程序，還要有專人回答使用者的各項疑問，所以如果連廣告宣傳費用都計算在內的話，根本就是虧損的。但是，第 2 年之後的費用會比第 1 年大幅下降，利潤開始產生。經過 3、4 年之後，利潤才是急速上升。因此，如果加入者第 1 年就停止使用該卡，對發卡公司而言，只是白白付出費用而已，根本沒有機會獲利。如果客戶只是加入會員，第 2 年之後就不再使用該申請卡，那麼信用卡公司也不必經營了。

讓顧客持續成為企業的顧客，購買自己公司的產品，則該顧客購買商品的比例，我們稱為「顧客維持率」。萊克海德（Likeheld）等人，針對許多企業做過調查，結果發現以顧客維持率提高 5% 時的獲利進行比較時，企業的實際獲利會因此提高 25～85% 之多（因企業的種類而異）。

企業現在必須改變這樣的觀念，他們必須去了解老顧客會比新顧客為企業帶來更高的利益，同時徹底地改變企業對顧客的行銷方向。企業應該努力的方向，不是利用媒體廣告等，廣泛地去網羅也許只有一次購買可能的顧客。他們應該轉換一下觀念，把努力的方向放在如何使第一次來購買的顧客，下次願意再來，成為自己的老顧客。從重視這些老顧客去提高顧客的維持率。換句話說，現在的服務業必須從下述兩方面去努力，即：

(1) 設法使第一次的顧客成為常客。

(2) 重視自己的老顧客，以提高顧客維持率。

　　首先，必須讓第一次來購買的客人感到滿意，讓他有下次還想再來買的感覺。但是，想要達到這樣的結果，必須設法提高顧客價值，因為有高的顧客價值，才有高的顧客滿意度。第二，企業必須持續努力維持與常客之間的關係。即提高顧客的忠誠，利用與顧客之間的情誼展開行銷。

2. 提高顧客的忠誠度

　　顧客的忠誠度是促使顧客再次購買的基礎，但是它指的究竟是什麼呢？

　　葛雷慕拉（Gremler）與布朗（Brown）從行動、態度與認知三方面，對服務裡的忠誠度做了如下的定義：

　　「對服務的忠誠度來說，指的是顧客會反覆去購買某個特定服務提供者的商品，對該提供者表示友好的態度，必要時，優先考慮向該提供者購買的行動程度而言。」

　　舉個例子來說，當某個人想吃壽司的時候，他總是會想到去一家假設叫做「天鮨」的店，心裡總是想著「那家壽司店真棒！」，而事實上也經常到那家店去光顧。像這種情形，我們就說這個人對「天鮨」的忠誠度非常高。所謂顧客忠誠度，指的就是顧客對某個特定商品或企業，有上述三方面的「行動傾向」而言。

知識補充站

　　簡單來說，「創造價值」即是提升「顧客價值」或是創造「顧客願意付錢的價值」。換言之，唯有使用者、顧客或消費者願意掏出口袋中的錢，來購買你所提供的產品或服務，價值方才存在。做好以下事項，能有效提升「顧客價值」：

1. 確保產品之穩定性：雖然說提高技術門檻有助於領先競爭對手的產品，但若是未臻完善的新技術，有時反而會讓產品變得不穩定，產品經理需要思考的是：顧客因產品不穩定所獲得的不美好使用經驗的傳播力量，將遠遠大於產品本身的售價。
2. 強化產品的延展性：產品趨於穩定其實還不夠，因為顧客總會期待「下一代的產品會比現在好」，對產品經理來說，必須讓你的產品有機會延伸，才有機會持續滿足顧客的需求，為其創造更多價值。
3. 促進業務的貢獻性：身為產品經理，你的責任則是盡可能的支援業務的需求。但很多時候，產品經理是不需要透過新增功能來換取更多的業績，只要做好「顧客開發」。
4. 專注使用者經驗：對產品經理來說，與其花時間想要增加哪些新功能，倒不如從「使用者經驗」找線索，有可能移除掉的功能會帶來更多的價值。「使用者經驗」就是從顧客或使用者端蒐集資訊之後再進行設計，並不斷獲得反饋來進行修正。更直白來說，「使用者經驗」就是有關於消費者與科技之間的關係。
5. 分享產品開發經驗：對產品經理來說，公司可能同時有多組新產品開發團隊在進行不同的新產品專案，這也代表團隊的技術成員當中有不同的背景，如果能夠適時的讓開發人員有機會跨團隊合作，不僅可以讓成員之間有更多的同理心及相互學習的機會，對公司來說，更能擁有更多獨當一面的人才，也就能幫顧客創造更多的價值。

(1) 顧客忠誠度的三個先行要因

現在要談的是如何才能提高顧客的忠誠度呢？**葛雷慕拉**與**布朗**認為服務的忠誠度有三個先行的要因（前提條件）。

第一個先行的要因是顧客的滿足。在 SPC 中，顧客價值是顧客滿意的前提條件。前面已經討論過，顧客價值是由顧客「獲得的東西」與「付出的東西」（價格等）兩者的對比來決定。「獲得的東西」，指的是服務的結果與過程的品質（以壽司店的例子來說，指的是食物美味、用餐愉快而言）。提供高品質的服務→提高顧客價值→使顧客感到滿意，是讓顧客產生忠誠心的必要流程。

第二個先行的要因是「**變換成本（switching cost）**」。所謂變換成本，指的是變換服務提供者時的所需成本（費用）。這些費用除了金錢之外，還有更大的心理上的、肉體上的成本。

例如，我們因某些原因而無法再利用原先常去的理髮店時，會怎麼辦呢？這時我們可能會想到某些以前沒去過的鄰近理髮院。然後親自前往這些店，從外觀去觀察內部的裝潢、設備及有多少服務人員。並有意無意地向附近的人打聽這些店的好壞，從中決定一家，踏進該店後，仍會對負責自己的理髮師做一番觀察和判斷。然後坐上理髮的椅子，一邊回答問題一邊向理髮師傳達自己的喜愛髮式。若是以前常去的理髮店，可能坐上椅子就會放輕鬆地閉目休息，但是這次因為換了新店，可能會仔細觀察理髮師的工作，擔心出什麼差錯。理完髮後會照照鏡子，看理得好不好，然後照著對方說的金額付費。如果理髮師的功夫和工作態度以及收費都令人滿意的話，客人就會決定下次再上門。因變換理髮店而必須採取的這些探索行動，告訴理髮師自己的喜好時所費的工夫，以及心理上的不安等，都是屬於這裡所說的「變換成本」。如果是以前常去的理髮店的話，進去只要安靜坐下就行，不必一項一項去告知自己的希望，頂多和熟悉的髮師閒聊一些家常即可，而且也知道收費是多少。

一般人都會想要避免付出這一類的變換成本，所以，他們會儘量想辦法不要去變更過去已經往來習慣的服務業者。這種不想因變換服務業者而付出變換成本的消極動機，往往是維持顧客忠誠度的一大原因。

顧客忠誠度的第三項先行要因是人際關係的維繫。如果持續利用某個特定的服務業者，自然會和該服務負責人員成為朋友進而衍生人際關係。而在彼此理解之後，通常會對對方產生友好的感覺。建立新的人際關係雖然需要花一些精神，但是人際關係一旦建立起來了，它本身就是一個很大的吸引力量（例如，到「天鮨」去，和那邊的老闆天南地北地聊天，也是一種享受）。因此，人際關係常常是維繫顧客忠誠心的重要基礎。

這三項要因的影響程度，會因服務商品的種類及顧客的個別狀況而異。人際關係的要素，對於與顧客接觸較少的遠距服務（Remote service）來說，重要性就沒有那麼高了。可以預想當顧客價值愈大時，變換成本也會相對增大，所以，提高顧客價值是鞏固顧客忠誠心的方法之一。同時，提高顧客價值也會同時提高顧客的滿意度。

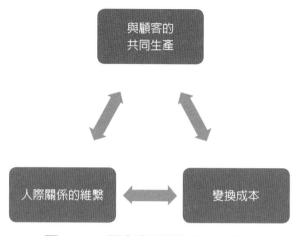

圖 15.3　顧客忠誠度的先行要因

 小博士解說

　　彼得‧杜拉克（Peter F. Drucker）說，企業的真正目的是創造並留住顧客。大多數企業主管都懂這個道理，但很少主管的行為反映出這個道理。他們持續承受盈餘壓力，因此常會覺得自己被逼入絕境，不得不迅速產生獲利，手法包括降低產品的品質、服務縮水、收取各種繁雜的費用，以及其他虧待顧客的手法。這種短期主義會消磨掉顧客忠誠度，降低顧客為公司創造的價值。

　　從企業的角度來說，顧客價值指的是顧客能夠對企業做出多少貢獻。

　　從顧客的角度來說，顧客價值指的是企業所提供的產品與服務，能夠為顧客創造多少價值。

　　我們很容易把企業的短期主義怪罪於股東壓力，以及對季度財務報表的偏重。但是，主管如果不能教育投資人理解企業所創造的顧客價值，或是選擇迅速創造獲利，而不是投資於長期顧客忠誠度，那麼主管也難辭其咎。

　　創造顧客價值經證實是一有效的方式，可帶來有獲利的成長，經營者如果忽視這一點，就是有虧職守。董事會和股東應該要求公司提高顧客價值，支持必要的投資，並推動新的會計準則，讓這些投資的報酬變得具體可見。所有的利害關係人都能受惠：顧客能體驗到讓他們的生活更輕鬆、更豐富、更有樂趣的產品和服務；員工能享受到因改善顧客生活而帶來的好處；管理團隊和投資人能看到獲利和股東價值提高；社會能享有由創新和投資所促進的經濟成長；有了透明度和可靠的資訊揭露，投資人和管理團隊就可破除短期主義，經營事業以追求永續價值。

(2) 為何顧客的忠誠心很重要？

顧客的忠誠心為什麼對企業很重要？理由已在前面關於顧客的重覆購買的重要性之處已經說過，但除此之外，**拉夫羅克**（Lovelock）認為還包括下列 5 個理由：

①獲得新顧客需要花經費。

②對同一服務業的消費，剛開始雖然增加得很慢，但隨著時間的經過，利用的次數會有逐漸增加的傾向。

③顧客的多次利用，服務業者花在顧客身上每次利用的作業費用會下降。

④顧客付手續費給自己使用習慣的服務業者時，心理比較不會有排斥感。

⑤可以期待顧客的口頭宣傳。

除了上述這幾項之外，**海斯凱德**（Heskett）還外加了一項「連帶銷售」，來說明顧客忠誠心的重要性。他認為：「將新產品或新服務推銷給既有的客戶，會比推銷給新客戶少花很多成本。理由很簡單，由於企業與客戶彼此之間早已相識，所以既不需要引進的程序，也不需要確認信用狀況，同時可以省下很多時間」。就顧客方面來說，他們不一定只會向自己信任的店購買固定的商品，有時也會連帶購買一些其他的相關產品。

知識補充站

顧客轉換成本是指當顧客從一個產品或服務的供應商轉向另一個供應商時所產生的一次性成本。

大多學者都認同了顧客轉換成本的存在，但就其類別，即表現形式，不同學者有著不同的認識。在有關顧客轉換成本類別的研究中，以行銷學者伯罕姆（Burnham）等人的劃分最具代表性，其在文獻的回顧以及群眾訪談的基礎上，實證測量了顧客轉換成本的類別，最終將轉換成本分為三大類別：程序性轉換成本、財務性轉換成本、關係性轉換成本。

顧客轉換成本與競爭策略關係的研究從行業競爭的角度論證了顧客轉換成本的重要性，但是有關顧客轉換成本的測量及自身重要性的研究甚少，因為經濟學家很難觀察到顧客轉換成本的大小。顧客轉換成本在某種程度上是因顧客而異的，反映了顧客在轉換時所需的人力資本，它可看做一種效用損失，不能通過數據直接計算而得。而且顧客轉換成本的重要與否取決於特定的環境、行業、產品類型及時間區間，因此這類涉及個人轉換的微觀層面數據不易獲取。導致了有關顧客轉換成本的測量研究不多。

目前顧客轉換成本在行銷領域有了進一步研究，討論的問題除了顧客轉換成本與顧客行為的關係之外，還逐漸開始研究顧客轉換成本的影響因素，研究趨勢表明，只有瞭解這些因素才能更好地管理顧客轉換成本，以便企業採取相應的管理策略。

高的顧客價值可以提升顧客的忠誠度，最後使企業獲得更高的利潤。以下我們就來看幾個實際的例子。一是前面舉例過的西南航空，另外一家是以銷售汽車與住宅的災害保險為主的 USAA。

西南航空提供給顧客的價值包括收費低廉、航班多、服務人員親切等。在這幾個項目上，它經營得很出色，其他航空公司幾乎無法依樣畫葫蘆。根據 1995 年美國聯邦航空局的資料顯示，在美國所有國內線的航空公司當中，西南航空的起飛、降落是最準時的，而且每一千位乘客當中發出抱怨者的比例也是最低的。另外，旅客的行李遺失率，它也是保持最低記錄者。從以上幾點來看，西南航空提供了它的顧客（其目標顧客是高頻率、短距離的國內航線利用者，以商務人士居多）非常高的顧客價值。值得一提的是，該公司的稅後盈餘，比任何一家大航空公司都高。

 小博士解說

USAA 原本是由美國陸軍將校團體所設立，以軍隊的將校為對象的災害保險公司。一般汽車保險公司的做法都是當事故發生時，保險人自行與保險代理公司連絡，將車子送到修理工廠，請車廠提出修理的估價單，然後憑單向保險公司申請理賠，申請通過後再將車送去修理，並於修復後自行去取車。

但是，USAA 的情形是只要保險人打一通電話給德州的總部，保險公司就會替保險人代辦上述一切事宜。總部會介紹一名住在被保人附近的服務員給被保人，舉凡車子送修期間的代用車的安排、送車到修理廠、支付修理費等，都由此服務員代行辦理。如果無法分配服務員代勞時，公司也不會要求確認事故的內容，它會依照一定的程序寄定額的支票給被保人。對汽車保險人而言，這樣的制度可說非常的理想。USAA 的特徵之一是它將自己的目標顧客限定在美國陸軍將校及其家庭上。因為這是一個身份明確、值得信任的顧客群，所以它只靠直接的信件、電話與顧客的口頭宣傳作為行銷的方法。由於軍人會定期調動服務地點，所以無論身在何處，只要一通電話就能處理的作法，對他們來說是很大的優點。這家公司的保費是同業當中最低廉的，但是它卻是全美第 5 大的保險公司和最獲利的公司之一。

15.3 「顧客滿意、忠誠度與收益」的關係(2)

3. 顧客滿意

直到幾年前為止，顧客滿意（CS）在產業界蔚為一種風潮，許多大企業裡都設置了負責 CS 的部門。在大眾行銷困頓難行之際，美國日漸普及的 CS 經營，似乎也延燒到了國內。但是，至今為止好像還沒有聽到這方面有經營成功的例子。

國內的 CS 經營之所以失敗，原因有好幾個，其中最主要的原因有二項，第一是企業只是把顧客的滿意當作一個理念看待，但是卻未能具體了解顧客滿意與不滿意的是哪些事情。第二，儘管有的企業也針對 CS 進行過調查，但是卻未能建立可將調查的結果活用於工作改善的體制。因此，CS 活動無法有助於整個組織的改革，所謂 CS 活動，充其量只是加強櫃台人員待客上的禮貌，或是一些枝節性的服務改善罷了。

(1) 顧客滿意的本質是什麼？

首先我們要問的是何謂**顧客滿意**（customer satisfaction, CS）？所謂滿足感指的是，「由個人對某種狀態的主觀評價所產生的一種積極的感情反應」。這些反應會以「愉快」、「欣喜」、「驚喜」（中彩券等）等的情緒方式顯現出來。在這個定義中，有一點要特別注意的是，「所謂滿足感，指的是一種主觀的評價結果」。由此可見，它與飢餓、口渴獲得舒解的生理上的充足感是有所區別的。充足感雖然常是滿足感的原因、條件，但是在充足的過程中，還要有意識或無意識地加入主觀的評價（例如今天的晚餐真好吃），才能成為滿足感。

因此，我們也可以說顧客滿意，指的是顧客對他們的購買活動給予評價時，在感情上所獲得的報酬。例如他們會說「今天買到了好東西」或「買到找了好久的書真好」！對企業而言，顧客滿意之所以重要，第一，它是購買行動的情感顯現，對顧客而言，它可以轉化成一種吸引力。第二，它會再度影響下次的購買行動。

(2) 對顧客滿意度的錯誤解釋

顧客的滿足感，是由購買之前的期待（有意識或無意識）與實際體驗的相互對照後決定的。例如，餐廳常會對顧客做這樣的調查：「您是否滿意今天在本店的用餐？」，問題多半不會問到顧客的事前期待。但是，回答這個問題的顧客會無意識地就過去經驗所獲得的事前期待，拿來和這次的實際經驗做比較。如果實際的用餐內容，比原先的期待還要好，這個顧客將因此大感滿足。如果相較結果差不多，他會在調查表上勾選「還算滿意」或是「沒有特別滿意或不滿意」。如果低於預期，答案就會變成「不滿意」。

就顧客的滿意經驗會帶動下一次的購買行動來說，過去許多企業對滿足感的解讀出現很大的誤解。大部分的 CS 調查，都將滿足感分為 5 等級或 7 等級，例如非常滿意（5）、滿意（4）、普通（3）、不滿意（2）、非常不滿意（1）等。如果某個公司的綜合滿意度被評分為平均 4.0，此企業的經營者會因此鬆一口氣，對此結果感到很滿意。但是，這樣的評價是不是真的就是很好的評價，顧客是否因此會繼續購買這個企業的產品呢？

全錄公司自 1980 年代中期起，即持續實施大規模的 CS 調查，每個月發出的調查問卷共計有 4 萬張之多。當初他們曾集合整個公司的努力，發起一項運動，希望能百分之百地獲得 5 等級評價中的 4 與 5 的評分。其中有個年輕的幹部，曾針對給 4 分與給 5 分的兩個顧客群，進行過分析比較。結果發現給 5 分的顧客，他們重覆購買全錄產品的比率，是給 4 分的顧客群的 6 倍。「非常滿意（5）」與「滿意（4）」的差別，不只是在於滿意度高低的不同而已，從質的方面來看，兩者是完全不同的反應。為什麼會有這樣的情形出現呢？簡單地說，當一個人在消費某個物品或服務時，如果他沒有察覺特別的問題，通常會回答「普通（3）」或「滿意（4）」。顧客一方面不願對自己長期往來的企業顯露自己的不愉快，但另一方面又覺得好像沒有滿意到可以給 5 分的程度，因此，4 分往往是最方便的選擇。因此，如果顧客給的評分只是「滿意」的話，企業期待顧客的行動是不會發生的。

(3) 期待的構造

這裡我們要從顧客對服務的期待（已於第 10 章中說明過）來說明顧客的評價。**柴塔姆魯**（Zeithaml）等人認為，顧客的期待可分為以下的構造形式。

「希望的水準」，指的是顧客「希望服務是 ×× 的樣子」，這其中夾雜著兩種心情。一種是「**它應該是這樣**（should be）」，另一種是「**它應該可以這樣**（can be）」。至於「理想的水準」，它的層次還要在「希望的水準」之上，就定義來說的話，表示已經沒有比這還好的水準。所以，如果把它拿來當作實際的使用基準，可能有點困難。

以顧客「希望的水準」或是比此更高的水準，去提供實際的服務的話，顧客會得到很高的滿意度。相對的，「可忍受的最低水準」，指的是顧客所能接受的最低限度的水準，如果低於此水準，顧客會因此感到不滿。

至於「希望的水準」與「可忍受的最低水準」之間的地帶，我們稱之為顧客的「可接受範圍」。實際的服務若是落在這個範圍的話，顧客通常不會特別去注意到這個服務的水準。這個範圍內的服務內容，給顧客的感覺是「馬馬虎虎」，既沒有特別好，也沒有特別差。但是，一旦水準落到這個範圍之下的話，顧客就會注意到服務的品質水準，開始會感受到滿意或不滿意。

知識補充站

對於顧客的滿意度調查，企業經營者特別要提出來檢討的是給評分 5 和 1 的顧客群，因為這兩個顧客群對企業的收益影響最大，因此對此兩群顧客更不能等閒視之、馬馬虎虎對待。

　　另外，位於顧客期待上限的「希望的水準」，一般都會呈現安定的狀況，但是下限的「可忍受的最低水準」則不然，它會因服務的種類、特徵以及顧客的狀況、特性等因素，出現時上時下的情形。舉個例子來說，對於等候的時間，趕時間的客人會比較沒耐性，所以「可忍受的最低水準」就會呈現上升。對於高價位的服務商品，期待的上限通常不會再變得太高，但是下限則會上升，使得「可接受的範圍」變得愈小。另外，對顧客而言，較重要的服務（例如接待客人的方式），其上限與下限之間的區域帶通常會縮小。

(4) 顧客的滿意度與顧客的忠誠度

　　提高顧客忠誠度的前提條件是要先提高顧客的滿意度，所以顧客忠誠度的主要先行要因是滿足感。但是，要注意的是高的顧客滿意度，未必一直可以維持高的顧客忠誠度，以及保證顧客會再次來購買。例如當變換成本低時，顧客會因其他企業的大幅削價競爭而受其影響。再者，如海斯凱德等所強調的，滿足感與忠誠度的關係還會因服務的種類而改變。以台電的電力為例來說，由於沒有其他企業的競爭，所以消費者不管滿意或不滿意，都得與特定的企業交易。而且，就算對該服務有所不滿，也無法馬上到附近的超市或便利商店買到替代物。所以，顧客的滿意度是否有助於鞏固顧客的忠誠心，是否能使顧客將之化為實際的購買行動，還是要受到很多因素的影響，例如商品的特徵、顧客是不是可有很多選擇的機會以及商品的價格、便利性等。

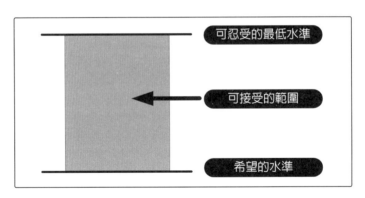

圖 15.4　期待的構造

　　但是，我們不能因此就認為顧客的滿意度沒有那麼重要了。顧客還是會根據他過去的滿意度經驗，配合考慮其他的因素，再決定向誰購買。提供可以為顧客帶來高滿意度的服務商品給顧客，乃服務管理責無旁貸之基本。

(5) 善加活用顧客的滿意度資訊

　　若想將顧客滿意度的調查結果活用於經營活動上，此處有二個可以考慮的方向。第一個方法是努力設法將 5 等級評價中給 4 分的顧客群，推升到 5 分的等級。以顧客區隔為前提的廣義**關係行銷**（Relationship Marketing），有助於達到這個目標。反映百

貨公司年間購買額的**會員卡**（house card）的折扣設定等，雖然做法還不夠周全，但也不失爲方法之一。

第二個方法是設法處理給 1 分及 2 分的顧客群。特別是給 1 分的顧客群，他們不只是對服務感到不滿而已，甚至還會散播負面的宣傳，使企業蒙受損害。海斯凱德等稱此顧客群爲「恐怖份子」（Terrorist），現代的恐怖份子可以透過網路，瞬間就將自己的不滿散播給幾千個潛在顧客。因此妥善的抱怨處理，今後將愈來愈是一個重要的課題。因此，顧客滿意度經營的基本方針，首先要設法提升整個服務的品質，接著是設法把 1 分、2 分的顧客群的滿意度提高。

(6) 提高顧客滿意度

想要提高顧客滿意度，其前提條件是要努力提高服務品質。也就是要設法將實際與顧客期待之間的差距弭平，並進一步提供高出顧客期待的服務。在第 10 章中我們曾說明過，顧客的滿意度會受到顧客個人的特性及當時的情況等因素的影響，而這些要素多半是企業無法直接控制的。另外要說的是，顧客的滿足感是短期的，是一種感情的反應。所以，企業實際要面對解決的課題，並不完全是顧客的滿意度，而是顧客更理性、更長期的判斷，因此，重點還是在於如何提升服務品質上。

至於如何掌握顧客對服務品質的評價，第 10 章中提到的「SERVQUAL」是一個可行的調查方法。但是這種方法必須就顧客的期待與實績兩方面進行調查，所以難度有一點高。就資訊量來說，服務品質方面的調查比較容易獲得較多的資訊，但是只要縮小調查對象的範圍，針對某個項目深入去調查，還是可以從顧客的滿意度調查當中知道顧客的反應。不管用的是哪一種方法，重要的是要能掌握顧客的直接反應，並從中摸索到有助於填平現實與期待之間差距的門路。

知識補充站

SERVQUAL 英文為「Service Quality」（服務品質）的縮寫，首次出現在由 Parasuraman、Zeithaml、Berry 等三位作者合寫的一篇題目為〈SERVQUAL：一個顧客感知的服務品質多題測量量表的方法〉文章中。SERVQUAL 理論是依據全面品質管制（Total Quality Management, TQM）理論在服務行業中提出的一種新的服務品質評價體系，其理論核心是「服務品質差距模型」。服務品質量表包含五個維度，共 22 條目。條列如下。

服務品質量表的題目分成五項：

一、有形性（1～3），二、可靠性（4～9），三、回應性（10～13），四、保證性（14～17），五、同理性（18～22）。

1. 有現代化的服務設施。
2. 服務設施具有吸引力。
3. 員工有整潔的服裝和外套。
4. 公司設施與他們所提供的服務相匹配。
5. 公司向顧客承諾的事情能及時地完成。
6. 顧客遇到困難時，能表現出關心並提供幫助。
7. 公司是可靠的。
8. 能準確地提供所承諾的服務。
9. 正確記錄相關的服務。
10. 告訴顧客提供服務的準確時間。
11. 期望他們提供及時地服務是不現實的。
12. 員工並不總是願意幫助顧客。
13. 員工因為太忙以至於無法立即提供服務，滿足顧客需求。
14. 員工是值得信賴的。
15. 在從事交易時顧客會感到放心。
16. 員工是有禮貌的。
17. 員工可以從公司得到適當的支援，以提供更好的服務。
18. 公司不會針對不同的顧客提供個別的服務。
19. 員工不會給予顧客個別的關懷。
20. 不能期望員工瞭解顧客的需求。
21. 公司沒有優先考慮顧客的利益。
22. 公司提供的服務時間不能符合所有顧客的需求。

Note

15.4 「工作—員工滿意—顧客滿意」三者之間的關係(1)

　　前面談到的是服務利益鏈的一半，剩下的另一半，其焦點在於服務組織的內部流程上。簡要的說其流程如下：藉由工作的內容與環境提升員工的滿意，再藉由提升顧客價值，提高顧客的滿意。

1. 員工的滿意（ES）

　　想要實現高顧客滿意度，首先必須提供高品質的服務。接著再配合價格、地點設法降低顧客的購買成本等，有助於提高顧客價值的經營策略，這樣才能創造高的「顧客服務價值」。唯有高的顧客服務價值，才能讓顧客感到滿意。

(1) 員工的忠誠心與生產力

　　接著要談的是需要具備什麼樣的條件，才能生產高品質的服務？從圖 15.5 中可以看出，在 SPC 中，「員工的滿意」可以衍生出員工的高度忠誠心與生產力，而這又是生產高品質服務的主要因素。

　　有經驗的資深員工，與顧客接洽的能力，會比資淺的員工高，這是一般人都知道的常識。另外，很多服務由於都是透過面對面提供的，因此「人際關係」便成了構成顧客忠誠心的重要要素，其功能不容忽視。在美國服務方面的工作通常會雇用很多兼職人員和工讀生，而且員工的退職率一般都不低。如果員工的能力對服務品質有重大影響的話，那麼企業的重要課題就是如何降低退職率，以及如何設法保有更多經驗豐富的職員。

　　汽車銷售業和保險等業種，服務人員比較容易和顧客建立個人的情誼。所以，從許多企業的調查當中，我們可以發現這一類的服務業常會因負責人員的離職或退職，使得顧客的滿意度下降，銷售額也連帶受影響。像西南航空這種服務業中的模範生，他們非常重視自己的員工，所以他們的員工離職率遠較其他同業低得很多（該公司的員工離職率約 5%），這也是他們常引以自豪的地方。

　　接著要談的是「從業員的生產力」，員工必須對自己的工作有很高的工作動機（士氣），才能產生很高的生產力。高生產力不但能為企業帶來利益，像西南航空一樣，甚至可以因此降低服務的價格，創造更高的顧客價值。西南航空公司每一位職員的平均接洽顧客人數，大約是其他大公司職員的兩倍。另外，該公司飛行機師的使用率方面，每位每月的平均飛行時數是 70 小時，比起其他公司每月平均 40 小時的飛行，約多了 40% 左右。

　　生產力與外部服務品質的高低，都來自於從業員對企業的高度忠誠心和工作動機。而提高從業員忠誠心與工作動機的最大因素，則在於「員工的滿意」。

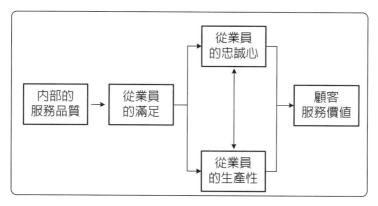

圖 15.5　內部的服務利益鏈

(2) 員工滿意與顧客滿意

關於員工的滿意可以激發出高度的工作動機這項假設，在產業心理學的領域裡，也有人持否定的見解。但是，不可否認的是大部分具有高工作動機的員工，他們對職務的滿足感也很高。換句話說，滿足感本身是一個結果，重要的是職場的內部是不是已具備齊全了足以激發員工高度工作動機與忠誠心的各項條件。所以，要看一個企業是否備齊了這些條件，員工的滿足是一項非常重要的判斷指標。

那麼，員工的滿足感主要來自何處呢？根據 SPC 的主張，第一是員工提供服務給顧客之後，從顧客那裡所獲得的回饋（「顧客的服務價值」、「顧客滿意」及「顧客的忠誠度」等服務之結果）。第二是「內部的服務品質」，這是屬於職場的條件，亦即員工在執行其工作時的容易度。

關於從業員的滿意與服務品質的關係，許多研究者都有同樣的主張。即在工作上未能獲得滿足的從業員，他們同樣也無法提供高品質的服務給別人。這道理好像是「自己的杯子裡如果沒有裝滿足夠的水，他就無法將水分給別人飲用」。相反的，研究者也同時指出，員工因提供良好的服務，使顧客獲得滿意時，他自己也會對自己的工作

知識補充站

在當今市場經濟條件下，企業家都懂一個道理「得人者得天下，失人者失天下」。激烈殘酷的市場競爭中，企業之間的競爭歸根結底就是人才的競爭，企業的優勢在於人才，人才作用的發揮在於其忠誠度的高低！

另外，有前景的產業、良好的工作環境、和諧的人際關係、幸福的家庭生活以及有興趣的工作對員工忠誠度提高也有不同程度的影響。

感到滿足。另外，員工對自己的業務的自信程度，往往要看顧客持續回饋給他們多少滿意的反應（資訊）而定。

　　海斯凱德等人根據他們對許多企業的調查資料，他們稱顧客滿意與員工滿意之間的關係為「滿足的反射鏡」。即高度的顧客滿意可為員工的滿意帶來鏡子的效果，然後這面鏡子會再反射回去，使顧客的滿意度又為之提高。

知識補充站

　　隨著電子商務網站不斷發展壯大，傳統零售商面臨著巨大的挑戰，他們必須要吸引客戶從電腦、手機轉移到商店消費。而傳統零售商店擁有的關鍵優勢，就是銷售人員與消費者之間的互動關係，容易使商店贏得忠誠客戶。

　　當一個客戶走進商店，銷售人員可以迅速幫助客戶解決問題，而銷售人員通常是第一個與最後一個和客戶進行互動的人，因此他們對塑造每一個客戶體驗有很大的影響。故零售商必須提供員工合適的工具，滿足他們的需求，使他們能更好地服務客戶。

　　想藉由新技術提高客戶的體驗業績，首先，你必須考慮「人」的因素，當客戶於商店內與員工進行互動時，你必須讓你的客戶服務是精簡且有效率的，如日本平價服飾品牌 UNIQLO 店員人手一台行動裝置，店員可以利用網路連線庫存系統，隨時查詢店舖的庫存量，並立即回覆顧客需求，甚至顧客自己也能拿出手機，在店內掃描商品上的條碼，就能看到該款產品的詳細介紹，如產品材質、價格、款式、搭配等，部分還配有該系列產品的廣告影片。

　　因此，當企業決定部署新科技時，請先考慮這些技術是否可以幫助到實體店面的銷售人員，確保他們在正確的地方、時間，能更好地滿足客戶需求。

　　雖然客戶期待自己的購物體驗能隨科技技術精進，但絕大多數印象最深刻的購物體驗，還是在實體商店與訓練有素、高效率的銷售人員互動時。因此，企業可給予員工更多的權力與空間，給他們需要的工具，這會直接轉化為客戶的滿意度和銷售。

Note

15.5 「工作─員工滿意─顧客滿意」三者之間的關係(2)

2. 職場的條件──內部的服務品質

影響員工滿意的第二個條件是職場的工作環境等條件，亦即對員工而言，工作是否容易執行的條件。

修雷仁嘉（Schlesinger）等人根據他們對保險公司所做的調查，認為員工滿意中的七成部分，是決定於以下的三個要素：

(1) 員工有多大的彈性空間可以回應顧客的要求。

(2) 提供服務時有多大的權限。

(3) 必要的知識與技能。

這些是員工在執行工作時，影響他們能夠發揮多少能力的條件。那麼，如果要將這條件交付給員工，職場本身應具備什麼樣的條件呢？接著我們要檢討的就是與此有關的五個對策。

(1) 職場的設計

所謂「職場設計」，是指以職場為單位，設計工作的內容、流程與職務之間的關係。為使職員的能力得以發揮出來，並促進其成長與自我實現，工作本身也需要重新設計。其方法有很多種，如**工作設計**（Job design）、**滾動設計**（Roll design）、**再造工程**（Reengineering）等。具體的作法是依照各個不同的目的分析職場的工作，除了重新編造工作的流程與關係之外，還要加強個人所負責的工作內容範圍與深度。這是針對修雷仁嘉的調查結果，所提出的因應對策。

(2) 授權（enpowerment）

這裡指的是充分授予員工必要的自由裁量空間，使其得以發揮自己的任務能力，並全力回應顧客的期待。服務工作的特徵是櫃台人員不必透過組織的裁決，必須直接回應顧客的要求。如果顧客的每一項要求都要通報上司、請求裁可，不但要花費很多時間，員工也無法感受工作的達成感。使用電話的遙控式服務以及 24 小時的服務體制已愈來愈普遍，所以每有問題發生都要找上司解決的做法，已不再符合時代需要。因此，要授予服務人員充分的自由裁量空間，讓他們可以游刃有餘地處理不同顧客的各種不同問題。

但是，要怎麼做才能實現真正的授權呢？**庫恩**（Quinn）與**史普林茲**（Spreitzer）對所謂的授權，有以下的敘述：「授權指的不是給予更大的權限，它是一種風險的承擔與個人的成長過程，對員工的信任乃授權之基本」。其具體步驟如下：

(1)資訊共有化。將執行工作所需的資訊公開，任何需要的人都可以拿到手。若有資訊機器可利用的話，則可善加活用。

(2)使每個負責人員的工作目的及任務明確，以便與組織的目標或任務結合。

(3)善加活用小組制度。設法促進小組內的任務交換及資訊的共有化、成員之間的支援。

(4)實施訓練與提供知識。提供示範、給予必要的知識、技能，以提高員工的職務能力。

(5)重新檢討報酬體系。對於積極回應顧客期待的職務行動，應依據具體的報酬，給予評價。報酬不一定只限於薪俸，也可考慮其他的獎勵方式。

(6)讓小組對相關工作有廣範的執行責任與向上司報告的義務。

所謂授權，並非在原有的權限體系當中重新對權限的分配，而是信任員工，付予自律性與力量，確立組織觀的基本信念。如果沒有了信任員工的組織觀，就算實施了授權，一切也只是原地踏步而已。

西南航空公司對它的櫃台服務人員有這樣的指示：「如果你覺得做了某件事可以使你心情變好，那麼就盡量放手去做它」。麗池‧卡爾登飯店一直要求員工努力提供顧客超出他們期待的服務。若有任何客人提出抱怨，負責的人員有權自行決定給付顧客 2,500 美元以內的補償。

知識補充站

主管將權限授予部屬時，必然要對部屬的個人能力有明確的認知，且在授權之後，隨著時空環境的改變，必須要具備「收權」與「回權」的觀念，亦即授權與受權並非一成不變。

授權的過程中，主管必須先經過一段足夠的時間，以對部屬進行充分的瞭解，評估其是否具備足夠的能力以承擔此一責任，此階段的重點在於，權限的授予是以受權者的能力為準，而非受權者的職位，因而職權的授予是逐步漸進的方式。就公司的制度規範而言，某一職位的職掌均有明確的規範，但就算是在同一職位的幹部，也會有資深與資淺的差別，其能力自然也不同，因此，制度上所設計的職權，應是指該名幹部可以勝任該職位之後而論，在勝任之前，則不完全擁有全部的職權，不足的部分，需由其上一層的主管負責。否則，很容易出現濫權的情形。

授權與受權是一種互動的過程，每一名部屬在獲得授權之前，都處於學習的階段，學習主管行使職權的方式。此時，雖然本身無權做決策，但由於組織中任何需經主管裁示、核可的事項，均是由下往上呈報，因此，必然會由某一名部屬經手，該名部屬可藉此練習如何做決策，之後再與主管的決策內容做比較。若有差異，則仔細思考主管決策時的背景，了解其觀點與考量，藉以培養本身的決策能力。

3. 報酬與認知

　　報酬與認知也是關係到員工滿足的重要職場條件。日本目前已開始重新檢討年資敘薪的制度（日本稱爲年功序列制），慢慢走向依照工作或工作成績進行評價的方向。最近經常聽到的年薪制便是屬於其中之一。到 2015 年時，日本即將邁入每 4 人中即有一位 65 歲以上人口的高齡化社會，另外一方面因爲少子化現象的影響，預料年輕人的數目也將面臨急遽減少的趨勢。因此，無疑的依年資敘薪的制度，將會在不久的將來面臨完全瓦解的局勢。在美國，據說一個人一生中薪資提高的 70%，都是在他就業之後的 10 年左右達成的。日本是世界薪資水準最高的國家，所以應該不會放任目前的狀況、不做改革才是。國內的情形預估也是如此。

　　美國很流行利用讓員工入股的報酬體系，來提高員工對企業的忠誠心。亦即企業業績上升、公司股價上揚的話，員工的資產也會隨著水漲船高。前面介紹過的咖啡連鎖店星巴克（Starbucks）等的多數企業，都是採用這樣的制度。日本的創投企業（Venture）軟體銀行（Soft-Bank）股票上市時，很多從業員都因此成爲億萬富翁。

　　銷售服務中的傭金制，就賦予員工銷售動機方面來看，是一個很好的方式，但是怕的是服務人員只顧一心在銷售上，卻因而疏忽了原本的服務。諾得斯頓百貨也是採用傭金制，但是該公司設有最低的薪資保證。即各個賣場訂有各自的銷售抽成比例與最低的銷售目標額，再依此爲根據計算出最低的薪資保證額。舉個例子來說，抽成比率 8%、每小時銷售目標 200 美元的情況下，銷售員每月工作 100 小時的最低薪資保證額的計算方式是：

$$8\% \times 200（美元）\times 100（小時）= 1,600 \text{ 美元}$$

銷售人員即使無法達到銷售的目標額，也不需還錢給公司。有名的諾得斯頓百貨就是靠這樣的設計來維繫它的企業的。

　　諾得斯頓百貨的獎勵制度不只是薪資而已。該公司每月還在各家分店選出「明星店員」，將被選出的店員照片貼在牆上。本項考核選拔以對顧客的服務、團隊精神、銷售實績三項爲基準。該公司原本有 13% 的員工折扣制度，但員工一旦被選爲明星店員，則在未來一年內享有 33% 的折扣率。從這三項考核基準可以明白看出該公司希望員工有什麼樣的活動。這些詳細的認知制度，是該公司建立其高品質服務的整體體制中的一部分。

4. 充實與工作相關的各項工具

災害保險公司 USAA 總部的服務人員，透過電話接受所有的事故通報及來自顧客的連絡，然後由負責的人員去接手所有必要的處理工作。一切處理上的所需資訊，都可由負責人員桌上的電腦叫出來。負責的人員一邊接聽電話一邊參考電腦畫面中的顧客資訊、保險的種類、過去的購買經歷等等，決定最合適的處理方法並與顧客連絡。服務人員因為充分地活用了資訊工具，所以即使人在遠地，也能完全執行自己所負責的工作。

資訊工具可以使服務人員大幅減輕其工作的繁複（雖然無法像 GE 的例子那麼有效率）。例如，最近叫外送披薩時，只要以前有在同一家店消費過，下次只需告訴對方電話號碼即可，不需要再告訴他們路怎麼走。除了資訊工具之外，其他還有許多工具及設備都可以使工作更容易進行。這些工具等的充實，對提高員工的工作滿意度有很大的影響。

5. 內部行銷與領導能力

所謂內部行銷，指的是把員工當作組織內的顧客，藉由行銷（外力作用）活動，刺激他們認清自己的職務方向和賦予他們對工作的動機。前面檢討的 1.～4.，都是具體的對策。除此之外，像是在公司內辦活動、舉行員工研修講座、利用公司內部刊物進行宣傳活動、或是舉行會議等，都是可行的管道。

但是，在這些內部行銷活動中，管理者及經營者的領導能力，扮演著極重要的角色。諾曼曾經說過，當組織內要引進某些改革時，經營幹部必須自己先扮演示範角色才行。另外還有一個很重要的概念是「內部的服務循環」，亦即「管理者對部下所表現出來的態度和基準，必須和他們要求部下對顧客所表現的態度、基準一致」。例

知識補充站

這裡我們另外要介紹一個資訊工具發揮極致效用的例子。即**通用電子**（GE）公司的醫療機器部門的**醫療系統**（Medical systems）。該公司的連線中心設於威斯康辛州的密爾瓦基、巴黎與東京三處，這些中心的任務是負責支援已銷售的各種醫療機器。它所銷售的醫療機器，都與遍布世界 50 個國家的影像診療裝置以連線結合。例如，銷售到法國的機器傳來故障的連絡時，負責的人員可立刻從電腦中叫出該台機器，馬上找出發生故障的地方，然後再利用軟體使故障的地方恢復正常。據說故障中的 47%，都是中心利用遠距操作的方式進行修復的。連絡的電話費用由 GE 支付，如果某中心沒有專家的話，他們會自動將案子轉交給另一個中心。這是一個一年 365 天、每天 24 小時（全年無休）的服務體制，幾乎所有的故障都能在 15 分鐘內完成修理。

如，管理者本身平常就不太關心部下的意見，但是自己卻要求部下要「仔細傾聽顧客的心聲」，這種言行不一致的作法，恐怕很難對部下產生多大的影響力。

在顧客期待很高、環境不確定、又得讓部下自律去行動的情況下，管理領導者的工作可說愈來愈難做（但是，無論你願不願意接受，這都是一個現實的趨勢）。與顧客直接接觸的服務人員，本身必須具備可靠性、反應性、確信感、共鳴性等等特質。身為管理者的人，在對待其部下時，也必須具備同樣的態度與能力才行。

這些提高內部服務品質的體制，不但可以提高員工的滿足感與忠誠心，而最後將連帶使得顧客價值與顧客滿意度也跟著提高。

最後關於企業的利益方面，海斯凱德等所強調的是**作業成本**（operating cost）的遞減，作業成本的遞減除了有賴於企業在（像西南航空與 USAA 一樣）整體作業策略上下功夫之外，員工的自律性活動（以公司的授權為基礎）也能在這方面有所貢獻。

知識補充站

西南航空公司是以低成本戰略贏得了在美國航空業日漸衰退的大環境下的大勝利。可以說，西南航空公司為自己鎖定的戰略明智地躲避了與美國各大航空公司的正面交鋒，而另闢蹊徑去占領別人不屑去爭取但是卻是潛力巨大的低價市場。西南航空採用明確的市場定位，即公司只開設短途的點對點航線。時間短、班次密集。一般情況下，如果你錯過了西南航空的某一趟班機，你完全可以在一個小時後乘坐西南航空的下一趟班機。這樣高頻率的飛行班次不僅方便了那些每天都要穿行於美國各大城市的上班族，更重要的是，在此基礎上的單位成本的降低才是西南航空所要追求的。同樣為了節約時間，西南航空的機票不用對號入座，乘客們像在公共汽車上那樣自行就座。

在票務上，西南航空將票價簡化為三級，也是少有的完全不向顧客收取退改票的手續費或罰金的航空公司。票務成本由此進而降低。

該公司的傳奇領導人赫伯·凱萊赫（Herbert Kelleher）永遠把員工擺在第一位，即使有時候甚至必須得罪旅客，也是如此。換言之，西南航空寧可奉勸過於苛求的旅客，改搭其他航空公司的班機，也不要員工受辱。

第16章
服務的利益方程式

16.1 創造顧客價值(1)

1. 什麼叫做顧客價值

「70元的漢堡特惠優待為40元。」這是麥當勞打出的低價格路線。商品及服務的內容沒有改變,價格卻下降的做法會讓人多少產生一些疑問,但是這個商品的價值一時之內確實是提高了。

所謂「價值」是指什麼?社會學裡指的是「幸福」、「愛」、「和平」和「正義」,這些是人在生存時很重視並以它來判斷一件事情好壞的觀念。我們總是希望這些價值的總量能夠再增多一些。價值的實現是人類生存的目標。

在日常的消費生活裡也有著同樣的道理。我們都會希望獲得價值再高一點的物品,所以在購買商品或服務時會做各種考慮與判斷(但這是屬經濟學的價值)。左右一般人判斷的因素,一般包括:

(1)該商品或服務所具有的效用有多大?自己對這些的需求度又有多大?

(2)為了這些效用、需要,自己必須付出多少費用?

因此,對消費者而言,所謂價值是由獲得的物品與付出的代價之間的對比來決定的。這也是顧客價值的基本公式。

不論是有形商品的生產者,或是服務的提供者,企業如果無法提供具有高顧客價值的商品,則將無法在激烈的競爭中生存下來。因此,企業無不為了如何以更低的價格提供顧客更有效用的良質商品而日夜苦心在繼續努力。從這個意義來看,價格破壞的**趨勢**,對消費者而言具有提高顧客價值的效用。

2. 不同於製造業的利益方程式

服務業創造利潤的基本原理和製造業相同,即保持一定水準的效率,提供更大的價值給顧客。但是,在創造顧客價值的方法上,與製造業是不同的。

製造業藉由有效率地生產,有效率地大量銷售市場所要求的高品質商品來創造自己的利潤。它的設計、生產、銷售各個階段可以分離開來,從各個獨立部分去考慮如何提高效果性與效率性。另外,在製造與銷售之間還可以有庫存的緩衝區間。

3. 哈佛的公式

哈佛商學院是美國研究服務的重要據點之一,**海斯凱德**(T. L. Heskett)、**薩沙**(W. E. Sasser)、**哈特**(C. W. L. Hart)等服務管理的主要研究者都是哈佛旗下的人員。

這個小組的特徵是從行銷的觀點去分析許多實際的企業例子,從這當中去找出的法則。他們針對顧客價值,服務業者的收益性、服務品質等,提出了幾個公式。以下即針對這些做詳細的介紹:

第一個公式是服務對顧客而言的價值(顧客價值)。根據這個公式,服務的價值決定於顧客在購買某個服務時,他們所「支付的總成本」與「獲得的東西」的比較。換句話說,顧客價值是取決於成本的作用。

第一個公式

$$服務的價值 = \frac{服務的品質（結果＋過程）}{價格＋使用成本}$$

　　要理解這個公式首先有一個重要的前提，即服務的價值就是顧客所感受到的價值。它的價值不是由提供服務的企業所企劃、設計出來的，而是顧客以其主觀的感受評價出來的。許多經營者都能理解這個公式本身，但是對於其評價過程是由顧客的主觀心理動態的結果中產生出來的這個事實，並未能充分理解。服務的評價是產生於顧客實際使用之現場，亦即在**服務接觸**（Service Encounter）中顧客心中所產生的心理過程。沒有理解這點的經營者，會把服務的品質、價格以及使用的成本都當作是客觀的事實而受制於這種想法。因此當他想提高服務的品質時，他會以經濟學的觀點去雇用很多的人、追加設備投資以及降低價格。

　　當然，經濟學的想法本身是沒有錯的。但是如果能摒棄以既定的想法去看這些要素之間的關係，理解服務的價值其實是一種主觀的東西，就會有更多選擇的幅度，想出更有效果的方法。例如，以價格一項來說，對於同樣價格的東西，我們會因為狀況及自己荷包的情形，有時感覺昂貴，有時覺得便宜。問題是如何在價格沒有改變的情況下，讓顧客覺得價格很便宜、買得很划得來？

　　海斯凱德等把提高這些顧客價值的服務稱為**「突破現狀的服務」**（Break-through sevice）。要提供這樣的服務，必須對顧客接觸服務時的心理過程，服務提供者的需求、技能、態度，及整個生產體制等各項要素都要有充分的理解，才能夠提出新的提案。換句話說，對於新的服務管理不但要理解，還必須具備相關的知識。

知識補充站

　　服務業基於服務本身的基本特徵，使它有著不同於製造業的各種限制條件。

　　首先，由於生產與消費是同時進行的，所以要把生產從銷售中分離出來，而從事生產技術的改善與提高生產力是很難的。由於生產與銷售是一體的，所以很容易受到狀況的影響，而且來自環境的變動要因也很容易介入。要使活動變成一種固定的形態，必須費很大的努力（手冊雖是表現大致的類型化結果，但是服務如果過於手冊化，效率雖然達到了，效果卻會受到影響，所以未必一定都有效）。

　　第二，因為服務是無形的，無法流通，所以如果提供服務的據點沒有增加，整體的銷售量就無法增加。而且，多數的服務需求（例如休閒方面）都會因季節、假日等產生變動，如果配合自己的供給能力去準備預測的最大需求量，會產生供給過剩的情況，但是如果要減低供給能力，又必須犧牲總需求當中的某些部分。

　　另外一項最大的特徵是服務的提供都在以人為對象的關係中進行，除了客觀的效用之外，還會有主觀的感覺、感情介入服務的過程，影響服務的整體評價。換句話說，顧客價值的評價本身會受到人的感情這種不易掌控的因素所左右。

4. 服務品質的兩大要素

現在再進一步詳細檢討第一個公式。第一個公式是除法的計算式，其分子是服務的品質。在消費服務時，我們所得到的是核心服務及其他服務要素所產生的效果，而對整個服務效果的評價就是所謂的服務品質。把這個服務品質除以我們所付出的所有費用成本，就是服務的價值了。

服務的品質是由該服務之「結果的品質」與體驗該服務「過程的品質」兩項所構成。

(1)「結果的品質」包括醫療服務是不是把病治好、對餐廳的食物是否滿意、搭計程車是否平安，準時到達目的地等；換句話說是從能否獲得預期之結果來判斷的。

(2)「過程的品質」會受到體驗服務的顧客，在服務的提供過程中的感覺所左右。例如電車是不是擁擠、服務人員的態度是不是親切、回答問題是不是專業、用心等。當服務的提供者是人時，他的態度如何是過程品質的重點所在，如果提供者是機器（例如銀行的 ATM 及火車站的自動售票、剪票設備），重點則為該機器好不好使用、說明是否恰當。

所以很多服務業者為了讓顧客感覺提供過程的品質十分良好，就改用保證結果的方式來換取信任。所以，特別是很難評價其結果好壞的服務，都會利用豪華的建築物、備品或設置最新的機器等等做法來取信顧客。另外，像醫師或律師都會在其辦公室內擺很多專業書籍、或是把學位證書、獎狀掛起，或是擺一些貴重的家具，以這些物件建立信賴感。

知識補充站

由於過程的品質對消費者而言是對服務的一個「經驗」，所以是非常重要的要素。如果是有形的產品，購買之前多少可以正確預測其結果。新的夾克可以多試穿幾次，以確認是不是和自己很搭配。但是大部分的服務是很難在事前正確預測其結果的。到新的理髮店剪頭髮，要到最後才能知道剪出來的髮型是不是中意。另外，教育、醫療、法律方面的服務，有的甚至在服務已經提供完成了，顧客還無法判斷結果是不是符合自己的期望。

5. 期望與實績的對比

在檢討第一個公式的分母部分之前，先介紹第二個公式，因爲第二個公式和第一個公式的分子部分的服務品質有關。這個公式的觀念是品質的評價來自於自己所獲得的物件與期望的物件之間的差距。需求與期望是因個個顧客而異的，所以服務品質的評價，完全是顧客所決定的一種非常主觀的判斷。

第二個公式

服務的品質 = 服務的實績 – 事前的期待

顧客的期望會受到本人過去的經驗、服務業的種類、性格、聲譽，有時甚至還會受到時間與地點的影響。我們在大醫院（大學的附設醫院等）候診一小時會覺得那是沒辦法的事，但是卻沒辦法排隊一小時去買速食店的東西。但是，如果是很有名的拉麵店，即使是排隊一小時也不會覺得那麼地不高興。店裡很繁忙時，女店員就算很冷淡，我們也不會特別覺得怎麼樣，但若是很空閒時，顧客就會認爲這樣的服務態度不像話。

因此，第一要充實結果與過程的服務內容，第二要理解顧客所期望的內容，可能的話，把期望當作附帶條件，唯有如此才能提高顧客所感受到的服務品質。

在期望的控制上，醫療服務是最成功的例子。病患在醫院裡被當成孩子般看待，不問問題、不抱怨、老實聽醫生的話，即使得不好也不失望。由於病患的期望很低，所以只要稍微有一點改善就能使他們感到很滿足。控制期望的其他例子還有銀行的告示方法，它會打出字幕讓顧客知道櫃台目前已處理到拿幾號牌的人。主題公園也有類似的方法讓排隊等候的人知道還有幾分就可以入場。這些都是藉由提供資訊，誘導顧客對服務有適切的期望。

宣傳與廣告是讓顧客產生適切期望的有效手法。但是宣傳如果與實際提供之服務不符合，讓顧客產生過度的期望，反而是負面效果。讓顧客對服務抱著無法達成之期望，最後會使多數的顧客對服務產生不好的評價，甚至因此不再購買。

我們再回到第一個公式，討論看看有關顧客所支付之費用的問題，也就是第一個公式的分母部分。顧客因接受服務的供給而必須負擔之費用，是「價格」或「使用的成本」。

16.2 創造顧客價值(2)

6. 顧客所負擔的成本

比起有形商品的價格，服務的「價格」含有許多主觀的要素在內。有形商品的價格通常是由成本加上利潤所構成，由於很容易與其他的商品進行比較，所以很容易獲得顧客的認同。至於服務的價格就不能用這樣的方法思考。

國內目前還是無法擺脫以有形物品為中心的想法，對無形的東西（不管它是多麼的重要）必須付出代價的觀念目前還未充分建立。使用者付費的概念在國內很難生根。所以，要像有形的商品一樣，標明服務的成本為多少是一件不容易的事。

因此，服務的價格不只是「暗示成本」而已，它同時也是表示服務內容的重要性、服務提供者及企業的信用與等級、服務內容的水準等等的指標，包含的意義相當多。另外，一般來說對顧客而言，價格也是一個重要的比較基準，藉由這個資訊，顧客可以知道其他企業對同樣的服務所設定的價格是多少。

重要的是要如何讓顧客認同這個服務的價格。為此在訂定價格時，必須特別用心，因為它與有形的產品是不同的。服務的價格是高是低，也是完全看顧客的感覺而定。

另外的「使用成本」是指顧客為了使用某項服務除價格以外所付出的金錢、肉體及時間精神上的支出。為了到餐廳吃飯，利用者必須親自走路或利用某些交通工具過去。即使是自己開車去，汽油費、勞力、時間、開車的壓力等都是精神成本，除此之外還有其他各種成本。

這些使用成本愈是減少，顧客價值就相對可以增大。開設在郊區的餐廳、書店、小鋼珠店、服飾零售店近來不斷增加，原因之一是自家用轎車愈來愈普及，外出很方便，使用成本已相對地減少之故。相信很多人都有過這樣的經驗，亦即要去外面餐廳吃飯，最後總是會挑車子容易出入的地點。

心理與精神上的成本也是不可忽視的要素。一般人平常都會儘量不到公家機關或醫院，因為那裡的職員態度通常比較傲慢。另外，服務業者應該設法讓想要利用某種服務的顧客，很簡單地就能找出想要的適切服務，減少他們的探詢行動。對一位第一次打算出國旅行的顧客，旅行社是否提供了適當的嚮導？相信很多人都跟我一樣覺得只看旅行簡介手冊及服務人員的說明還是很不夠的。

擁有大型設施的**主題公園**及機場，其標示和指示看板的表示方法是否親切、容易了解，往往也會影響到顧客的壓力。榮民總醫院在其走道上以各種不同顏色的線條標示著各個不同目的地行走方向，每個人只要沿著線走，自然就可以到達所需要的目的地。這種週到的顧慮等於降低了使用的成本。不管任何場所，如果自己要怎麼行動都不知道的話，心理的成本相對就會提高。

　　另外，顧客自己的自助性服務，乍看之下好像是提高了使用成本，但事實上卻不是很大的成本。自助性服務是顧客在服務的提供過程中，自己進行部分的過程，因為必須消耗顧客的活動力，所以顧客的成本等於提高了。但是，有用心經過設計的自助性服務，顧客有很多選擇的幅度，他可以自己做決定，有時候甚至可以提供學習的機會（例如超級市場及自助餐）。生理上的體力雖然也是成本，但是心理上的優點可以彌補過來，所以有很多自助式的服務不但不被討厭，還得到很好的評價。

知識補充站

　　期望理論是以三個因素反映需要與目標之間的關係的，要激勵員工，就必須讓員工明確：(1) 工作能提供給他們真正需要的東西；(2) 他們欲求的東西是和績效聯繫在一起的；(3) 只要努力工作就能提高他們的績效。

　　研究激勵過程中，一條途徑是研究人們需要的缺乏，運用馬斯洛的需要層次理論，找出人們所感覺到的某種缺乏的需要，並以滿足這些需求為動力，來激勵他們從事組織所要求的動機和行為；另一條途徑是從個人追求目標的觀點來研究個人對目標的期望，這就是期望理論。依照這一條途徑，則所謂的激勵，乃是推動個人向其期望目標而前進的一種動力。期望理論側重於「外在目標」。需要理論著眼於「內在缺乏」。本質上這兩種途徑是互相關聯和一致的，都認為激勵的過程在於：實現外在目標的同時又滿足內在需要。

　　不過，期望理論的核心是研究需要和目標之間規律。期望理論認為，一個人最佳動機的條件是：他認為他的努力極可能導致很好的表現；很好的表現極可能導致一定的成果；這個成果對他有積極的吸引力。這就是說，一個人已受他心目中的期望激勵。

　　可以推斷出這個人內心已經建立了有關現在的行為與將來的成績和報償之間的某種聯繫。因此，要獲得所希望的行為，就必須在他表現出這種行為時，及時地給予肯定、獎勵和表揚，使之再度出現。同樣，想消除某一行為，就必須在表現出這種行為時給予負強化，如批評懲處。

7. 顧客感受到的風險會影響評價

前面提到使用的成本是一個重要的要素，最後必須再提到的一點是「感受到的風險」。理由我們不再重覆說明，平常我們在購買服務的時候，會比購買有形的商品，覺得風險較大。一般人會希望藉著購買某個服務滿足自己的需求，並且期望著它的實現，但是另一方面又會預測這項服務可以因失敗而帶來消極的結果。例如接受危險手術的時候，一方面會希望手術成功、恢復往日的健康，另一方面又會擔心手術失敗而死亡，接受的人必須在這互相矛盾的心情中做抉擇。

因此，降低知覺的風險等於直接擴大服務的價值。知覺的風險有很多種，超出預料的付費、持續支付的經費等是屬於「經濟性的風險」，另外自尊心受到傷害、受到不符合自己社會地位的待遇等是屬於「社會性的風險」，這是比較主要的二類。其他還有因醫療服務等所引起的「肉體的、生理的風險」以及可能觸及違及法律的「制度性的風險」。

顧客會感覺到有風險，主要是受到下面兩項因素的影響，即前面提過的：

(1) 判斷服務可能產生失敗的可能性。

(2) 預測服務失敗所可能引起的結果。

通常大家都相信飛機失事的話，生命將面臨威脅。所以大家都預測得到航空服務如果失敗，其結果是非常慘重的。但是根據美國「消費者研究」雜誌（1998 年 1 月號）的報導，從 1980 年到 1984 年之間每一億旅客英哩的死亡率，汽車是 373 人、飛機是 3 人，因此飛機的安全性還是比較高的。很多人因為相信這樣的報導而繼續搭乘飛機。這種情形下他們認為服務失敗的可能性很小。

一般來說，服務的內容愈是複雜，感覺上失敗的可能性會愈大。比起修理鞋子，大部分的人會對修理汽車感到不放心。所以，以內容複雜為理由向顧客強調因此要花時間處理，有時反而會造成反效果。

另外，顧客對服務的內容愈是了解，風險就會愈減少。由此可見，服務的內容愈是複雜，愈應該提供資訊給顧客。另外，提供服務的方式如果經常能夠保持一貫性，也可以使可靠性增加。不論在紐約、在東京或在莫斯科，麥當勞所賣的漢堡都是相同的形狀、相同的品質。這點使得大家對麥當勞的品質很信任，這是它的一個很大資產。建立顧客對服務的信賴感是服務管理的重要目標之一。

8. 常客是利益的來源

哈佛小組的第三與第四個公式很容易理解，此處一併介紹如下。

第三個公式的特徵是主張在服務業裡，常客（Repeater）是收益的來源。如果是有形的商品，不管是第一次購買該商品或第二次購買，銷售數乘以邊際利潤就等於所獲得的收益。但是在服務業裡，常客是很重要的。

在服務業裡為了建立提供之服務與顧客之間的信賴感以及顧客對服務的忠誠心以此確保常客，必須在經營上付出很大的努力與費用。但是，常客的購買會比第一次購買的顧客帶來更大的利益。**萊克海德**（F. F. Reichheld）與**薩沙**（W. E. Sassar）的調查

證明服務業的利益率大小，完全看企業能夠確保多少常客而定（有形產品也是會受到這些關係的影響，但影響程度不像服務業那麼大，其理由如後述）。

第三個公式

$$服務的收益性 = \frac{利潤 \times 再利用的次數}{投資額}$$

因此，就像第三個公式所主張的，即使不去理會第一次的顧客，服務的利潤大小與再利用者的利用次數，就可以決定它的收益性。服務業想要確保其利益，最重要的課題是設法使有過一次交易的顧客，從此成為繼續購買的常客。

那麼要維持常客的增加，需要有什麼樣的方針呢？那就是第四個公式所要表達的內容。服務業者想要獲得更高的利益，必須依據所提供的服務，注意影響費用的效率性，同時實現高顧客價值，此乃服務管理創造利益的基本原理。

第四個公式

服務事業的利益可能性 = 所提供的顧客價值 − 事業者的費用

知識補充站

彼得‧杜拉克曾說：「企業的首要任務是在創造顧客」，而創造顧客包括爭取顧客的青睞與創造顧客價值。

企業通常都將廣大的消費群區分為顧客、準顧客、潛在顧客、非顧客等4大類別，顧客是指已經接受公司產品或服務的消費者；準顧客是指正在接觸中，短期內有可能成為公司顧客的消費者；潛在顧客泛指未來有可能成為公司顧客的消費者；至於非顧客則是指無論公司如何努力，都很難甚至不可能成為公司顧客的消費者。企業競爭的本質是在創造顧客，也就是要盡量減少非顧客，增加新顧客，吸引潛在顧客，加速準顧客的購買行動。

由此可知，企業競爭無異是在爭取顧客的青睞，上上之策是另闢戰場，享受無人與之競爭的藍海策略，泛泛之輩難免每天上演十足的顧客爭奪戰。其實企業都親自體驗過爭取一位新顧客所付出的成本，遠比留住一位既有顧客高出好幾倍，因此紛紛展開超越顧客，取悅顧客，留住顧客等策略行動。

創造顧客價值的途徑很多，至少包括產品、服務、經濟誘因、人員素質、方便的時間、便利的地點，甚至將有價值的企業形象傳達給顧客，讓顧客從所獲得的利益與所付出代價的權衡中，感受到真正的價值。今天企業所面對的是非常精明的顧客，除了精通精打細算的各種招數之外，更擅長於評估及比較哪一家公司提供給他們的價值最大，進而偏好惠顧提供價值最大的公司。

16.3 顧客忠誠心的重要性(1)

1. 新的顧客詮釋方式：生涯價值的想法

海斯凱德等的哈佛小組，在總結說明前節所敘述的四個公式時，會特別強調四種忠誠心的重要性。即

(1) 顧客對服務商品及服務業者的忠誠心。

(2) 從業人員對服務、理念、顧客、企業的忠誠心。

(3) 企業對從業人員的忠誠心。

(4) 投資家或供給業者等企業的忠實持有者對企業的忠誠心。

這裡所說的忠誠心，並不是指大公無私的人格，而是指高度的信任及承諾，譬如類似「啤酒一定要喝海尼根」的這種「執著」。以上四項當中，第二項以下以後再檢討，這裡只提出第一項「顧客的忠誠心」。

正如前面哈佛的第三個公式所說的，在新的服務管理當中，對再利用之常客的重視甚於新客。其理由究竟是什麼呢？

知識補充站

美國達拉斯（Dallas）汽車銷售代理店的經營者

卡爾·斯維爾（Carl Sewell）曾寫過一本書叫做《讓一次的顧客成為終身顧客的方法》。這是一個實踐服務管理的出色例子，很值得大家參考，書中舉出數字說明顧客的終身價值。

如果買了一台 80 萬元（約 2 萬 5,000 美元）凱迪拉克的客人，能持續從我們的代理店購買車子的話，一生之間就共計有 12 台 960 萬元（約 30 萬美元）的銷售額。加上零件及服務費共計 1,100 萬元（約 33 萬 2 千美元）。

換句話說，買了 80 萬元（約 2 萬 5,000 美元）凱迪拉克的顧客，他的生涯價值為 1,100 萬（約 33 萬 2 千美元）。

　　另外再來看看海斯凱德等所引用的地中海俱樂部（Club Med）的例子。地中海俱樂部的總公司在法國，是活躍於全世界的休閒產業企業。

2. 為什麼常客可以帶來利益

　　對企業而言，基於下列幾點因素，常客是他們的理想客人。對於第一次來的新顧客，有關他的個人希望、個人的屬性、他們的需求及特徵都必須加以掌握。相對的，企業方面也必須提供有關服務內容、使用方式等資訊給顧客。對於一位從未搭乘過一人駕駛公車的老人，必須有服務人員為他們做簡明的解說，引導其使用。另外，有時對於第一次付費必須給予優惠折扣，以提高顧客的購買意願。而這些活動都需要支出直接或間接費用。

　　另一方面是常客的情形，首先他們很了解該服務的內容，所以提供者在應對上可以比較省事。另外，他們對服務水準的要求已差不多固定下來，不會有過度的期望。在服務的提供過程中如有需要顧客參與的部分，他們會知道自己要做些什麼，不必另外再向他們說明。如果主要只考慮常客，則也不必花太多的廣告宣傳費。總而言之，常客在各方面都比較不必花費用。根據美國論壇社團法人智庫（Think Tank）的調查，維持忠心常客的費用只要開拓新顧客費用的五分之一即可。

　　另外，老顧客還會替公司做口頭的宣傳。服務是一種無形的東西，無法像有形的商品一樣拿出來給人家看，所以難利用視覺效果進行廣告宣傳，服務業最有效的宣傳方式莫過於由體驗者親自以口頭方式去進行口耳的宣傳。

知識補充站

　　北美地區的地中海俱樂部，1986 年的銷售額達到 110 億元（約 3 億 3,700 萬美元）的記錄，其利益是 5 億 8,000 萬元（約 1,800 萬美元）。該年有 20 萬的新顧客，根據調查，這其中的 80% 都感到滿意，不滿意的顧客只有 20%。根據公司的統計，這些滿意的顧客當中，約有 30% 成為常客，此後每人平均利用 4 次。假設每次消費掉 3 萬元（約 1,000 美元），一生就會為我們帶來 13 萬元（約 4,000 美元）的銷售額。因此，光是 86 年度新顧客所帶來的未來利益就高達 62 億元（約 1 億 9,200 萬美元）。假設這些滿意顧客的比例下降 9% 成為 71%，重複利用次數為 3.5 次的話，整個未來將會減少 8 億 3,000 萬元（約 2,600 萬美元）的收入，這個金額足以匹敵 86 年的稅前利益額。因此，地中海俱樂部所採取的戰略是繼續致力提供高顧客價值的服務，以確保顧客的滿意度，進而維持預定的常客比率。

3. 關係行銷

如果保有老顧客（以其忠誠心為基礎）是服務業收益的核心，那麼當然顧客與服務業者的關係會持續一段期間。因此就產生了一個課題，即怎樣才能使關係不會一次就斷掉，如何去建立與顧客之間的長期性關係。最近，行銷領域出現一種所謂的「關係行銷」（Relationship Marketing）的新思想模式，開始受到各方的注意與檢討。這個想法正是為因應此一課題而產生。

服務活動是以人與人的關係為主要媒介，比起以物為媒介的關係，一般而言是比較容易維持持續的關係。以理髮廳、美容院、醫院、汽車修理、洗衣店等的例子來看就可以發現，一般人一旦利用了這些服務之後，後來多半會再繼續利用它們。在理髮店和熟悉的老師傅一邊閒話家常，一邊理髮也是人生一大樂事。顧客本身通常也希望持續維持個人的人際關係。據聞美國奧克拉大飯店有一位出名的門僮（已退休），他可以記住數千位客人的名字，每當客人來時他都會向他們打招呼說：「○○先生（女士）歡迎光臨。」很多客人都因此笑顏逐開。

前全美行銷協會的會長貝里（Berry）與同事巴拉斯拉曼（Parasuraman），將人與人的關係分為下列三種層次，以此討論建立關係的具體方法。

(1) 第一個層次以「經濟性」的情誼為中心。
(2) 第二個層次建立「經濟性與社會性」的情誼。
(3) 第三個層次建立「經濟性、社會性及構造性」的情誼。

知識補充站

顧客按消費頻次定義可分為：
忠誠客：頻繁到店消費的顧客，對品牌有極高的忠誠度。
常客：經常到店消費的顧客，對品牌有較高的忠誠度。
散客：隨機到店消費的顧客，尚未形成品牌忠誠度。
過客：僅一次到店消費的顧客，尚未形成品牌忠誠度。
回頭客：二次及以上到店消費的顧客，統稱為回頭客。
顧客按消費行為定義可分為：
隨客：隨同到店消費的顧客，非買單的顧客。
買單客：到店消費結帳的顧客。

「過客」、「散客」只是隨機到餐飲門店消費，存在極大的隨意性、偶然性、可變性，這類人群可能是旅遊到店消費，也可能是應朋友之約到店消費，也可能是興致索然消費，無消費規律性和消費黏性。

「常客」，這類人群經常光顧門店，他可能受餐廳的環境、菜品、服務或位置的吸引，與餐廳建立了基於買賣的交易關係。

針對不同的顧客群體，餐廳應建立自己的「餐飲顧客發展金字塔模型」，分析「過客」、「散客」、「常客」、「忠誠客」的發展階段與群體特性，鎖定目標客戶群，即忠誠客和常客，營銷必定事半功倍。因為獲得一個新客戶的成本是維繫一個現有客戶成本的 5～8 倍。而 20% 的老顧客創造 80% 的收入。

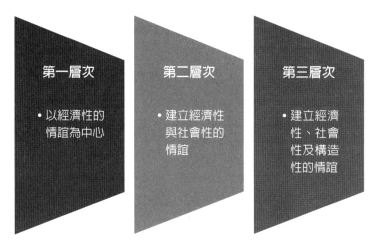

圖 16.1　人與人的關係三層次

知識補充站

　關係行銷的起源可以追溯到施奈德（Schneider B., 1980 年）的一段話，其中說道：「奇怪的是研究者和商人都關注於把客戶吸引到產品和服務這邊來，而不是如何留住客戶。」最早研究關係行銷的是德州大學 A&M 分校的林‧貝利（Len Berry，1982 年）和埃默里（Emory）大學的雅克‧舍思（Jag Sheth），兩人都是最早使用「關係行銷」這個詞彙的，行銷理論家哈佛大學的西奧多‧利維特（Theodore Levitt，1983 年）最早將行銷的範圍拓寬，超越了一次性交易。

　在實踐中，關係行銷來源自產業和 B2B 市場，其間的長期接觸已經持續多年，司空見慣。哈佛學者巴巴拉‧布恩德‧傑克遜（Jackson B.B., 1985 年）重新審視了產業行銷實踐，在行銷中正確應用了這個概念。

　根據林‧貝利的觀點，關係行銷可以應用於以下情況：

1. 有替代品可供選擇；
2. 顧客要決定他們的選擇；及
3. 市場持續地及週期地渴求該產品或服務

　關係行銷的主要特點：1. 獲客成本較低；2. 取得客戶信任容易；3. 用戶意見反饋及時。其中，最核心的就是「獲客成本」，因為我們的行銷工作絕大部分投入都是花在「獲客」方面。

16.4 顧客忠誠心的重要性(2)

4. 蓋章與贈品

在第一種層次的關係行銷當中，是以提供顧客經濟方面的利益作為建立關係的基礎。其對象為一般顧客而非特定的個人。就行銷手法來說，其差異化的程度很小，就算特別的巧思，也很容易就被其他的企業模仿。

例如，有些店家會在客人每次購物時替他蓋章，等客人集到一定的點數時贈送給他贈品或商品打折。國內一些零售店會採用這種方法，這是非常普及的一種做法。

航空業界最近也有一項受到注意的措施，即**飛行里程數的累計**（Frequent Flies Program, FFP）。它以搭乘飛機的距離數為依據，累計點數達到一定點數以上的顧客，可以獲得免費機票或贈品。這項措施是美國航空公司在 1983 年時引進的，但到了 1986 年時，幾乎美國的各大主要航空公司都採行這項措施。國內的華航及長榮航空公司也於 1993 年引進這項計畫。

在第一個層次的關係性行銷中，不太容易建立深入的關係。因為從飛行里程數的累計例子就可以明白，以經濟上的條件所建立起來的關係，很快便會被其他的同業模倣。目前幾乎所有的航空公司都實施這項措施，所以航空公司已經無法再利用這項FFP 之方案來達到與其他公司的差異化。

5. 由顧客成為客戶

在第二種層次的關係裡，所要建立的關係除了經濟性的關係之外，還要加上社會性的關係。在本層次裡，顧客對企業而言，已從單純的**顧客**（customer）變為**客戶**（client）。顧客與客戶的不同包括下列各點。

「顧客」對企業是無名的存在，是大眾的一個成員，一種統計性的存在，其要求可利用電腦印表出來。另外，服務顧客的經常是沒在忙的從業人員。相對的，「客戶」有其名字，他是以個人的身份存在而非大眾。他們的要求會被個別處理，其背景資料及過去利用服務的狀況等會被記錄在資料庫中。接待的從業人員必須具備因應其要求的能力，或是特別指定的人。

在第二個層次的關係行銷中，對待顧客的方式已由顧客轉為客戶。換句話說，顧客的個別需求被接受後，服務會變得個別化。另外，在公司對顧客的關係中，還重疊著個人對個人的關係，公司是由接應顧客的特定從業員的臉孔所代表。在經濟性的關係之外，又加上了社會性的關係。

貝里等人舉出位於加州的 BB&T 銀行為例，說明第二種層次的關係行銷。這個銀行的活期存款高額客戶，享有多項特別待遇，銀行會叫他們的個別姓名，他們可以在舒適的辦公室，不必排隊，還可以接受各種諮詢服務。每年的 6 月，銀行會送每一位顧客一袋有名的特產作為禮物。另外，週年慶時會寄豪華的照片與感謝函給顧客。這些禮物會讓顧客深刻地意識到自己是這個銀行限定顧客中的一員。

6. 提供構造化的便益性

　　第三個層次的關係行銷，除了經濟性與社會性的關係之外，還有一樣是其他同業所無法模仿的，那就是將便益性加入服務的生產體制裡。利用這些可以加強顧客與企業的關係，使顧客無法脫逃，不會成為其他企業的顧客。社會性的關係雖然很重要，但是其力量還是有限。我們從很多例子就可以發現，有些顧客雖然和某公司往來很久，但只要其他的公司提出非常有利的價格，即使會破壞以前的社會關係，他們還是會轉向對自己有利的企業，和這些企業進行交易。客戶會比較銀行的放款利率高低去尋找銀行就是其中一例。

　　以下舉出的企業例子是以提供顧客別人無法模仿的有價值的服務，建立與顧客之間的強韌關係。

知識補充站

　　以日本銷售模具用零件等之精密機械零件廠商三住（Misumi, MSM）的例子來說明。MSM 的服務概念來自於「採購代理店」的構想。過去的生產財零件商都是代替生產者銷售其所生產的東西。另外，由於這些物品的流通市場沒有確實建立，一些比較特殊的零件顧客不是要自己製造，就是要設計發包給別人代工，不但費時又費事。

　　MSM 基於「代替顧客調度他們所需要的東西」這樣的構想，成為業界罕見的行銷方式，它不必有營業員，只以目錄進行銷售。它將標準品列在目錄中存貨起來，再配合顧客所要的規格進行加工。即使是一個小零件也可以代為調度，可以應付多品種少量的需求。

另外，它扮演顧客與製造廠之間的調整角色，擁有收集顧客資訊的體制，針對要求較多的產品，進行企劃、開發、改良。另外，與製造廠之間也有建立資訊網路，一接到顧客的訂單，立即可將資訊傳給製造廠商。

機械的零件只要少一個，作業必須因此停止，所以顧客總是希望快點拿到所需要的零件。如果能夠具備「必要的時候，供應必要的數量」這樣的能力，將可確保企業的優越性。MSM 表明且實踐了四項保證。第一、「品質保證」；第二、「供應保證」：即使不是自己的交易客戶，仍為其調度所需要之零件；第三「交期保證」：利用緊急調度體制保證以最短的時間交貨；第四「價格保證」：不管客戶的大小，一切商品皆以統一價格銷售。

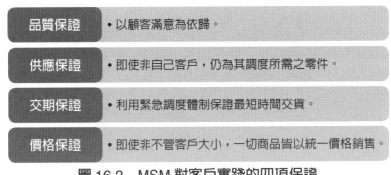

品質保證	• 以顧客滿意為依歸。
供應保證	• 即使非自己客戶，仍為其調度所需之零件。
交期保證	• 利用緊急調度體制保證最短時間交貨。
價格保證	• 即使非不管客戶大小，一切商品皆以統一價格銷售。

圖 16.2 MSM 對客戶實踐的四項保證

MSM 的董事長曾說:「我們自己賣的商品叫做保證。」他之所以會這麼說是因爲他對 MSM 整個服務體制所創造出來的顧客價值有自信之故。以上例子是對顧客而言它們有甚大的價值,並且與顧客之間建了一種其他同業所無法模倣的關係。而這點正是第三個層次的關係行銷的主要重點。

一般的商業習慣裡,很重視以宴客、招待打高爾夫球的方式建立社會關係。建立彼此之間的個人關係雖然也是很重要的,但是,正如前面說過的,在目前這種競爭激烈的環境下,這些所能發揮的效用還是很有限的。面對其他公司的優越產品、有利價位的吸引,這些關係又能支撐多久?所以企業還是要以提供獨特(別人無法模倣)的顧客價值,建立構造性的關係,只有這個才是致勝的唯一王牌。

不管顧客的忠誠度多高,和顧客之間的關係多麼良好,最好還是要靠提供更大價值的服務給顧客,才能維持彼此之間的關係。那麼,要怎麼樣才能提供顧客高價值的服務呢?許多服務管理的研究者都一致主張,服務業者只做部分性的改善是無法使服務完美的。除了累積小改善的成果之外,必須提高形成服務生產體制的各部分品質,注意各部分之間在系統上的關聯。

一個有特徵的服務內容,必須包括優秀的人才、新的技術、精巧的工作流程、活用從業人員的組織、以顧客爲導向的組織風土、能組合這些要素、適時策動全體的領導力等等,唯有這些要素結合爲一體,才能創造出吸引顧客的服務。

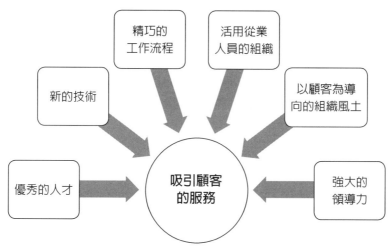

圖 16.3 創造吸引顧客服務的要素

知識補充站

提升客戶對品牌的忠誠度，可以從幾個方向打好基礎：

1. 提供方便的購買環境

方便的消費環境可以培養習慣的忠誠度，甚至可以達到反射性的作為，這就像是心理學上說的制約。例如，想要上網買東西直覺讓人想到 PChome 線上購物或 Yahoo 奇摩購物中心等。

2. 以消費者為取向

把消費者擺在心裡，這時所做的一切都會用消費者的角度思考，以其需求產生創意，建立完善與親近、甚至是難忘的諮詢和售後服務，讓消費者從購買開始到使用產品，直至產品生命結束，都能感到安心與被注重，是爭取客戶認同很有效的辦法。

3. 持續提升產品品質

就像牛仔褲先驅 Levi's，從一開始給礦工穿的褲子，後來加上鉚釘扣，再改良使用拉鍊，到現在成為引領時尚潮流，占有牛仔褲市場舉足輕重的地位，都是 Levi's 不斷提升產品品質的結果，並營造出「一旦穿上，決不脫掉」的客戶絕對忠誠。

4. 形塑優質企業形象

企業形象對於消費者購買行為具有強烈緊密的情感牽絆，一旦企業形象崩壞，客戶的忠誠將會分崩離析。日前製造蝦味先使用過其原料的老牌食品廠裕榮食品，即是一則活生生的例子。

5. 設定合理價格

這裡指的是針對不同的預設客群及產品，訂定合理價格。賣保時捷就不能訂小貨車的售價，路邊攤的餐點就不能設定大飯店的價格，不合理的價格設定以及暴利概念，會讓消費者躊躇不前，敬而遠之，更遑論忠誠度的建立。

6. 客製化搏取好感

透過既有的消費者行為分析，衍生出客戶喜好而進行的客製化製程，除能帶來耳目一新的感受，對於忠誠度的加分也極為有效。

7. 超越消費者的期待

這是第二點的進階思考，除了維持現有銷售線上的客戶滿意，偶爾「暴衝」一下，用出奇不意的想法提供給消費者更多選擇，雖具有某種市場試探的意味，但也能激盪出新的銷售概念與活絡品牌印象。

第17章
資訊技術與服務

17.1 服務與技術(1)

1. 多媒體所創造的社會

　　平面媒體盛行之時，每年元旦送來的報紙，不管哪一家報紙，都以不同的主題裝成厚厚的一捆分送給各訂戶。記得曾有一則新聞的主題為「多媒體——逐漸成形的新社會」，引起社會的關注。所謂「多媒體」就是指能把文字、動畫、聲音等，以雙向輸入、輸出的通訊方式。也是目前最普遍的通信手段，能夠完全以雙向通訊的只有電話而已。將來如果實現完全的多媒體，那麼人類的五官，至少視覺和聽覺就能夠有機會擺脫場所和時間的限制了。

　　這則新聞報導就是針對我們生活上的各方面，說明目前多媒體的發展情形和可能性。舉其各種生活領域的標題來看，那就是「世界的資訊、盡情享受」、「購物不必出門」、「學習環境、走出教室」、「在家便可接受主治醫師的診斷」、「健保卡為現代的護身符」等。僅憑這些，便可窺見未來社會的形象。當然目前已逐漸邁向多媒體社會的途中，但是當這種技術完全成熟以後，無疑的，我們的生活勢必會有很大的轉變。

2. 電子商務時代

　　過去的十年裡，消費者的購物態度與購物方式的喜好發生了巨大變化，為了持續為產業創造營收和成長，企業需要知道如何運用網路的力量創造更多的商機。於是帶來電子商務的崛起。

　　什麼是電子商務？該透過怎麼樣的模式經營電商購物網站或是在平台上銷售，網路確實能為你的事業帶來轉變。甚至，你可能也聽過跨境電商，希望透過這樣的方式，把你的商品賣到全球更多的消費者手上，或者找到海外的經銷商。

　　電子商務（簡稱電商），是指在網際網路或電子交易方式進行交易活動和相關服務活動，是傳統商業活動各環節的電子化、網路化。電子商務包括電子貨幣交換、供應鏈管理、電子交易市場、網路購物、網路行銷、線上事務處理、電子資料交換（EDI）、存貨管理和自動資料收集系統。在此過程中，利用到的資訊科技包括網際網路、全球資訊網、電子郵件、資料庫、電子目錄和行動電話。

　　電子商務的本質是交易的場所，只是交易發生的地點轉移到了網路上，因此比起傳統交易方式可以更快速、更容易甚至是跨國界的連結買方與賣方。

　　電子商務中的「電子」指的是採用的技術和系統，而「商務」指的是傳統的商業模式。電子商務被定義為一整套透過網路支援商業活動的過程。在 70 年代和 80 年代，資訊分析技術進入電子商務。80 年代，隨著信用卡、自動櫃員機和電話銀行的逐漸被接受和應用，這些也成為電子貿易的組成部分。進入 90 年代，企業資源計畫（ERP）、資料探勘和資料倉儲也成為電子商務的一個部分。

　　如今，電子商務涵蓋十分廣泛的商業行為，從電子銀行到資訊化的物流管理。電子

商務的成長促進了支援系統的發展和進步，包括後台支援系統、應用系統和中介軟體，例如寬頻和光纖網路、供應鏈管理模組、原料規劃模組、客戶關係管理模組、存貨控制模組、會計核算和企業財務模組。

　　這些新技術究竟會對服務業有怎樣影響？本章將要探討一下技術，尤其是新科技所代表的資訊技術與服務的關係。

知識補充站

　　資訊技術（IT）的應用範疇非常廣泛，以下舉二個例子：

· 雲端運算（cloud computing）：「雲」指的是網路，而雲端運算就是將應用軟體和資料放在網路上，讓使用者在任何時間從任何地點透過任何設備取得想要的資料並進行處理，如此一來，即便使用者沒有高效能的電腦或龐大的資料庫，只要能連上網路，就能即時處理大量資料。雲端運算讓線上軟體服務成為一種新趨勢，愈來愈多軟體透過網路提供服務，使用者不再需要大量投資軟硬體，取而代之的是向遠端服務供應商購買運算服務，稱為隨選運算（ondemand computing）或公用運算（utility computing）。以 Apple 公司推出的 iCloud 服務為例，它不只是一組在遠端的硬碟，能夠自動且安全地存放使用者的電子郵件、文件、行事曆、聯絡人、相片、音樂等資料，還能讓使用者的 iPhone、iPad、iPod、Mac 或 PC 等裝置保持資料同步更新。近年來更因為智慧型手機、平板電腦等行動裝置的大量普及，加上無線網路與行動通訊的蓬勃發展，使得雲端運算與人們的生活息息相關，並衍生出不同類型的概念雲，例如醫療雲、教育雲、交通雲、社群雲、金融雲、中小企業雲、製造雲、電信雲、軍事雲等。

· 網路通訊：涵蓋了全球資訊網、電子郵件、檔案傳輸（FTP）、電子布告欄（BBS）、新聞群組、網路電話、即時通訊、網路影音、網路遊戲、資料搜尋、視訊會議、簡訊、傳真、網路購物、網路拍賣、網路銀行、部落格、微網誌、社群網站、電子地圖、全球定位系統（GPS）、電子商務、行動商務、物聯網等。物聯網（Internet Of Things, IOT）指的是將物體連接起來所形成的網路，通常是在公路、鐵路、電網、橋樑、隧道、家電等物體上安裝感測器與通訊晶片，然後經由網際網路連接起來，再透過特定的程序進行遠端控制，以應用到交通運輸、物流管理、健康照護、綠化節能、智慧家庭、智慧城市、環境監控等領域。

3. 服務的技術

　　服務活動和物品生產的情形一樣，它需要技術。所謂「技術」就是指把對象的狀態變成下一個理想的狀態（例如把鐵變成螺絲）。服務活動也是如此，顧客到理髮店把蓬頭亂髮變為整齊漂亮的頭髮，這也是由過去的狀態變為目前的狀態。任何一種服務，都存在著一種邏輯，足以說明這種有計畫的變化。這就是服務活動的技術。從外行人較難理解的醫生、律師等行業，到搬家服務等可以藉由觀察而較為簡單可以說明的行業，其種類繁多。服務的技術，必須把服務提供主體和對象是人的情形，與除此之外的其他情形，加以區分來考慮。因為服務活動有以「物」為對象者，也有「機器系統」對人提供服務的情形。像洗衣店、汽車修理、機器修補、商品運輸等，是對人或組織中所擁有的「物」提供服務，而電車、電影之類是裝置對「人」提供服務，和物品生產使用同一種的技術。航空、捷運、電話、電腦、醫療等的服務領域，以機械性的技術負起甚大的任務，可以歸入裝置密集的產業之中。另一方面，服務提供主體和對象都是人的時候，不像物品生產技術那樣以機器或裝置為主，服務技術基本上存在於人的頭腦裡面。它們是由理論、知識或經驗中得到的熟練技能所構成。

　　在服務企業的情形裡，具體來說，需要三種要項：

(1) 有關服務商品生產的知識性技術、技能。

(2) 維持共同作業、組織活動的理論和技術。

(3) 和對待顧客方法有關的人際關係的技能。

　　第 (2) 項的理論與技術已於第 5 章「服務商品的特徵」及第 12 章「顧客價值的實現與服務組織」中有過涉獵。第 (3) 項的技能也於第 13 章「服務行銷組合」中有過說明，不妨回顧參考。至於第 (1) 項亦即有關服務商品生產的知識性技術、技能，本章擬就此加以探討。

知識補充站

　　技術是一種知識，是人從學習中獲得的；技能是人在熟練掌握了技術（某種認知或知識）後，在實踐練習或比賽中能加以運用。因此，人要掌握技能首先要掌握技術，獲得該技術的知識後，理解了技術，才能獲得技能。

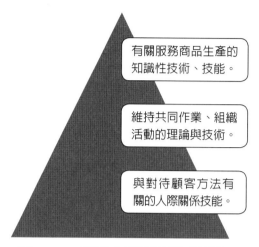

有關服務商品生產的知識性技術、技能。

維持共同作業、組織活動的理論與技術。

與對待顧客方法有關的人際關係技能。

圖 17.1　服務企業需具備三要項

知識補充站

　　什麼是多媒體（Multimedia）？在電腦應用系統中，組合兩種或兩種以上媒體的一種人機互動式資訊交流和傳播媒體。使用的媒體包括文字、圖片、照片、聲音（包含音樂、語音旁白、特殊音效）、動畫和影片，以及程序所提供的互動功能。

　　超媒體（Hypermedia）是多媒體系統中的一個子集，超媒體系統是使用超連結（Hyperlink）構成的全球資訊系統，全球資訊系統是網際網路上使用 TCP/IP 協議和 UDP/IP 協議的應用系統。2D 的多媒體網頁使用 HTML、XML 等語言編寫，3D 的多媒體網頁使用 VRML 等語言編寫。目前許多的多媒體作品使用光碟發行，或者應用於網路的發行。

　　多媒體技術是一種迅速發展的綜合性電子訊息技術，它給傳統的電腦系統、聲音和影片設備帶來了方向性的變革，將對大眾傳媒產生深遠的影響。多媒體應用將加速電腦進入家庭和社會各個方面的進步，給人們的工作、生活和娛樂帶來深刻的革命。

　　多媒體還可以應用於數位圖書館、數位博物館領域，此外，交通監控等也可使用多媒體技術進行相關監控。目前為止，多媒體的應用領域已涉足諸如廣告、藝術，教育，娛樂，工程，醫藥，商業及科學研究等行業。

17.2 服務與技術(2)

4.改變服務生產的資訊技術

　　過去連銀行也都靠著鋼筆和帳簿、算盤和電話來從事一切的業務。可是，當以電腦為重心的資訊技術發達以後，幾乎所有的生產活動都發生了激烈的變化。服務方面也不例外。而且資訊技術如人工智慧（AI）正在蓬勃的發展，狀況的變化日新月異。才沒幾年前，「**網際網路（Internet）**」還只是研究者之間的熱門話題而已，如今已是每天生活中的必需品。

　　資訊技術（IT）把資訊機器帶入服務供給者和需求者均為人的服務提供場面中，把「**服務接觸（Service Encounter）**」由人類相互作用（互動）變為只靠資訊的交換。**自動提款機（ATM）**和**家庭銀行（Home Banking）**把銀行窗口和年輕櫃員的會話，改為按鈕與畫面操作的作業。電子郵件的業務連絡，減少了年輕櫃員注視上級臉色的需要性。

　　不過雖然原來憑語言與表情的溝通變成了電子資訊，並未改變服務提供者和接受者的基本關係。服務商品的生產技術，大部分依然在於其服務提供者的頭腦當中。例如，雖說有資料庫的支援，利用網際網路購買商品，其決定者還是人。適當的「**市場區隔（Market Segment）**」設定和新式服務觀念的開發，這種獨創性領域有時也會借助於資訊機器。

　　資訊技術對服務活動的影響在於擴大對服務活動的支援機能，其效果迅速擴及服務生產之中。累積與顧客的交易記錄，從資料中發現新的顧客需求，預測需求發生時期，適時提供服務，這種顧客的個別因應管理，在現代可以輕而易舉地辦到。

　　目前在餐廳中廣為引進的**手提終端機（Handy Terminal）**所進行的接受預約，減少了對廚房連絡上的錯誤和計算上的失誤，而且對於店面的銷售管理發揮了甚大的助力。大規模的公益事業如葬儀社等，把葬儀場的外觀和配置圖在電腦的畫面上顯示出來，有助於對顧客的說明。今後在其他的銷售業中，藉由手提終端機或電腦的畫面，把欲出售商品的樣子呈現在顧客眼前一面說明的時代已經來臨。

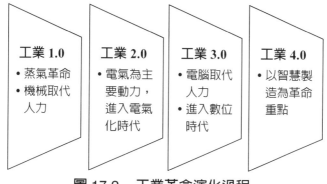

圖 17.2　工業革命演化過程

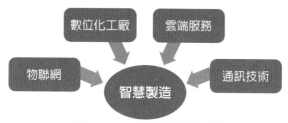

圖 17.3　智慧製造思維

知識補充站

　　過去在企業的總務部占有一重要角色的打字作業，現在也被個人電腦所取代了。專家系統（Expert System）把醫療診斷的一部分變成了資訊機器的操作。設在車站的車票自動販賣機也從事站務人員的工作，銀行的 ATM 也一樣。

　　最近開始把數部電腦以資訊通信網連成大規模的資訊系統，應用於各種不同的領域裡。例如：零售商、飲食店等流通業所用的 POS 系統（**銷售時點資訊管理系統**）以及 EOS 系統（**電子預約系統**），把商店、總部、供應商等，以回線連結起來，短時間內做成經營上決策所需的資訊，連這種過去由人工處理的業務也能在瞬間實施。這些作為服務活動的支援系統，發揮了很大的力量。

　　綜觀工業歷史，從工業 1.0 使用蒸氣為動力，出現機械代替勞力；工業 2.0 以電氣為主要動力，進入電氣化時代；工業 3.0 以電腦協助人力製造，進入數位控制時代；到了工業 4.0，則是以「智慧製造」為革命重點。

　　「智慧製造」是將物聯網、數位化工廠、雲端服務、通訊等技術緊密扣合，創造虛實整合的製造產業，徹底改變一直以來的製造思維。工業 4.0 的價值是利用物聯網、感測技術技術連結萬物，機械與機械、機械與人之間可以相互溝通，將傳統生產方式轉為高度客製化、智慧化、服務化的商業模式，可以快速製造少量多項的產品，因應快速變化的市場。

17.3 服務與資訊(1)

1. 什麼是資訊？

在具體探討資訊技術對服務活動的影響之前，我們先來想一想，服務本身和資訊之間的關係。

資訊乃是「某件事情的訊息」，而這種訊息必須藉語言或影像將它記號化以便能傳達。「聲音的語言」也可傳達，因為它沒有形狀，所以很像活動的「服務」。另外，資訊的取得方式是無限的，可以融通無礙，此點也與服務類似。基於這種「無形性」的共通點，我們姑且稱這種以服務和資訊為核心的社會為「軟體化社會」。甚或有時把資訊和服務當作同等看待。

不過把兩樣東西看作同一物來考慮，只會愈令人無法解釋。資訊為服務活動所必要的因素，自然有其重疊的部分，但是基本上是另一個領域的活動。資訊也如服務一般，有時屬於經濟財（例如：專利）。可是，此種資訊多半具有以下各種特徵：

(1) 可以再生產。

(2) 可以主張所有權。

(3)現實的交易上，或寫在紙上或存入磁碟片，以及可以「外部化」、「有形化」。

也就是說，與其稱之為「服務」，還不如說它具有「有形產品」的特徵。

2. 資訊的類型

Google 認為大眾應該享有開放的資訊取得管道，所以努力確保所有使用者都能輕鬆獲取網路上的資訊。資訊依獲取方式分為：

(1) 減少事情不確實性的資訊。

(2) 與不確實性增減無關的資訊。

第一種的「減少事情不確實性的資訊」，具有可當作手段來利用的資本財性格。這一種的資訊又有系統地整理為：①**程式資訊**（Program Information）和②**數據資訊**（Data Information）。具體來說，①就是理論、技術、方法、電腦程式等。②就是有關個別的外部事實的資訊。程式資訊和數據資訊都被「記號化」成為文字、圖形、影像等，所以具有「有形物」的特徵。

第二種的「與不確實性增減無關的資訊」，被現的事情本身對於人類產生了某種價值性的效果，具體而言便是音樂、戲劇、舞蹈、藝能、文學、繪畫、電影等。這些可稱作「消費財的資訊」。資訊發信活動本身對人類產生價值，所以稱為「服務財的資訊」，這種資訊具有「同一內容的資訊即使反覆消費亦有價值」的特徵。最近也有人稱之為「Contents」。但是文字、繪畫、電影等物化為一本書、一幅畫、一卷膠卷等，音樂、演劇、舞蹈、藝能等，它的第一次表演型態如同於服務活動，可是，它又可以轉換成 CD、膠卷、錄影帶等將之物化出來。

總之，資訊可分為二：一是作為資本財，具有與「物」相同的特徵，可作為「有形物」來處理；二是作為消費財，具有與「服務」相同的特徵（如圖17.4所示）。把資本財的資訊基本上作為「物」來處理，在區分資訊和服務上是很重要的一點。因為今後我們會遇到資訊與服務愈發密切地糾結在一起。

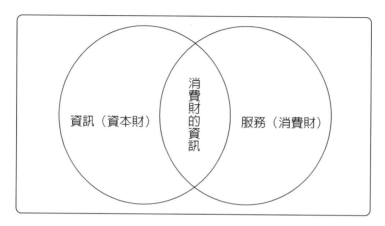

圖17.4　資訊與服務

3. 服務生產活動與資訊

接下來，我們來探討一下資訊技術怎樣影響到服務的生產？新的資訊技術對於服務生產活動的三個層面產生重大的影響。

(1) 提供服務的企業或個人，與消費服務的企業或個人的關係。

(2) 服務企業的**提供體制**。

(3) 資訊提供是企業服務活動的內容。

首先我們就第一點，結合企業和顧客的資訊來考慮看看。服務活動基本上是服務的提供主體和服務接受客體（顧客）之間的相互作用，其相互作用的內容由主體和客體的溝通來決定。也就是說，究竟要購買怎樣的服務，完全取決於提供者對服務項目的提示與顧客根據它所做的選擇而定。當資訊技術進入這種關係時，時間和場所的限制就脫離了。現在如果利用所設想的多媒體的「**隨選購物**」（Shopping on Demand），在自己家中的個人電腦上叫出 CD 目錄，任意選擇音樂區域、管絃樂團、指揮者，決定想購買的 CD 以後，當場就可發出訂單，同時也可以付款。至於商品則幾天之內送到家。

不受時間與場所的限制，宛如當場服務提供者和接受者直接面對面一樣的進行溝通，這種資訊技術不只是購物辦得到，就是隨時想看喜歡的影集，或想知道所需要的消息、資訊都可以到手，不但「**隨選視訊**」（Video on Demand）能辦到，就是「**隨**

選即播」（Broadcast on Demand）也沒問題。

還有，生產者和消費者透過電腦，一邊討論自己想要的商品設計或圖樣款式，一邊發出訂單，訂購世界上獨一無二的個別訂購商品，要求廠商製造，此種所謂的「**隨選生產**」（Manufacturing on Demand）也將大為推展開來。此時生產者將同時提供兩種商品：

(1) 訂購商品的「製造」。

(2) 接受個別訂貨，實現顧客所希望的商品即所謂「服務活動」。

服務企業如能引進**隨選生產**的方法，例如在家醫療必能做得更好，將來不必上醫院就可以接受某種程度的醫療服務。

知識補充站

在工業 4.0 時代，消費者可以依個人需求決定產品，並直接與工廠溝通，而工廠會朝「智能工廠」（Smart Factory）邁進，並發展「隨選生產」（Production on Demand），即時制定生產計畫，以達到消費者個人的需求（即便只有一張訂單和一個產品），這整個發展需要「智慧網實系統」（Cyber-Physical System, CPS）及物聯網（Internet of Things, IoT）相關軟硬體及基礎設施的配合，以開創人機和諧共存的環境，使傳統製造業變得更智慧化與更有效率，相關的關鍵技術包括有：物聯網、人工智慧、大數據、雲端運算和網路安全等，這些關鍵技術的發展同時代表著無限商機與挑戰。

工業 4.0 的關鍵技術，包括：物聯網、人工智慧、大數據與雲端運算等，已全面應用在我們的日常生活及製造業，除了促進傳統製造業智慧化生產，提升產業競爭力，也逐漸改善人們的生活，滿足消費者客製化，面對未來工業 4.0 的浪潮，我們應及早認識與學習工業 4.0 的關鍵技術，並有效地整合與運用，以在工業 4.0 時代占有一席之地。

知識補充站

1. 工業 4.0 是由德國政府《德國 2020 高技術戰略》中所提出的十大未來項目之一。「工業 4.0」項目主要分為三大主題：

   (1)「智能工廠」，重點研究智能化生產系統及過程，以及網絡化分布式生產設施的實現。

   (2)「智能生產」，主要涉及整個企業的生產物流管理、人機互動以及 3D 技術在工業生產過程中的應用等。該計畫將特別注重吸引中小企業參與，力圖使中小企業成為新一代智能化生產技術的使用者和受益者，同時也成為先進工業生產技術的創造者和供應者。

   (3)「智能物流」，主要通過網際網路、物聯網、物流網，整合物流資源，充分發揮現有物流資源供應方的效率，而需求方，則能夠快速獲得服務匹配，得到物流支持。

2. 工業 3.0 是指電子信息化時代，即廣泛應用電子與信息技術，使製造過程自動化控制程度進一步大幅度提高。

   工業 3.0 的特點是

   (1) 資料庫系統被廣泛使用，工業產品的生產，比如汽車，是靠數字設計、數字製造、數字總裝、數字分析系統建立資料庫，完全在數字系統中運行校正。由於設計、製造、總裝、分析都在電腦系統中完成，相比 2.0 階段，3.0 技術大大提高了研發效率，降低了生產成本。

   (2) 模具，模具是工業之母，IE 是工業之父。在 3.0 時代的時候，模具和 IE 是工業製造的核心關鍵能力。

3. 工業 2.0 是指電氣化與自動化時代，即在勞動分工基礎上採用電力驅動產品的大規模生產。這個時代，在勞動分工基礎上採用電力驅動產品的大規模生產；因為有了電力，所以才進入了由繼電器、電氣自動化控制機械設備生產的年代。這次的工業革命，通過零部件生產與產品裝配的成功分離，開創了產品批量生產的高效新模式。

   簡單來說，工業 1.0 是機械化，2.0 是自動化，3.0 是資訊化，4.0 是智能化，每一個階段都以前一階段為基礎，可以同時實現。

知識補充站

服務業 1.0，指的是以雜貨店為主的單店（Single Channel）；當時還在手工生產力的時代，生產技術是手工操作，資訊流是透過口碑和信函的方式傳遞，資金流是透過一交手錢一手交貨的現場方式完成，物流是透過人力和畜力的方式進行轉移，因此零售通路一般表現為生產者到集市貿易直銷，或是透過零售商走街串巷叫賣，或是街頭小店鋪銷售。資料統計透過手工記帳和算盤的方式完成，商家一般不關注顧客需求的變化，顧客資料對於零售業經營來說，可有可無。這是一個無數據的時代，商家資料無非是進貨和銷貨的簡單統計，加減乘除的手工運算即可完成。

服務業 2.0，就是發展到多店或是連鎖店（Multi Channel）；工業技術改變了傳統的交通（商品運輸）和通訊（資訊傳遞）方式，形成高效率、專業化的交通運輸網路和通訊網路，零售商不必親力親為做這些物流和資訊流的事情了，進而催生了新型無店鋪形態的零售管道。伴隨著郵政系統的網路化，催生了直達信函（DM）和目錄零售；伴隨著電話的普及，出現了電話零售；伴隨著電視走進家庭，出現了電視購物管道等等。伴隨著資訊傳遞方式而產生的零售管道帶來多管道的萌芽，顧客資料庫變得異常的重要，因為直達信函和郵購目錄寄送需要顧客位址，電話零售需要顧客的電話號碼等等，顧客資料和資訊開始受到關注。

服務業 3.0，就是垮領域的通路，以網實結合為代表（Cross Channel）。資訊流是通過電話、電報、海報、書籍等方式傳遞，資金流催生了信用卡、儲蓄卡、現金卡等刷卡方式，物流是通過汽車、輪船、火車、飛機等電力和電氣工具方式進行轉移，因此零售通路一般表現為商場與網路銷售並存的狀態。資料統計可以通過 ICT 來完成，商家關注顧客需求的變化，顧客資訊對於零售業經營來說變得重要。

臺灣目前處於服務業 3.0 的模式，除了實體店鋪銷售外，也包含導入門市的 POS 系統到企業總部資源規畫系統（ERP）及虛擬網路等數位化的銷售。但若要進一步做到下一步的服務業 4.0，則需要納入現在所有資訊通訊科技，以及智慧化彈性（客製）ICT 系統在內，才能夠達到服務業 4.0 數位化以及物聯網化（M2M、M2C）的全通路（Ommi Channel）。

　　經濟部未來推動的「商業服務業生產力 4.0」計畫，強調運用大數據等智慧科技，打造虛實整合的全通路經營模式，藉此提高生產力；以透過大數據、物聯網、雲端運算等智慧科技運用，提高商業服務業生產力，主要包括 3 個內涵：以消費者為核心的創新消費服務、全通路商業營運模式，及減少人力、物力的智慧物流服務。由於資訊技術革命帶來的顧客變化催生了全通路的零售，企業未來的零售通路類型將進行組合和整合的銷售行為，以滿足顧客購物、娛樂和社交的綜合體驗需求，這些通路類型包括有形店鋪和無形店鋪，以及資訊媒體（網站、客服中心、社交媒體、Email、MSN、LINE）等。全通路零售的對策，需要考慮零售業的本質（銷售、娛樂和社交）和零售五流（人流、商流、資訊流、金流和物流）發生的內容變化，隨後根據目標顧客和行銷定位，進行多重通路組合和整合策略的決策。

　　未來在推動服務業 4.0 的同時，五流將有的巨大變化：

1. 人流與商流：零售店鋪已經無形化，以及二維化，手機購物還實現了移動化，隨時隨地都可以完成購買行為。不僅有形店鋪也可以成為人流，突破了原有的時空限制；商店也隨著顧客移動起來，無處不在。因此其典型特徵是「人流店也流」。

2. 資訊流：在現代零售的情境下，由於資訊傳遞路徑豐富和多元化，顧客隨時隨地可以通過移動網路瞭解商品及比較、即時性的價格資訊，也可以通過社交網路瞭解朋友們對挑選商品的意見。資訊流由店內拓展至店外，也由單向拓展至多向。

3. 金流：傳統零售情境下，顧客購買商品後，要在商店內完成付款，大多為現金付款和信用卡付款，通過付款後提取商品，「一手交錢一手交貨」。現在的購買、付款和提貨可以分離的，一方面可以購買後實施貨到付款；另一方面可以通過手機或網銀付款，然後等待著送貨上門。因此隨時隨地都可以完成付款。

4. 物流：傳統零售情境下，顧客一般採取貨物自提的方式，即在有形商店完成購買後，自己在商店裡拿取貨物並攜帶回家，可能要走很遠的距離。在現代零售情境下，顧客一般不負責貨物的長距離運輸，隨時隨地完成購買和付款後，只要告知商家送貨位址，商家會將貨物在約定的時間送到顧客家中或辦公室，或者離顧客最便利拿取的物流取貨站（如便利商店）。

17.4 服務與資訊(2)

4. 提供體制的革新

因為資訊技術而發生變革的第二種服務活動領域，就是服務業的提供系統。這個領域已運用了各種不同的資訊技術。首先值得一提的是，在生產系統中，利用資訊技術可以使服務提供活動的指示、連絡、操作等得以迅速、單純、自動化。利用行動電話、傳真、電子郵件、衛星通信、VAN、ISDN，使過去一向花時間、工夫的作業改變了。例如：便利商店所使用的 EOS（electronic ordering system）系統，把各店和總部、配送中心、廠商直接以**網路**（on-line）連結起來，不管那種商品要補多少貨，都可以即時傳達資訊。使交貨的時間大幅地減少，不至於有斷貨之虞，更有助於店舖作業的簡便化、省力化。

提供體制的資訊技術的另一個利用範圍，就是收集並分析在服務活動的各種場合所發生的資訊，有利於做出各種必要的決策。廣為零售業者引進的 POS（Point of Sale）系統，把銷售出去的商品每一個資訊記錄、累積起來，實施商品的單品管理，做出高精度的資料，以利銷售計畫及品項管理的決策。

此處姑且分成顧客與企業間的溝通和提供給內部的資訊傳達兩個層面。其實這兩者是重疊著的。因為顧客發生的資訊是直接傳到提供體制中，並多半是指示所要求的活動付諸實現。例如：在家庭銀行方面顧客發出的電子指示直接進入銀行的電腦，隨後執行所指示的行為。顧客以電子傳訊的方式直接參與企業的提供體制，這種形態今後會愈來愈多。

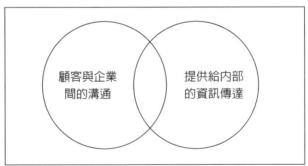

圖 17.5　提供體制的資訊層面

5. 提供資訊的服務

把提供資訊給顧客的服務活動，根據資訊的種類可分為三個型態。

(1) 數據資訊的提供。

(2) 程式資訊的提供。

(3) 服務財資訊的提供。

前兩者把資訊本身當成有形商品來處理較容易分析。又數據資訊有如市場調查資訊一般，也包含將一次原始的數據加工、編輯在內。程式資訊不僅是已完成（現成）的知識或方法的資訊提供，為工作流程所設計的電腦系統與接受訂購服務等，也包含在內。

此處介紹雲端計算的例子。「雲」指的是網路，而雲端運算就是將應用軟體和資料放在網路上，讓使用者在任何時間從任何地點透過任何設備取得想要的資料並進行處理，如此一來，即使使用者沒有高效能的電腦或龐大的資料庫，只要能連上網路，就能即時處理大量資料。蘋果公司是作為利用最新資訊技術提供數據資訊的最佳例子。

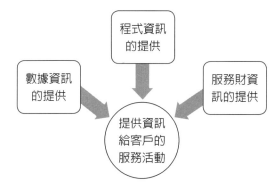

圖 17.6　提供資訊給顧客的服務活動分為三個種類

知識補充站

　　隨著科技的進步，許多依賴人工的例行性工作現在都由電腦取代。電話自動答詢系統取代了接待人員就是其中一個例子。不過，重點是這樣的變動不但帶來了好處也同時帶來了壞處。一個企業可能因此而喪失了和客戶面對面溝通的機會，甚至於帶來安全的隱患。所以企業的 IT 管理階層面對類似的決策和實施方案時務必深思，才能克竟全功。

　　儘管資訊科技系統能夠促進企業的運行腳步加速，但是速度也可能帶來一些問題。例如，脆弱的資訊系統可能導致資安的問題，尤其是面對網際網路的系統最可能受災。如果對於資訊洩露沒有很好的防治手段，沒有授權的人很可能接觸到機密資料。如此可能造成資訊被竄改、毀損、甚至於公司被汙名化。敏感性資料的洩露不但會造成公司的財務損失，也會造成公司的商譽在廣大潛在用戶的面前受損。

6. 電子資訊化的教育

　　以程式資訊為著眼點提供的服務活動，它的代表就是教育了。特別是許多大學，引進了最新的資訊技術。使用通信衛星的授課方式也正式展開。在教育方面雖然配合學生的學習進步情形授課及指導是非常重要的，但是依據學生的能力、志願，學校利用電腦編訂教材和指導內容，即使不親自前往教室，也可以利用電腦來學習的系統等正在推廣中。

　　美國加州理工學院學生使用校園或自宅的終端機，不受時間限制可隨時叫出教授講課內容，利用它來學習。進一步正在研究與其他大學連線，以擴大科目的範圍。如此一來，學校之間的差距就趨於零了。如果把這種構想擴而大之，則「**虛擬大學**」（Virtual University）實現的可能性就很大了。那麼新的資訊技術給我們帶來了一個考驗，那就是教育究竟是什麼？！

7. 服務財的資訊

　　第三是關於服務財的資訊提供方面。音樂、演劇、相聲等表演本身是服務活動，可以利用 CD、錄影帶使它有形化。多媒體發達之後，受到影響的行業有租售錄影帶和卡拉 OK 等。在家可以欣賞自己喜歡的 CD，此種「**隨選 CD**」（CD on Demand）如果能實現，則 CD 出租店就不需要存在了。卡拉 OK 如果也能直接發射訊號到各家庭去，則卡拉 OK 包廂也勢必受到很大的影響（如果卡拉 OK 是向別人表現自己才華的手段，那麼除家庭以外以別人為觀眾的卡拉 OK 或許還會殘存下來）。

　　因新技術的產生得以提供新服務財資訊的例子，即為**虛擬實境**（Virtual Reality）的技術。在電子遊樂中心、娛樂世界等地方，宛如搭乘噴射戰鬥機和敵機作戰，坐太空船在太空中發行似的享受。日本的 NEC 製作了一種虛擬滑雪（Virtual Ski）系統，猶如親身體驗實地的滑雪。可以一邊嘗嘗駕著左右移動的滑雪練習機滑行的滋味。腳踩的方法不對的話，就會偏離跑道或跌跤，此外，也開發了利用高視覺享受（Hi Vision）和虛擬實境（Virtual Reality）的假想美術館等軟體。

Note

17.5 資訊技術如何改變了服務管理

1. 效果的提高

　　和所有的技術一樣，資訊技術的發達使得從前不能的事情變為可能，其結果使得組織的效果和效率更加提升。所謂組織的效果性，就是剛才在前面提過的「組織達成目標的能力」，現在就以利用資訊技術來實現對顧客提供更高品質的服務為例來說明。

　　例如，家庭銀行減少了接受銀行服務所需的時間和場所的限制。顧客可以利用閒餘時間進行存款結餘的確認（對帳）和匯款。又，想要租公寓或房子的人，過去都得接受不動產房屋的介紹，實地看過幾種物件才行。可是目前部分的不動產業，在個人電腦的畫面上就可以介紹住宅的整體照片、房間的照片、鄰近地區的情況等。顧客從豐富的選擇方案中精挑細選合乎自己希望的物件，節省了很多時間和精力。

　　日本花王與三菱電機共同開發的「**諮詢系統**」（Counseling System），是在終端機的畫面上以圖表顯示出來，可以在五秒鐘之內一目了然地診斷出顧客的皮膚情形。營業人員一面提供給顧客有關其本身肌膚的訊息，一面促銷其使用合適的保養品。而且把在這裡收集到的資訊和總公司的電腦連結，把店面資訊轉化為資料庫，有助於行銷或新產品的開發。

知識補充站

　　我們來看一則零售業者利用資訊技術的例子。

　　美國有一家牛仔褲大製造商 Lee 公司，開發了一種在電腦畫面上可以試穿牛仔褲的系統，並引進零售店使用。一般女性客戶在選購一條牛仔褲時，都得試穿過平均十條以上，這種系統即可省掉麻煩的手續，又可同時掌握住顧客之所好，這個系統就稱作「Fit Finder」。顧客首先在終端機那裡，用附加的布尺量好自己的尺寸，如有不對，顧客只要觸摸一下，就依序地放映出另一件牛仔褲，不用實地去試穿，就可以試穿好幾件牛仔褲。

2. 效率的提升

　　資訊技術為生產活動帶來的廣泛助益就是作業的效率化。電子資訊的即時性、反覆性、數據利用的容易性，在很多場合都提高了作業的效率性。當然在服務生產方面也不例外。

　　在外送披薩的業界裡，「達美樂」披薩餅算是比較聞名的一家，它的店裡擺著兩台電腦，進行顧客管理與店舖營運管理。其中一台是送貨員用的，一面接受訂貨的電話，一面可以把客戶的電話號碼、地址、姓名、貨品名稱簡單地輸入電腦。送貨員在出門之前確認一下畫面，如果顯示過去曾訂過貨，其內容會表示出來，那麼他就可以準備一下對常客的招呼或介紹適合客人口味的新產品，甚至於提供優待的禮券等。另一台電腦會顯示送貨員送貨的情形，可以掌握他的動向。打烊時合計一天之內的訂購資料，傳送到總公司的主機去。利用這種系統能對顧客作更細心的服務，同時店長的業務也大大地簡化。

　　服務活動所用的新型資訊機器，在與顧客接觸的場面中引進，往往可提升對顧客的效果性和企業的效率性。號稱日本國內最多客房數位於品川的王子大飯店，引進了利用信用卡的自動退房結帳機。因為客房數量龐大，結帳的時候集中在早上，造成大排長龍的現象，如果利用這種機器，一個人 20 秒就可以結清，同時又可以拿到收據。

　　日本大和運輸開發的「宅急便」資訊系統：「NEKO 系統」，是把配送資料和顧客類別的交易條件記錄到 IC 卡，把它先交給客戶，集貨時利用業務司機所攜帶的絡端機的卡片判讀器，透過 IC 卡讀出資訊來。把貨物的量和型式大小當場輸入，運費就自動顯示出來。因為 IC 卡有記錄交易資料，馬上可以顯示累計手續費，因此當場也可以結帳。客戶可以從其攜帶型終端機叫出本公司貨物處理量和費用的訊息，有助於貨主的物流管理。又「大和」的營業據點負責事務的人也可以憑著司機所帶回的終端機進行資訊處理。這個系統使得「大和」和客戶雙方的事務處理簡單化、迅速化，同時 IC 卡可作為**預付卡**（Prepaid card），所以有助於使交易關係在一定期間中固定化、緊密化等。

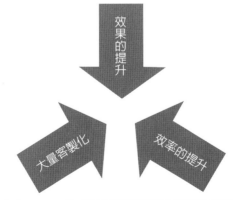

圖 17.7　資訊技術對服務管理的影響

3. 大量客製化

最近這個字經常被使用，Mass 是大量，而 Customization 是因應每個顧客的要求，即有客製化之意，乍看之下似乎很矛盾，但所謂「Mass Customization」就是在廣泛的範圍中，實現以「一般顧客為對象的客製化」之謂，稱之為大量客製化。

連結此「客製化」和「廣泛化」的就是電腦。就像剛才前面提過的「達美樂披薩店」的情形一樣，如果不嫌麻煩，把個別顧客資訊輸入電腦，一旦有過交易行為的客戶，第二次以後就可以利用上次的顧客資訊。一再重複交易的話，就能累積特定顧客的資訊，成為較精密的資料。日本有一家規模不大，頗負盛名的高級旅館連鎖店「四季」（Four Season），就連該旅館的旅客所穿的浴袍、拖鞋大小、室溫、枕頭硬度都加以記錄，當這位旅客再次光顧的時候，就都已配合這些資訊準備好了房間。

知識補充站

沃爾瑪與亞馬遜的電商大戰

2018 年可謂沃爾瑪（Walmart）業務的轉捩點。過去多年，網購業務對這間全球最大的零售商而言無關緊要，但公司其後為加強網上銷售能力而大舉投資好幾年，並收購一系列網店，如今已發展成可持續的電商業務。雖然近日各界擔心全球經濟放緩、全球貿易環境緊張或打擊消費者的購物意欲，以及數碼銷售領域競爭激烈，但仍無阻沃爾瑪取得成功。相反，亞馬遜（Amazon）在此領域則繼續放緩。電商業務雖仍完全在亞馬遜的控制之下，但規模和成功往往需要目標。沃爾瑪愈來愈願意與亞馬遜正面「對決」，而其網上零售品牌亦正拉近與歷史較短、模式破格的亞馬遜之間的差距。

對於有意投資零售股的投資者來說，沃爾瑪目前似乎是更明智的選擇。該公司在實體店的基礎上建立網上業務，並正贏得美國消費者的青睞。此外，公司亦大舉投資海外零售領域，當中包括其占大多數股權的印度最大電商網站 Flipkart，以及與日本樂天（Rakuten）的合作。這並不代表亞馬遜已變得不值錢。雖然其零售業務不復當年勇，但公司正利用其在數碼銷售領域的領先地位，推動其他領域的增長。以網上廣告為例，今年首季亞馬遜的廣告收入按年增 34% 至 27 億，而雲端運算業務 Amazon Web Services 及其他訂閱服務（如 Amazon Prime、影片和音樂）則分別增長 41% 和 40%。兩個部門期內總收入達到 120 億元。因此，相比下，亞馬遜仍然是較出色的增長股。但就電商業務而言，現在是時候讚讚沃爾瑪。幾年前，沃爾瑪的網上業務並不起眼，但如今，當大家談到未來的購物模式時，這間大型零售商已成為一股不容小覷的力量。

假若有一間服飾店，每天有約十筆的銷售，每天用紙筆紀錄聽起來好像沒什麼。但是累計下來，一年就會有 3,650 筆的銷售紀錄，其中各項的收入、售出商品也都不相同。試想你要計算每個月的淨利、成本，需要將超過「3000 筆資料」輸進電腦的表格中。這樣聽起來就很可怕了吧？更不用提當中若出現退換貨、預定商品、部分付款的狀況，或是折扣活動、又或是發生最糟的情況：你的紙筆帳本搞丟了。POS 系統便解決了這個困擾。透過電腦自動保存銷售紀錄，你可以隨時檢視任何一筆資料，並保證這些資料不會出現人工計算錯誤的情況。電腦也會自動將這些資料轉化成表格，整理成銷售報表。

最近更利用新資訊技術的雙向性、互動性，儲存每一位顧客的使用情形，憑藉著與使用情形所做成之「購買預測」，再從事「提案型行銷」，此即稱作一**對一行銷**（One to One Marketing）。

大量生產和**大量行銷**（Mass Marketing）已無法完全掌握每位消費者的需求構造，基於這個現實背景，如何有效地實現「**大量客製化**」（Mass Customization），資訊技術的發展應該可以在方法上提供一個解決的辦法。

知識補充站

1. 訂製化商品
商品依照規格化生產的方式製作或是在現有規格（如：尺寸、顏色等）的有限範圍內加以指定或選擇。例如：任何指定圖案款式，製作在任何手機殼型號上、依照買方提供有限尺寸製作飾品即屬於訂製化商品。

2. 客製化商品
商品依照客人的需求量身製作，以訂製西服為例，商品從頭到腳的尺寸和規格都是依照單一客人的身形製作，或是將客戶指定的圖像或字樣從事商品創作，且無法再販售給其他客人，即屬於客製化商品。

商品是否符合客製化，可以依商品是否有排他性來判斷。例如：客人向設計師購買客製刻上名字的鑰匙圈，因商品無法再被賣給其他客人，該商品就具有排他性，設計師有權不接受退款申請。

3. 大量客製化（Mass Customization）
相對於工業革命後科學管理提出大量生產的概念，「大量」常常導致產品的模式化、標準化，「客製化」則往往意味著少量生產。二者朝著不同的方向前進。然而，競爭方式層出不窮，公司必須找到增加價值的新方法。大量客製化（Mass Customization）一方面能提供多樣的選擇，一方面滿足大量客戶。在資訊時代企業可以做到大量客製化的要求。以往大量生產標準化的產品，客製化只能少量生產，如今拜電腦網路連線之賜，消費者經由網際網路下訂單，訂購自己所需規格的產品，不論是汽車、電腦、牛仔褲等都可以經由網路傳送到公司，自己的工廠甚至遠在海外的外包協力廠也可以同步獲得訂單訊息，即刻展開小量多樣的彈性生產。

17.6 網路與服務

1. 網路社會

工業化社會因為規模的經濟性，提高了生產的效果性和效率性，成功地豐富了社會。可是今天在大量生產的效果性上，呈現出一個重大的疑問。現代的消費者不能滿足於現成的商品，趨向於追求自己喜歡的商品。

製造業者將生產系統柔軟化，轉向多品種少量生產以求因應。又因為泡沫經濟崩潰以後，消費者重視價格的傾向顯著，企業界不得不著重效率化。

就在這樣的背景中，出現了企業與其他相關企業組織新的網路，共同謀求因應新課題的動向。例如後面要提到的產銷同盟或策略聯盟即是。

服務業本來就必須在當時當場提供服務商品，故而需要擁有多數的銷售據點，企業成長以後，往往轉為「網路型」，諸如：加盟連鎖店制度等。

網路型組織的好處是，可以發揮小活動單位具有的人力與大規模組織的技術力、產品開發、大量進貨減少費用等的相乘效果。**諾曼**（Richard Normann）所說的：「在大規模之中可以順利地縮小其單位」就是指這個而言。當然在總部與各活動單位之間，必須先充分地研究、計畫，設定任務的分擔。如想大肆展開服務活動，本質上必須「網路化」。

有一個使用網路服務的佳例，那便是美國航空有各自的座位預訂系統「Sabre」。美國航空在 1975 年起引進了涵蓋其他航空公司路線的電腦預約系統。過去大部分顧客都直接到特定航空公司的中心或櫃台預約，當時從航空公司直接買票的顧客達全體的七成。美國航空推出在各旅行代理店（旅行社）設置終端機，所以顧客只要向有終端機的旅行社連絡，就可以配合所有航空路線的預約情形由自己進行預約。換句話說，可以從航空市場整體的商品中去選擇。也就是網路的外部化產生了。其結果，目前機票有 70% 以上是經由旅行社買進的。

每次經由 Sabre 接受其他航空公司的座位預約，就有一筆手續費收入。還有包括別家公司的預約情況及每天市場動向資訊都能夠到手，所以商業旅客在眾多的航線價格之決定或銷售量的控制上，都處於非常有利的地位。初期投資需要龐大的金額（據說約 10 億美元），由於一開始就掌控了市場，所以別家公司無法趕上。Sabre 系統所賺取的收益實際上佔了美國航空總利益的 25%。

2. 產銷同盟

目前由於網路化和資訊技術的應用，企業間流行著和過去系列化不同的業務合作。例如，美國成衣業所採用的系統快速回應系統「Quick Response」（QR）和在美國進行的「Computer aided Acquisition and Logistics Support」（CALS）（**生產、供應、營運支援統合資訊系統**）等即是。QR 建立起貫穿素材、成衣、零售三階段，由下游至上游的資訊流通通路，目標在於順應需求動向，機動性地創造出生產、流通的

體制。這種新趨勢的共通點就是組成網路的各企業共同擁有相關業務的資訊，集體行動以因應市場動向，一起提高效果性和效率性。在國內把這種企業間的協同合作稱為「產銷同盟」，我們看看其中的一個簡單案例吧！

·雪冰的事例

某年的夏天，日本的 Seven－Eleven 超商販賣的冰淇淋有驚人的銷售量。尤其是森永乳業的「森永雪冰」，平時頂多賣個三十客，但那一年一天一家店平均賣到一百個以上。7-11 超商將所賣的森永乳業和其他冰淇淋廠商的產品，使用 ISDN 把店裡的訂貨資料以即時處理系統（Real Time System）直接傳送，POS 資料也限於廠家商品進行提供。製造商能夠逐一掌握自己的商品在哪個地區銷售多少、存貨還有多少等。製造商根據所提供的資料，可仔細地擬訂出單品別的生產計畫，並且還能夠儲存銷售資料，掌握行銷傾向，又加上庫存資料、氣象資訊，即可擬訂高精度長期性的生產計畫。過去製造商把貨交到批發商處，就完全得不到銷售情形的消息，只仰賴氣溫的長期預報訂定生產計畫。如果高溫持續多日，冰淇淋的銷售情形就上升，雖然批發商要求即時增產，製造商的生產能力仍然有限，還要提防季節商品像冰淇淋那樣的出現滯銷。森永乳業分析所提供的資料後提議增產，結果 7-11 超商從來未曾缺貨過，隨時補充商品，所以森永雪冰一天可以賣到一百個以上。

知識補充站

Cyber society 與 Network society 的翻譯均為網路社會，此兩種「網路社會」不僅在誕生的時代背景和技術支持方面是相同的，而且在兩者之間存在著不可分割的有機聯繫。現代「網路社會」（Network society）的形成，有賴於現代信息通訊技術（以網路技術為代表）把原子（atom）世界轉化成比特（bit）世界，克服自然地理因素的限制進行信息的自由傳遞；而進行信息的自由傳遞的基礎，則是電腦和聯結電腦的網路以及在該網路里產生的「網路社會」（Cyber society）。因此簡單地說，「網路社會」（Cyber society）是「網路社會」（Network society）的基礎，而又被包容在後者之中。人類社會發展的方向是各種網路高度整合的一體化的社會，從這個視角可以說，現代社會是以 Internet 為主的信息網路與實體網路高度整合的結果，也是虛擬「網路社會」（Cyber society）和現實「網路社會」（Network society）高度整合的結果。當然，由於「網路社會」還正在形成、生長、發展變化之中，所以，「網路社會」這一名詞就像「生命體」一樣，事實上很難給出確定的內涵；而且試圖為「網路社會」概念下一個確切不易的標準定義，也不符合網路技術和網路社會日新月異發展的精神。因此，這裡更傾向於將「網路社會」作為一種與時俱進的概念而存在，同時也成為網路時代每個人日常實踐的技術和環境。

3. 虛擬企業

使用資訊技術之後，虛擬企業也開始真正上場了。達比杜（Dabidoo）和馬龍（Maloon）在一九九二年出版一本書叫《虛擬企業》（Virtual Corporation），所謂「虛擬企業」意味著「當場滿足顧客的要求，並且是成本效率高的產品和服務的生產企業」。豐田汽車的限量生產就引用它作為主要的方法。

今日所需的要素更加擴大，採用外資外才（Outsourcing），隨時在改變必要的商業搭檔，在水平的合作中從事生產，這種企業方興未艾。更甚的是，只要協調統合機能的地位一決定，其餘一切都是以一時性合作的方式進行生產。只要有辦公室、固有的設施，一切空蕩蕩的工廠就會產生。

虛擬組織最活躍的就是個人電腦的世界。微處理器（Micro Processor）記憶體（Memory）、周邊機器、通信、OS（作業系統）、應用軟體（Application Soft）等，各種角色在此上場了。

虛擬企業究竟和服務管理有何關係呢？服務強調的是「在必要的時候，適時地提供必要的東西。」這其實就是服務活動。虛擬組織是一種服務提供系統，正確的說，就是在生產物品之同時也從事顧客價值高的服務。市場越追求「客製化」和「機動化」，順應這種要求的服務與物品的「融合商品」，透過以資訊技術和網路為基礎的新企業形態來提供的機會將會增加。

知識補充站

虛擬組織一詞是由肯尼思·普瑞斯（Kenneth Preiss）、史蒂文·戈德曼（Steven L Goldman）、羅傑·N·內格爾（Roger N Nagel）三人在 1991 年編寫的一份重要報告：〈21 世紀的生產企業研究：工業決定未來〉中首先提出的，這份報告受到美國國會的重視，為國防部所採納。在這份報告中，虛擬組織一詞被第一次提出來，當時該詞的含義很簡單，僅作為一種比較重要的企業系統化革新手段被加以闡述。此後，虛擬組織概念得到發展，也日益受到重視。

所謂的虛擬企業（Virtual Enterprise），是當市場出現新機遇時，具有不同資源與優勢的企業為了共同開拓市場，共同對付其他的競爭者而組織的、建立在信息網路基礎上的共用技術與信息，分擔費用，聯合開發的、互利的企業聯盟體。虛擬企業的出現常常是參與聯盟的企業追求一種完全靠自身能力達不到的超常目標，即這種目標要高於企業運用自身資源可以達到的限度。因此企業自發的要求突破自身的組織界限，必須與其他對此目標有共識的企業實現全方位的戰略聯盟，共建虛擬企業，才有可能實現這一目標。

　　網路書店博客來則與統一超商合作推出「網路訂書、來店取貨」，借用統一超商全省兩千多個據點，提供消費者更方便的後續服務。美國也出現由免付費電話與網路直銷起家的電腦廠商 Gateway，去年在全美設了兩百個分店。這些分店不放存貨，只吸引客戶注意、提供服務。網站功能在提供技術支援，實體據點卻讓 Gateway 與顧客維持親密、長期的關係。因為成效好，Gateway 預計兩年內拓展到四百個據點。目前最常見的模式，是結合網路集客力與實體企業的通路、品牌資產，發揮綜效。虛（擬）實（體）企業正方興未艾。

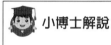 **小博士解說**

APP行銷是什麼？

　　新經濟如何影響傳統企業？當各家實體在租金上斤斤計較時，聰明的人已經轉而將精神放在新技術、將商務轉到網路上開發新應用。在美國，有人發現美食外送 app 不只影響市區的實體店面，甚至影響了餐廳的空間使用、人員配置。在中午用餐時段，已不常見大批人龍擠在小小的服務台前買單、餐廳的裡外也少了以往的熱絡。用美食外賣平台，除了可以減少出門的時間，app 還可以幫用戶累積點數，搭上優惠活動時，甚至會比餐點便宜；也有評分跟評論，過去客戶到餐廳用餐，對單向式的問卷無感，現在線上評分可以跟餐館互動，提高使用參與度。一個小小的外賣應用程式轉換了食品產業鏈的業務範圍，自 2014 年以來，食品和餐館應用程序的使用量增加了 70%；而根據《彭博社》的綜合報導，食品配送 app 的下載量比三年前增加了 380%，甚至有研究公司預測，美國餐廳因透過外賣 app 每年成交額將達到十億美金，另一個幫助 Uber Eats 快速成長的就是「虛擬廚房」，相較於在美國的外送服務競爭者 Caviar、GrubHub 打造實體廚房，Uber Eats 跟特定餐廳聯手推出只有在 app 上才有的專門餐點。會有這樣的想法出現，起因於 Uber 發現夏威夷有一種生魚片的料理餐點叫「poke」在美國本土被熱搜，卻只有少數夏威夷餐廳有提供，也因此 Uber 嘗試找日式料理跟生魚片餐廳合作，推出類似的生魚片料理，並且限定消費者只能上 Uber Eats 的 app 才能點。

　　透過數據分析出美國消費者的喜好，轉而改變餐廳的銷售餐點，虛擬廚房創造了新商機，並開始跟更多餐廳合作，許多被閒置的空間也因為這樣服務誕生被重新利用。

Note

第18章
服務行銷的新方向

　　服務行銷對未來的我國而言，勢必愈來愈有其必要性，本章接著要討論的就是未來服務行銷的新方向，內容包括「顧客抱怨的處理」與「關係行銷」。另外，在最後我們會介紹服務行銷的整個體系，作為本書的總結。

18.1 顧客抱怨問題的處理方式

一般稱企業對顧客抱怨的應對為「抱怨問題的應對」。但是，這樣的稱呼感覺起來有點消極，所以這裡我們還是稱之為「抱怨處理」。英語裡的稱呼是「service recovery」或「complaint management」。

處理顧客的抱怨，過去一直給人一種「收拾殘局」的感覺。許多企業裡都設有「顧客諮商室」，想藉由這樣的名稱給人較柔和的感覺，但是由於它所負責的業務是處理顧客的抱怨、不滿，所以很少有員工希望被派到這個部門。

在大眾行銷的時代，大量生產的產品中會有一定比例的不良品發生，抱怨處理業務所面對的對象是那些運氣不佳、買到這些不良品的顧客。所以，這幾乎是大量銷售時代裡，無法避免的一項後續處理工作。但是，現在如果還把這些工作擺在後端那就錯了，相反的，企業應該積極去思考如何活用顧客的抱怨。因為惟有重視每一位顧客，才能使他們成為公司的常客。特別是服務業，絕對禁不起不滿的顧客口頭負面宣傳的殺傷力。

對於提出抱怨的顧客，企業不但不能覺得厭煩，相反的，要用很慎重的態度去看待這些問題。因為顧客會特地提出來的，通常是一些企業自己沒有注意到的問題點。這些顧客常可提供企業很多寶貴的資訊，讓企業了解為什麼有人會在滿意度調查中給 1 分（非常不滿意）的評價。

1. 妥善處理抱怨問題的重要性

妥善解決顧客的抱怨問題，具有二項重要性。第一，企業可以把握這個機會，讓原先感到不滿的顧客變成滿意。第二，企業可以藉這個機會了解顧客不滿的原因，進而檢討商品及業務的缺點，朝更理想的方向改善。

如果能因妥善的處理抱怨問題，使不滿的顧客感到滿意，企業將可因此獲得以下三種利益：

(1) 轉換顧客的態度

可使原先抱持不滿情緒的顧客，轉而成為滿意的顧客。一旦顧客的態度轉為肯定，他們的行動將為企業帶來有利的結果。

(2) 訊息交流

內心感到不滿意的顧客會對外做「負面的宣傳」，同樣的，滿意的顧客也會四處傳播「正面的宣傳」。過去許多調查都證明，不滿意的顧客確實會對別人傳述他們的想法。以古德曼（Goodman）等人的調查為例來說，對於小額消費上的不滿，顧客會向 10 個人傳述，若是金額大的買賣，則會向 16 個人訴說他們的不滿。相對的，在小額消費上獲得滿足的顧客，平均會向 5 個人宣傳，若是金額較大的購物滿足，則平均會告知 10 個人。

由於口頭宣傳是來自宣傳者本人的親身經驗，所以對潛在顧客會有很大的影響力。不管是服務也好，有形的產品也好，都會受到同樣的影響。根據美國通用電氣公司（General Electric, GE）的調查顯示，朋友之間的口頭推薦，比宣傳或廣告的影響力大兩倍。

(3) 繼續成為顧客

當顧客的不滿獲得妥善的解決時，他會對企業及商品採取什麼樣的行動呢？根據多項的有關調查顯示，幾乎所有的顧客在他們的不滿獲得妥善的解決、情緒轉為滿足時，他們都會表現出高度的忠誠心。有的調查結果甚至顯示，問題獲得合理解決的顧客，他們的忠誠度會比未曾有過任何不滿的顧客高。

以上三項是抱怨問題獲得解決時，顧客會為企業帶來的益處，除此之外，顧客的抱怨本身也具有很高的資訊價值。換句話說，透過顧客的陳述，企業可以知道是什麼原因造成顧客的不滿？商品及服務本身有哪些缺點？提供的過程有沒有什麼疏失？以及服務活動的一些問題點等。這些可能都是企業或負責人員原先沒有注意到的，亦即他們提供了企業有助於提升品質的所需資訊。對於這麼寶貴的資訊，企業實在沒有道理不善加利用。

2. 顧客對抱怨處理感到滿意的步驟

顧客對商品或服務感到不滿意、向企業發出抱怨，因而獲得企業妥善處理時，顧客會因此而感到滿意，我們稱這樣的情形為「抱怨的滿意」。這種滿意可為企業帶來三個正面的影響，亦即前面說明過的：顧客態度的轉變、資訊的交流以及繼續成為該商品的顧客。

現在要討論的是要如何處理才能使顧客對自己提出的抱怨感到滿意？以下是其步驟（參圖 18.1）。

知識補充站

根據海斯凱德等人所引用的美國政府消費問題局的資料顯示，在購物上損失 100 美元以上而對購物感到非常不滿的顧客當中，沒有陳述不滿的顧客，他們會想再度消費的占 37%，有陳述不滿但未獲得解決的消費者，有 46% 會想再次購買，陳述不滿並獲得解決者則有 70% 會想再度成為顧客。如果抱怨的問題迅速獲得解決的話，有高達 95% 的人表示願意繼續再購買該商品或利用該服務。

(1) 顧客的抱怨行動

在前面我們已經說明過，顧客會根據自己事前的期待與實際成果的兩相對照，因而對他所消費的服務感到滿意或不滿。那些內心感到不滿的顧客，會對企業採取下列行動中的一項或多項，去發洩他們心中的不滿情緒。

①改變選擇其他商品或企業，或是不再購買同一種商品。

②傳播負面的宣傳。

③將就忍耐。

④向企業或第三構機提出申訴。

總之，發出抱怨只是顧客抒發不滿的方式之一而已。很多顧客縱使心裡感到不滿，也不會發出抱怨，但是他們可能採取其他行動，例如改變購買對象、或藉由散布負面的宣傳等來說服自己。所以，向企業表達抱怨意見的只是感到不滿意的顧客中的一部分而已。會不會以實際行動向企業陳述他們的不滿，與促成顧客抱怨的狀況是否成熟有關。

知識補充站

服務業重點不可能只在於商品的品質，另一個更重要的就是服務人員的素質，但如果商品品質卓著的名店搭上的是差勁的服務，請問對這商品的評價會好嗎？

某一天的早晨時段，突然有一位看似四十歲的中年男子衝進咖啡店裡，手中舉著咖啡外帶袋並且破口大罵的說：「我剛才外帶了一杯咖啡，裡面竟然沒有放糖包和奶油球。」店內的店員及客戶都被這突如其來的狀況給嚇傻了，氣氛瞬間非常的尷尬，面對這個客訴的案例，服務人員該如何的處理呢？

1. 應對客訴的第一步驟：道歉
   面對客應一開始就道歉，可以平息客戶的怒氣。

2. 應對客訴的第二步驟：展現同理心
   搭配道歉說詞，就是要展現你傾聽的態度。

3. 應對客訴的第三步驟：確認事實和顧客的期望
   確認事實和顧客期望的確認事項：(1) 時間、地點；(2) 發生什麼事；(3) 顧客為什麼生氣；(4) 顧客想怎麼做。

4. 應對客訴的第四步驟：提出解決方案
   客訴要求的兩大分類：
   (1) 單純想抱怨，希望對方了解自己的心情。
   (2) 要求具體的解決方案。

5. 應對客訴的第五步驟：施展魔法
   道歉要以感謝的說詞做結尾。

　　這句話是什麼意思呢？意思是說當時的條件是否足以形成一股動力，推動他去發起抱怨的行動。影響這股動力的形成，包括很多要因。

　　第一是對這個消費者而言，該消費對他的「重要性」如何？如果該項消費的金額很高，那麼重要度也會愈高。另外，如果顧客在購買該商品時，自尊心受到嚴重的傷害，則抱怨的推動力也會隨著增加。

　　第二是提出抱怨申訴後的「成功機率」如何？顧客會衡量問題是不是該完全歸咎對方，還是自己的使用方式有問題？還有他會根據自己過去的經驗和企業的形象去評估提出抱怨後，可有多少機率獲得業者的正面反應。第三點是顧客自己會去對抱怨行動進行評價。亦即如果他覺得提出抱怨有礙情面或觀瞻，可能推動力也會因此而降低。

　　另外，還有一點很重要的是「容不容易申訴」的問題，亦即有沒有管道可以向企業提出申訴，申訴的手續麻煩與否等。如果企業設有申訴受理單位或專線，顧客會比較

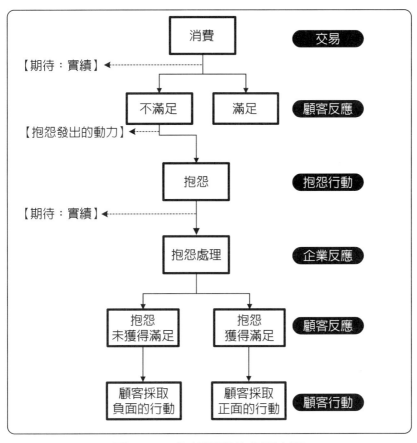

圖 18.1　抱怨問題的處理步驟

容易提出申訴。否則顧客不知道要向誰提出申訴，還得自己去打聽相關的負責人員才行。另外，提出申訴會附帶產生一些與人洽談的壓力，還有時間、勞力、甚至是金錢的負擔。所以，顧客在提出申訴之前，他會綜合評估上述的各項要因，計算看看自己究竟要付出多少心理上及肉體、金錢上的「抱怨成本」。

另外，不滿的顧客還會計算提出抱怨後可能獲得的好處（例如對方的道歉、更換商品、退費或給予金錢上的補償）。如果將可能付出的成本和利益進行比較，利益大於成本的話，促使他採取行動的推動力也會增加。

(2) 抱怨處理與顧客的滿足

當促使發出抱怨的推動力足夠時，顧客會向企業傳達他的不滿情緒。企業接收到顧客的抱怨後會著手處理，並將結果傳達給顧客。顧客能否因此感到滿意，完全要看企業處理的結果如何而定。

解決顧客抱怨問題的具體作法有三種，第一是用經濟的方式解決（退費或補償）；第二是用物質的方式解決（交換、修理或贈禮）；第三是用非物質的方式解決（道歉、提供資訊或說明）。顧客會將這些解決方式的內容和自己事前的期待做比較，而比較的結果往往是影響他們是否獲得滿足的依據。不過，在這個比較的過程裡，還存在著一個很重要的媒介變數，那就是企業的態度「是否公正」？

換句話說，以顧客的立場來看，企業所提出的解決方法與處理過程「是否妥當與公平」，是影響顧客滿意與否的重要變數。所謂公平，指的是和社會一般的水準相較是否屬於妥當，還有是否老實，亦即不隱藏資訊、也不扭曲事實。

如是處理的過程很公正、解決的對策也能令人滿意的話，提出申訴的顧客會因此感到滿意。若非如此，顧客也會相對地感到不滿。滿意與不滿意的顧客，事後會分別對企業採取正面與負面的行動。

3. 如何才能成功地處理顧客的抱怨問題

企業對顧客的抱怨問題如果處理得宜，對企業本身也有很多好處，所以企業應該在下列各方面多費一點心思。

(1)積極活用處理抱怨的機會與資訊，並確立企業在這方面的態度與定位。如果還是把處理顧客的抱怨問題當作是在收拾殘局，那麼不但無法分派優秀的人才，負責人員的意願也不高。分派到顧客申訴處理部門的人，通常需要對顧客有高度的共鳴性，同時具有高度協調能力的人才行。

(2)要有讓顧客容易提出申訴的管道，同時廣泛讓顧客知道有這樣的管道。另外，在商品目錄或簡介宣傳單上，印上積極採納顧客意見的字句，並附上顧客申訴的專線電話。

(3)對申訴受理部門的教育。接受申訴的單位最好統一，但實際上很多顧客都不知道應該向什麼單位提出申訴。因此，企業應針對與顧客直接接觸的櫃台人員，貫徹實施受理申訴時的教育，讓他們了解應該用什麼樣的態度去面對顧客。

(4)保持公正的立場與道歉。顧客在陳述其抱怨時，一般都非常的感情用事。所以，業者首先要以真誠的態度聆聽顧客的理由。聽完如果可以提出說明的話，應嘗試

以顧客可以接受的方式說明，絕對不能感情用事。倘若企業一方確實有理虧之處（即使程度很小），應立即向顧客道歉。企業如果能在這個階段理解顧客的說詞並道歉的話，抱歉處理可以說已經成功了七成。接著只要再針對抱怨的內容，採取具體的處理對策即可。總而言之，企業最基本的態度是去相信提出申訴的顧客。

在前面曾經舉出一家銷售德國中級轎車廠商的例子，根據一項針對世界各大企業有關顧客抱怨處理的實態調查顯示，這家公司的問題點也是出在這個階段。這家汽車公司雖然提供了顧客完善的申訴管道，但是在受理顧客申訴時的應對方式卻是非常地不當。例如對於因車子出現實際問題而感到困擾的購買者，公司方面經常以一句：「德國的車子就是這個樣子」來回應客人。對自己公司的產品有信心雖然是件好事，但是這樣的回答只會令顧客更不愉快，後續的處理將會更難進行。顧客提出問題來申訴，通常情緒上是不愉快的，所以業者應該先去接受他們的情緒，以誠懇的態度去面對他們才對。

(5)對抱怨內容進行分析並反映給相關部門。想要善加活用顧客的抱怨資訊，首先必須有系統地利用資訊機器加以整理與分類。接著再將資訊整理成對業務有幫助的方式，傳達給各有關部門。其中如有需要經營幹部裁決的事項，則由受理申訴的部門負責向上級決策部門提出報告。

如果企業能將上述這些步驟及觀念落實到組織中，並持續在這方面努力精進，顧客的抱怨處理業務，反而可以幫助企業從事有力的服務行銷。

知識補充站

顧客對產品或服務的不滿和責難稱為顧客抱怨。顧客的抱怨行為是有對產品或服務的不滿意而引起的，所以抱怨行為是不滿意的具體行為反應。顧客對服務或產品的抱怨即意味著經營者提供的產品或服務沒達到他的期望、沒滿足他的需求。另一方面，也表示顧客仍舊對經營者具有期待，希望能改善服務水平。其目的就是為了挽回經濟上的損失，恢復自我形象。顧客抱怨可分為私人行為和公開行為。私人行為包括迴避重新購買或再不購買該品牌、不再光顧該商店、說該品牌或該商店的負評等；公開的行為包括向商店或製造企業、政府有關機構投訴、要求賠償。

18.2 關係行銷的思考模式(1)

　　美國德州藍調通常比其他藍調風格擁有更多爵士樂或搖擺樂的風格。該州某一個都市的某家樂器店，舉辦了一個特別的銷售活動。它特別的地方有二點，第一它是以退休在家、悠閒過日子的高齡者及其配偶為對象，銷售風琴。第二是凡購買風琴的人，可以終身免費利用該公司提供的風琴教室，學習彈奏風琴。

　　這個活動辦得很成功，很多在家閒散度日的老年人都買了風琴，並開始學習彈奏。在風琴教室裡，來自各區域的老人們齊聚一堂，一起融洽地練習風琴，形成一個感情深厚的團體。

　　剛開始很多老人都參加初學班，但是這裡另外設有高級班，並舉辦琴藝發表會。老人們愈來愈投入練習，進階到高級班的人，有的會去購買價格較高的高級風琴。經過幾年之後，平均每個人大約家裡都有三台風琴。

　　這個風琴教室提供原本在家沒事可做的老人們自我實現與自我表現的機會。而且，參加者彼此感情很好、建立了某種人際關係，所以到風琴教室上課變成了老人們的樂趣。

　　上述活動就是後面我們將會介紹「構造性的關係行銷」的一個例子。該活動同時提供了風琴與教育的服務，使老人們的成長需求、想與別人交流歸屬於一個團體的需求，同時獲得滿足。另外，該樂器店還掌握各個顧客的學習程度，提供交流的機會及發表會等的附加服務，藉此與顧客建立深厚的情誼，並讓顧客再次購買他們的風琴。

1. 為何需要與顧客建立關係

　　所謂關係行銷（Relationship Marketing, RM），指的是企業與顧客之間建立長期的關係，雙方從這層關係中獲得利益的行銷方針。與顧客的單次交易中，重視的是彼此接觸時的「關鍵時刻」的品質，但是「關係行銷」重視的則是企業與顧客之間「持續關係」的品質，在這個關係中，企業的目標是提供長期性的價值給顧客。它不只是一次的交易而已，而是讓過去的交易品質影響未來的交易，使之持續下去。RM 的前提是服務的利益鏈，即企業藉由提高顧客價值提高顧客的忠誠心，實現顧客的重複購買。也就是正面、明確地看待企業與顧客之間的長期交易關係。

知識補充站

　　關係行銷的起源可以追溯到施奈德（Schneider, B. 1980）的一段話，其中說道：「奇怪的是研究者和商人都關注於把客戶吸引到產品和服務這邊來，而不是如何留住客戶。」最早研究關係行銷的是德克薩斯大學 A&M 分校的林・貝利（Len Berry, 1982）和埃默里（Emory）的雅克・舍斯（Jag Scheth），這兩人是最早使用「關係行銷」這個詞彙的。

知識補充站

顧客關係管理（CRM）專家曾表示，顧客關係管理不外乎人、過程及技術，且無論何時，只要涉及顧客管理，「人」永遠是被擺在第一位。這是因為「人」是建立顧客關係的關鍵。所以，戴伯拉‧史密特（Debra Schmidt）曾說，無論你花多少時間在最新的顧客管理系統，當你沒有盡一切所能來打動你的客戶，這些都是毫無意義的。

為建立顧客忠誠度，戴伯拉建議要站在與顧客相同的角度，做到九項原則：

1. 將顧客的問題視為自己的問題，即使這個問題的起因不是因為你。這表示要假設是你造成這個問題，進而道歉、重視並盡百分之百的努力去改善它。

2. 了解每一位顧客的苦惱或困難。確認他們的問題都能得到滿意的解決。

3. 與每位顧客互動時，試問自己：如果是我，我會想要什麼？換句話說，你有遵循黃金法則（Golden Rule）並且用當你在相同的情況下，希望被對待的方式，對待你的客戶嗎？

4. 每當有機會時，要感謝你的顧客與同事。為何也要如此對待同事呢？因為如此做，可令你的同事感受到你的感激，並令他們對你有好感；反過來，這些印象也會植入你顧客的心中。

5. 記住你顧客的個人資料，例如：生日、小孩的名字或事業成就。

6. 每當你在講電話時，記得要微笑。你的笑意會透過你的聲音傳達出去。盡力尋找協調模式並排除服務上的障礙。

7. 千萬不要忘記，時間是一個人最寶貴的東西，要尊重你顧客的時間及行程。這是指，當你與客戶有約時，要準時或提早到，又或在時限內完成簡報，甚至在留言時也應簡潔扼要。

8. 讓你的顧客感受到你尊重、友善、專業的態度，並將顧客需求視為優先，而將推銷你的產品置於其次。

　　另外，RM 並非企業單方在提供服務而已，它重視的是與顧客之間的相互作用，這是它和過去的行銷方式不同的地方。因此，所謂的 RM，它是一種基本架構的變更，也就是形態的變換，因爲過去企業與顧客的關係是單向的，但是現在必須改變想法，朝雙向學習與建立共創關係的方向前進。另外，RM 與利用資訊技術作爲前提的「一對一」（One to one）行銷或「互動」（Interactive）行銷等，基本上想法是相同的。

(1) 關係行銷的形成背景

　　RM 之所以會受到重視，理由有二。第一是我們之前已提過的，很多人都已強烈地感覺到以大量生產爲前提的大衆行銷已經走到了窮途末路。顧客的需求日益多樣化、高度化，他們不但眼光高，也有自己的價值判斷，所以當他們在購買一個新的產品或服務時，他會衡量商品在自己生活中的定位與搭配情形。現在時代不同了，顧客不再像以前一樣，隨著別人盲目流行。行銷人員除了要敏銳掌握每個顧客的需求之外，對於無法使自己的需求明確、具體化的顧客，則有需要提供新的提案給他們。因此，行銷人員爲了學習顧客的需求與未來的走向，持續給顧客好的提案，他本身也需要去尋找一些效率良好的嘗試錯誤方法。

　　第二個理由是大衆行銷中所生產出來的新產品，對市場的衝擊已減低，這就是「增分效果下降」的現象。例如 CD 剛推出市場時，因取代了原有的唱片在價值上有很大的增分效果，但是，最近的 CD 新產品就無法對市場有相等的衝擊力。陸續推出的各種方便的新產品，雖然也具有相當的吸引力，但是卻無法將整個市場改朝換代。由於現在的商品壽命愈來愈短，使得開發新產品的成本增大，造成企業極大的負擔。這種市場環境的轉變，加上重視顧客重新上門的新觀念，使得行銷的方向轉向了重視與顧客之間的關係。

2. 關係行銷的效果

(1) 對顧客的利益

　　當顧客覺得他與特定的服務業者維持長期性的關係，可以從中獲得某些利益時，他才會繼續維持彼此的關係。後面我們會詳細分析顧客想維持關係的理由，此處我們只討論它所包含的三個積極意義。

　　①節省探聽的時間

　　當我們想購買某個商品時，通常會先去打聽哪裡有好的商品和服務。像醫療、教育這種比較複雜、不易評價的服務，或是偏重個人嗜好的理髮院、美容院、需要付出高額費用的保險、建築等，顧客在決定適當的提供業者時，多半會有很大的壓力。如果與特定的業者保持關係，顧客可以省掉許多選擇時所付出的勞力和面臨的壓力。如果顧客已經對業者產生信心，他只要持續去利用它就可以了。

　　②可獲得個人的諮詢對象

　　一般顧客未必對各種產品及服務有充分的知識及經驗。如果能有一個可信任的商品諮詢對象，在生活上將會很方便。想要知道家庭藥品的種種，就去問值得信賴的藥商、修車有專門的修理廠、買魚有固定的魚販，生活上的各種事物都可輕鬆找到諮詢的對象。這是顧客與業者維持長期性關係的最大獲利之處。

這些利益扮演著「社會支援體系」的角色，提高了個人的生活品質。

③反映自己意向

另外，顧客因為積極向業者傳達自己的意見，所以也等於親自參與了服務內容的生產，從這當中顧客可以獲得一些屬於自己的資訊以及商品和服務。這一方面對顧客而言也是很大的利益。

(2) 對企業的利益

與顧客建立長期性的關係，對企業而言可以產生以下的效果。

①確保固定客源、增加銷售

②降低行銷成本

可降低宣傳及促銷的費用，用在顧客身上的初期營運投資額也可相對減少。

③可達到口頭宣傳的效果

④提高從業人員的忠誠心

和顧客維持長期性關係的話，獲得滿意的顧客會將他們的心情反映給從業人員，形成良性的循環。從業人員的滿足感與忠誠心可望因此提高。

⑤顧客的終身價值

已和企業建立良好關係的顧客，會陸續購買該業者的商品，而每一位顧客為企業帶來的整體價值是很大的，我們稱此為顧客的「終身價值（career value）」。很多研究者都曾對顧客的終身價值做過計算，我們引用經營汽車銷售代理的斯威爾企業的有名計算結果來做一下說明：購買一台 2 萬 5 千美金凱迪拉克的顧客，其終身價值以一生購買 12 台計算，共計 30 萬美元，若再加上零件及服務費的話，共計 33 萬 2 千美元。顧客終身價值是由顧客價值所決定的。

> ### 顧客終身價值 = 顧客價值

⑥向顧客學習

企業若與顧客緊密結合，與顧客一起思考滿足顧客需求的方法，將可因此掌握新商機的暗示訊息。鎖定顧客不但可以知道該特定顧客的需求變化，甚至有可能將特定需求推衍成一般的需求。

3. 關係行銷的實情

RM 的想法原本是出自 1990 年代初期的服務行銷研究。由於服務商品本身所具備的特徵，所以相較於有形的產品，它更需要顧客與服務業者的相互作用，而且它的購買風險和變換業者所要付出的成本也比較高。因此，對顧客而言，與服務的業者持續維持關係，多半會比較有利。

(1) 顧客占有率

沛帕芝（Pepers）等研究人員認為，一對一行銷的目的並非在於如何取得產品市場

的主導，而是如何在顧客層面上，贏得對顧客的主導。市場主導的成功基準是一次生產很多滿足單項需求的產品，將之提供給顧客，而顧客主導則必須靠滿足一位顧客的多項需求來維持顧客，才有成功的希望。前者以擴大市場占有率為目標，後者則以擴大顧客占有率為著眼點。所謂顧客占有率，用白話一點來解釋的話，指的是每位顧客會從他的腰包中掏出多少錢，去買多少該企業的商品而言。

知識補充站

根據國外網站 neilpatel 提供的星巴克 Starbucks 案例，其中以五位顧客為例，根據過去的資料得知每一位個別的數據，再計算五位顧客的平均值，運用上面介紹的公式來計算顧客終身價值：

1. 平均購買金額（Average Purchase Value, APV）

   五位顧客的「消費金額」分別為（美元）：3.50、8.50、5、6.50、6

   APV = $5.90 美元。

2. 平均購買頻率（Average Purchse Frequency Rate, APFR）

   五位顧客在一週中的「購買次數」分別為（次／週）：4、3、5、6、3。

   APFR = 4.2 次

3. 顧客價值（Customer Value, CV）

   五位顧客在一週中的「顧客價值」貢獻分別為（美元）：14、25.50、25、39、18。

   CV = $24.30 美元

4. 平均顧客壽命（Average Customer Lifespan, ACL）

   根據資料星巴克 Starbucks 的顧客平均在 20 年內會持續消費

   ACL = 20 年。

5. 顧客終身價值（Customer Lifetime Value, LTV／CLV／CLTV）

   上面計算得知，平均每週的顧客價值為 $24.30 美元，

   一年有 52 週，且平均顧客壽命為 20 年。

   52 週 ×（24.30 美元）×20 年

   LTV = $25,272 美元

(2) 資訊機器的三個功能

沛帕芝等人同時指出，一對一行銷之所以成為可能，主要是因為現代的資訊機器具備了以下的三項功能：即追蹤顧客的資訊、雙向的對話、大量客製化。

①追蹤顧客的資訊

由於很容易製作多數顧客的資料檔案，所以對於每一個顧客的屬性及過去的交易記錄，都可以善加利用。而這些資料也有助於預測顧客的下一個需求。

②雙向的對話

顧客可以透過資訊通訊網，將自己的意向傳達給企業，企業也可以傳送資訊給顧客。利用資訊的交換，建立起共同創造的關係之後，企業可以更準確地提供顧客想要的商品與服務。

③大量客製化（mass customization）

由於工廠的裝配生產線及物流系統也運用了資訊技術，使得產品及服務也可以應對顧客大量客製化去提供。所謂大量客製化，指的是用大量生產的方式，去實現顧客的需求。

戴爾（Dell）電腦公司透過郵件及電話接受顧客的訂貨，直接銷售電腦給顧客。個人電腦是由 CPU、顯示器、鍵盤等零件及週邊機器所組成的，該公司會根據顧客提出的需求，提供他們符合自己希望的電腦，組合的種類共有 1 萬 4 千多種。顧客打電話給戴爾公司後，公司會有負責的服務人員先去了解顧客使用電腦的目的，以及他對電腦的知識與理解程度，然後配合對方的需求，提供合適的系統建議給他。顧客的需求（定做）內容會記錄在資料庫中，以便下次訂購時參考。

日本有一家叫做三城的眼鏡公司，它可以讓顧客自己設計眼鏡鏡片（無邊）的形狀。它先用數位相機將顧客的臉形照下來，放映在電腦畫面上。接著它會準備一些選擇題讓顧客圈選，藉此了解顧客喜歡什麼樣形象。接著電腦會根據客人的臉形及他喜歡的形象，選出最合適的鏡片形狀，重疊在客人的照片上。顧客再根據畫面與服務人員討論，修正成自己喜愛的樣子。大約一星期的時間，鏡片與另外選出的鏡框就可以配合出一副完整的眼鏡。

美國的亞馬遜（Amazon. Com）公司以電腦連線方式銷售書籍，顧客只要知道書名，立刻可以訂書。若不知道書名，也可以將要件說明，由公司代為搜尋。訂過一次貨的顧客，他的嗜好及購買履歷都會被記錄下來，下次可以很容易掌握顧客的閱讀性向，並順便提供一些相關的書單給顧客。

另外，公司還會將顧客的訂單與留言等記錄整理下來，並將統計的資料傳送給其他的顧客，因此很多新書都經由這樣的宣傳成為暢銷書。該公司所銷售的書超過 100 萬種，提供的品項可說非常的龐大。它和戴爾電腦公司一樣，接受顧客的訂貨之後，再向進貨廠商訂貨，所以實際的庫存量非常的少。該公司銷售給顧客的書都有 10～30% 的折扣。

大量客製化的方式，顧客可以不必因購買成品而得忍受不怎樣的品質水準，業者可詳細依照顧客的需求，提供更符合他們需要的商品給他們。這種服務活動不必受商品項目表或目錄的限制，它將中間財標準化，再配合顧客的需求進行組合，所以它是達

成零售服務目的（提供顧客眞正想要的商品）的手段之一。

(3) 市場區隔

　　接著要談的是，是否任何一種企業都可以進行一對一行銷？培帕芝等認爲這是可能的。但是，如果它的前提是必須利用資訊機器建立顧客資料庫及做雙向的資訊交流的話，那麼必須收益能夠與必要投資平衡的業種，才有可能採用這種方式的行銷。換句話說，商品的單價不能太低，而且交易額一定要達到某個水準以上者才有可能。

　　培帕芝等曾整理出一個「基礎顧客的構造矩陣圖」（圖18.2），從此圖中我們可以找出哪些業種適合進行一對一的行銷。關於顧客方面，首先可用 1.該顧客對企業的價值與 2.顧客本身的需求此縱橫二軸加以區分。接著，再利用「多樣」至「劃一」的程度，將各個軸尺度化。如此便可得到四個象限的矩陣（參圖18.2）。

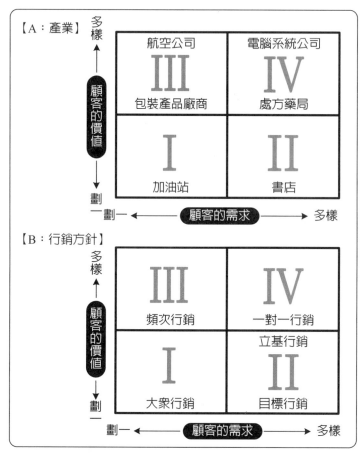

圖 18.2　基礎顧客的構造矩陣圖

　　從圖 18.2 的 A 可以明白，縱軸的「顧客價值」指的是每個顧客對企業的價值，它可分為「多樣的」與「劃一的」兩種情形。

　　以航空公司為例，頭等艙與商務艙的乘客可為公司帶來很大的獲利，但經濟艙的乘客帶來的利益就不大。所以，顧客的價值在這個情況下是多樣的。但是如果情況換成了加油站，則每個顧客所能帶來的利益大致都是差不多的。

　　橫軸的部分是「顧客的需求」，指的是顧客對所要購買之商品的需求。它也可以分為「劃一」（如加油站的情形）與「多樣」（如買書的顧客，每個人想閱讀的東西都不一樣）兩類。總而言之，本矩陣圖是根據顧客為企業帶來的「價值」與顧客本身的「需求」，去對顧客的特性加以分類。當顧客的需求是多樣時，企業也必須採取多樣的應對，才能滿足顧客的需求。另外，當顧客對企業的價值是多樣時，企業必須將重點放在價值較高的顧客，才能有較高的獲利。另外一個對策是設法讓價值較低的顧客往價值較高的顧客群移動。

　　B 矩陣圖是與依據顧客特性所作成的 A 矩陣圖是互相對應的，它針對 A 圖的各象限提出適當的行銷方向。換句話說，培帕芝等認為最有可能活用一對一行銷的顧客群是第Ⅳ象限的顧客，亦即對企業而言，顧客價值是多樣的，顧客需求也是多樣的產業（如電腦系統產業）。

　　但是，屬於第Ⅰ～Ⅲ象限的產業，如能具備以下兩個條件，仍然可以適用一對一的行銷。這兩個條件分別是「成本效率好的雙向化」與「擴大需求組合」。

　　什麼叫做「成本效率好的雙向化」呢？它指的是去製造一個不需要花費費用，即可與顧客對話的狀況。所謂「擴大需求組合」，是指在原有的商品中多加入一些能滿足更多顧客需求的組合。換句話說，就是設法去充實相關的服務活動內容的意思。

　　本節一開始提到的德州樂器店，就是具備以上兩個條件的好例子。樂器店原本就是屬於第Ⅱ象限的產業，除了法人顧客之外，一般顧客不會大量購買各種不同的樂器。所以，儘管樂器的價格各有不同，基本上來說，顧客的價值通常會在一定的範圍內。但是，由於它設立了終身免費使用的風琴教室，並細心籌劃其運作，使它得以有機會與每一個顧客對話並應對他們的需求，因而成功地將顧客的價值轉換為多樣的價值。

18.3 關係行銷的思考模式(2)

4. 維持關係的條件

為什麼顧客會和特定的服務業者維持關係？其背後的心理動機有兩個，第一是繼續維持關係，不論在經濟上、社會上及心理上，都對自己比較有利。這是「利弊的關係」。第二是維持關係本身具有其意義。前者具有手段的含意，後者則含有自我充足的意義。多數持續的人際關係中，都同時包含了這兩項動機。以一般的夫婦關係來說，這兩項動機是使夫婦關係持續的主要因素。如果其中的一項失去意義，夫婦關係將面臨危機，甚至有可能使兩個動機都失去其意義。

(1) 關係的類型

關係可分為下列兩種類型：
①對伙伴的「依賴」。
②對伙伴的「信賴」。

第①項的依賴關係的形成是因為顧客受到無法自由選擇其他伙伴（服務提供者）的條件限制所致。亦即如果他解除彼此的關係，將使他蒙受極大的經濟、社會及心理上的損失，所以他無法斷除彼此的關係。其背後的動機是「依賴比解除關係的利益大」（例如，有些夫婦想要分手，但是考慮到離婚時的種種麻煩及經濟上的問題，只好不離婚）。但是，倘若所依賴的伙伴很公正，不濫用被依賴的關係，則這方可能會因此想進一步加強彼此的關係。

第②項是信賴的關係，它指的是雖然一方有自由選擇伙伴的條件，但是因為他信任對方，所以願意與對方繼續維持關係。例如環境突然發生變化，即使因此陷入極不利的狀態中，對方仍不濫用這樣的狀況，仍秉持公正對待自己時，信賴關係便會因此形成。其背後的動機仍然包括手段的動機與自我充足的動機。

依賴的關係會使顧客心中產生「束縛」的感覺，結果產生「默從、默認」及「關心其他新的選擇」等的態度或行動。這種情形會發生在譬如某種零件只有某家企業在生產，客戶儘管不是很滿意也只得繼續使用，或是雖然對服務的內容及商品的品質感到不滿，但因為附近只有那麼一家超市，主婦們還是不得不到該店去購買等的情況下。

信賴的關係會讓顧客想進一步加強彼此的關係，亦即產生為對方「犧牲」的感情。結果會讓他對合作的伙伴產生「協助、協力」及「我們同屬於一團體」的一體感，甚至站在對方的立場替他辯解或是擁護他。顧客會在這樣的關係中，與對方更加親近，由單純的顧客提升為「常客」、「支持者」、「代言人」、「伙伴」。

(2) 建立關係的條件

班達普迪（Bendapudi）及貝利（Berry）認為對伙伴產生「依賴」與「信賴」，需有四項先行要因配合，分別是①環境要因、②伙伴要因、③顧客要因、④相互作用。
①環境要因
當環境發生急遽變化、不易預測時，或是狀況很複雜、無法預測會發生什麼事情時，關係性可以將不確定性加以吸收。例如當某個產品的供給及價格發生激烈的變動

時，如果顧客和供給業者已建立起良好的關係，顧客可以免除供貨不穩定之虞。另外，當市場上必要的資源供給短缺時，也是要依賴特定的關係去取得資源。由此可見，環境因素常常會使依賴性提高。

②伙伴的要因

服務提供者的「能力」是很重要的。當企業提供服務的能力很高，顧客很難從其他的業者獲得同樣品質的服務時，顧客對企業的依賴與信賴會同時增加。另外，如果企業在與顧客的關係上投入很大的投資，這些也會成為依賴與信任的基礎。例如，如果企業對每一個顧客都設有專任的服務人員，或是對顧客的個人資料建檔，顧客對企業的依賴與信任也會因此增加。此外，當服務人員與顧客的想法、年齡與所屬集團等相仿時，也會使顧客的親近感和信任提高。

③顧客要因

當顧客與特定的服務業者持續維持關係時，他會將與自己有關的資訊傳給他的合作伙伴。例如長期看同一個牙醫的話，過去的治療病歷和 X 光片都會留下來。固定前往的理髮店和餐廳會知道自己的嗜好。這些由顧客所提供的資料，也是加深彼此關係的要因，它會對顧客想轉換業主的念頭形成某種的阻礙。

第二個顧客要素是顧客本身所擁有的經驗與知識量。如果對某個服務缺乏經驗與知識，對對方的依賴自然會提高。另外，顧客與服務業者之前所建立起來的人際關係也是重要維繫因素。如果彼此已成為朋友的交情，關係就更不容易遭到破壞。這三項因

知識補充站

一般地說，顧客信賴可以分為 3 個層次：

認知信賴：它直接基於產品和服務而形成，因為這種產品和服務正好滿足了他個性化需求，這種信賴居於基礎層面，它可能會因為志趣、環境等的變化轉移。

情感信賴：在使用產品和服務之後獲得的持久滿意，它可能形成對產品和服務的偏好。

行為信賴：只有在企業提供的產品和服務成為顧客不可或缺的需要和享受時，行為信賴才會形成，其表現是長期關係的維持和重覆購買，以及對企業和產品的重點關注，並在這種關注中尋找鞏固信賴的信息或者求證不信賴的信息以防受欺。

顧客信賴給企業帶來的好處是多方面的。顧客信賴帶來重覆購買，顧客重覆購買增加企業的收入，而且老顧客保持的時間愈長，購買量就愈大；因招攬顧客費用減少，使企業成本降低，一項研究表明，爭取一位新顧客的成本約比維持一位老顧客的成本 5 倍，而且在成熟的競爭性強的市場中，企業爭取到新客戶的困難非常大；由於「口碑效應」，老顧客會推薦他人購買從而增加新顧客；企業對熟悉的有豐富消費經驗的老顧客的服務更有效率、更經濟；顧客信賴度和企業經濟效益的提高有助於改善企業員工的工作條件，提高員工滿意度，員工歸屬感隨之提高，進而可以提高工作效率，降低招聘和培訓費用，減少員工流失損失，又進一步使成本降低，因此形成一種強化顧客信賴的良性循環效應。

素都會使得顧客的依賴性提高。另外,「社會的關係」也具有提高信賴的作用。

　　④相互作用

　　顧客與服務人員之間的相互作用次數愈高,評價對方的機會會愈多,社會的關係也會增強,所以彼此的關係也會因此加強。

　　另外,如果商品屬於服務內容不易評價的信賴品質商品(醫療、教育及其他),依賴與信賴兩方面都有可能增強(如果對醫生不信任就不會接受手術)。另外因前述各項要因而產生的轉換成本愈大,解除關係就會愈困難。最後,顧客在服務交易中所獲得的滿意感愈高,對往來對象業者的信任也會愈高,反之將對關係的維持形成障礙。

5. 關係行銷的類型

　　RM 的目的是想藉由與顧客之間長期建立起來的關係,促使顧客持續地購買自己的商品。企業已漸漸理解常客對企業的利益,所以無不設法在與顧客建立關係方面下功夫。以下從比較過去的方法與新的 RM 之間的差異的觀點,來看幾個不同的方向。

　　貝利(Berry)與帕拉斯拉曼(Parasuraman)認為關係行銷的方向可分為下列三種層次,即:

(1) 以經濟條件為維繫基礎

　　利用經濟方面的獎勵,設法讓顧客再次上門購買。例如利用購物提供贈品或享受折扣的方式,很多超市、洗衣店、錄影帶出租店的折價券,以及由美國航空公司首創而目前幾乎每家航空公司都採用的免費里程數累積(FFP)等,都屬於這類方式。隨著競爭的日益激烈,各行各業無不使盡全力以各種優惠的方案在吸引顧客上門。

　　這種方法的問題在於它還是把顧客當作大眾中的一員來看待,屬於單向進行的方式。另外,由於採用的方法沒有什麼特殊的技術性,所以很容易被其他競爭公司模倣。據說美國航空公司採用 FFP 方案後的一星期,立即就被國內其他競爭公司所模倣。結果,現在各家航空公司又競相推出折扣率與新的優惠,使得收益受到嚴重的傷害。

(2) 以經濟條件和社會關係為維繫基礎

　　此即透過服務人員與顧客之間的人際關係,去維持彼此的關係。在這個階段,顧客已由單純的顧客(Customer),升格為客戶(client)。換句話說,他不是大眾之一

知識補充站

　　關係行銷是指其行銷策略在於讓顧客滿意、追求顧客的忠誠和與顧客建立長久關係,並且追求企業長期的成長和利潤,和消費者維持互信互助的關係,稱為關係行銷。關係行銷是以一種互利的行銷觀念,利用互動、個人化且具附加價值的長期接觸,以確認、建立並維持與個別顧客的網路關係,其中兩個關鍵要素是互動與互利。

員,而是具有個別名稱的顧客。企業透過與顧客的直接對話,可以學習到個別顧客的需求,關係本身就會朝客製化的方向發展。這種方式會使個人對個人的行銷和個人對企業的行銷重疊在一起。

國內從以前就很重視這樣的關係,但是結果變成瀰漫著一股企業喜歡藉由招待顧客去建立關係的風氣。問題是企業本身都還沒準備好如何去應對個別顧客的需求,卻已先從建立關係上起跑了。因此有時候會出現一些偏離企業體制的特別待遇,因而飽受世間的批評。

貝利等曾指出,與顧客之間的個人關係固然重要,但是如果商品的價格太高或品質不良,它還是無法靠與顧客的關係來掩蓋過去。位於美國矽谷一家名為 UNB&T 的銀行,顧客凡是在這裡開設活期帳戶的話,銀行一律以個人名稱(非姓氏)稱呼他,他們可以不必排隊辦理提存相關業務,專門的負責人員會一手服務到底。它徹底強調社會關係,盡可能提供顧客個人化的服務,因此使得營業基礎非常穩固,業績持續成長。

(3) 以經濟條件、社會關係和構造上的條件為維繫之基礎

第三階段是藉由提供其他公司無法模仿的構造上的利益,去鞏固與顧客之間的關係。它與前面其他水準不同的地方是企業具有可以應對顧客個別要求的構造(體制)。換句話說,它可以提供顧客具有獨特價值的商品或服務。一對一行銷所主張的就是這種水準的關係性。

但是,如果是使用網路的遙控服務,社會的關係這一部分會變得比較弱。前面介紹過的德州的樂器店及 USAA 等,便是以「個人顧客」為對象的實際例子。日本的三住(Misumi)企業則是以「法人顧客」作為對象的例子。以法人為顧客的企業似乎比較容易做,但是培帕芝等人曾舉過許多以個人顧客為對象的例子,它告訴我們只要企業肯動腦筋、努力下功夫,還是可以做得很好的。

採用關係行銷策略的企業,最後還是必須由第一層次、慢慢進展到第三層次。百貨業中最近流行以發卡網羅顧客的作法,還停留在第一水準的階段,這種作法最後只會讓成本更加提高。其實,業者可以針對享有折扣率的高額消費群,提供一些屬於構造方面的利益給他們,這反而是比較長久之計。

知識補充站

菲利普‧科特勒(Philip Kotler)博士生於 1931 年,是現代行銷集大成者,被譽為「現代行銷學之父」,現任西北大學凱洛格管理學院終身教授,是西北大學凱洛格管理學院國際市場學 S‧C‧強生榮譽教授,具有麻省理工大學的博士、哈佛大學博士後、及蘇黎世大學等其它 8 所大學的榮譽博士學位。現任美國管理科學聯合市場行銷學會主席,美國市場行銷協會理事,行銷科學學會托管人,管理分析中心主任,楊克羅維奇咨詢委員會成員,哥白尼咨詢委員會成員。除此以外他還是許多美國和外國大公司在行銷戰略和計劃、行銷組織、整合行銷上的顧問。同時他還是將近二十本著作的作者,為《哈佛商業評論》、《加州管理雜誌》、《管理科學》等第一流雜誌撰寫了 100 多篇論文。

18.4 服務行銷的體系

　　最後這一部分我們要利用圖 18.3 將前面介紹過的許多理論做一個總整理。本圖是將行銷大師科特拉（Kotler）所作成的「服務行銷的三角形」加以修正而成。其中修正的地方，除了將「顧客」與「企業」的位置對調之外，原來的三角形中還加入了一個小三角形，以此代表「作業」的領域。

　　關於服務業的作業活動方面，前面我們比較少提到這一部分。一般來說，作業是企業未直接與顧客接觸的後台活動，通常與行銷活動加以區分。但是，在服務的生產裡，服務商品就是活動，所以作業與行銷活動是連帶的。因為它無法像有形的產品一樣可以有庫存，所以生產與銷售無法在不同的時間與地點進行。

　　在餐廳中服務人員接受客人叫菜，然後將點菜單交給作業部門（廚房），廚師再依照指定的料理準備，菜做好之後，服務人員再趁熱將菜送給客人。

　　作業部門就好比戲劇演出的後台，它必須配合舞台上的演員動作，轉動舞台、打照明、播放音樂。如果後台的工作沒有做好，舞台上也不會有好的演出。由此可見，作業部門的活動與負責接待顧客的櫃台部門，彼此是息息相關的。

　　以往很多服務業都比較偏向重視作業部門，勝於櫃台活動及行銷活動。因為他們的觀念總是認為具有製造業特色的作業活動要是掌控得好，顧客自然就會上門。雖然他們嘴裡一再強調顧客至上的重要性，但是觀念上還是無法擺脫過去生產者的想法。至於與顧客接觸的櫃台活動，他們認為只要待客態度好就沒問題了。但事實上，作業活動與櫃台活動兩者其實是緊密相連的。

　　因此，作業的活動原理雖然和行銷不同，但是在考慮服務行銷的方法上，它卻是行銷的重要相關要素。特別是我們接著將會提到的，在服務行銷中，這兩個活動領域的接點，將會是引進重要戰略方法的重點所在。

　　接著我們來研究一下圖 18.3 的構成，大三角形的各邊代表的是各個行銷的對象領域。它包括的首先是市場及其外部環境，其次是服務組織裡的內部環境，最後是從業人員與顧客接觸的場景領域。

1. 外部環境的行銷（External marketing）

　　這一部分負責的是顧客與企業的關係，它與前面檢討過的服務行銷組合的經營策略是互相呼應的。它的任務是影響顧客對服務商品的「期待」，促成顧客的購買動機。企業必須基於統一的理念，針對服務商品、價格、場地、宣傳活動及其他物的要素，做出最佳的組合，策劃出可以形成企業特有優勢的策略才行。另外，關於服務行銷組合中的「人的資源」部分，應該放在內部環境行銷與互動行銷的領域來探討，「過程」的部分則應該放在作業領域與服務接觸的領域來討論。

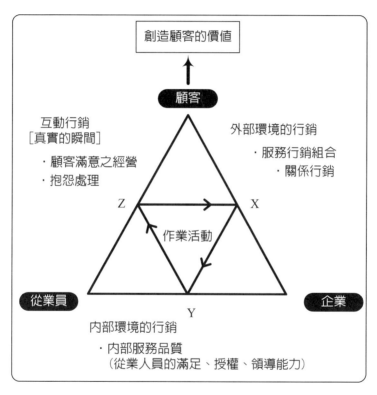

圖 18.3　服務行銷的體系

　　與作業的接點（圖中的 X 接點）部分，就目前來說，關係行銷的角色很吃重。因為在關係行銷中，重視的是掌握顧客的個別需求、設法達成這些需求，所以與作業部門的合作就顯得特別重要了。大量客製化便是屬於這個接點上一個別出心裁的做法。

2. 內部環境行銷（Internal marketing）

這一部分負責的是企業與從業人員的關係，它的課題包括提升從業人員的滿足、授權以及經營管理者的領導方式。為了實現顧客在外部環境行銷中形成的期待，它必須負責提升服務組織的體力。

與作業的接點（Y 接點）部分，重要任務包括工程的重新設計（使工作合理化之對策）、職務設計、職場設計、提供支援工具等。換句話說，這部分屬於一個策略領域，它的責任在於如何籌設一個能讓從業人員容易工作，同時可以激發從業人員工作士氣與動機的環境。

3. 互動行銷（Interactive marketing）

本書中所採用的「互動行銷」這個用語，與最近行銷研究中所使用的這句話，在意義上是有若干差別的。互動行銷並不是用對立的立場來看企業與顧客，兩者應該結合一起，建立一個可以創造新價值（產品也好、交易形態也好）的整體關係。換句話說，它所指的是去建立兩者之間關係的這個趨向而言。但是，本書則是引用行銷大師科特拉的使用方式，指的是顧客與服務人員之間互相作用的領域，亦即我們所說的「服務接觸」（Service encounter）的領域。

這個領域的課題是如何使「關鍵時刻」更加充實和高度化。亦即顧客與服務人員實際實現顧客的期待的過程。在與作業的接點（Z 接點）部分，CS（顧客滿意度）活動是比較重要的活動。為了使第一次購物的顧客下次願意再上門，必須提高一般的服務品質。想要提高服務品質，首先必須有完善的服務體制，可以妥善處理顧客的抱怨問題，改善顧客覺得不滿意的部分，提供顧客均質的高品質服務，從這裡也可以看出，與顧客接觸的服務和作業業務的部分必須著手改善，使之成為一體的業務。

知識補充站

此處介紹個人去牙醫看診的軼事。

每個人從小到大或多或少都有前往牙醫診所看診的經驗，總是難免讓人心生畏懼、望之卻步的感覺。

坐落於台中市西屯區的茂昌牙醫診所，這邊的環境很好，附近有小公園，診所內的色調和布置都有用心在規劃，沒有奢華的裝潢，卻有親切的護士，還有劉醫師個人的親自治療。

不像大醫院比較古板或者治療時旁邊會圍一群實習醫師，徒增就診的壓力，這家診所是屬於家庭式診所，坐落面積不大，卻也提供書報雜誌、茶水甚至人性化的洗手間，讓患者有居家的感覺，倒也不會感到不舒適。

就診數日前，護士會事先來電提醒就診時間，如此做法相當友善，不會造成醫病雙方的時間耽誤，一般醫院甚少主動告知患者而這可說是該診所最為貼心之處。就診時，劉醫師面露笑容讓人感到親切，同時會主動告知患者如何治療，讓患者有知的權利，消除不安的感覺，就診過程中，也會不時與患者保持互動，減少患者的緊張感，讓患者感到放鬆。此外，最讓人津津樂道的是，劉醫師收費合理，不會巧立名目詐領健保費，即使自費也會給患者良心建議，不會特別或故意收取高額費用。

劉醫師行醫的宗旨是：「淡泊名利、豐富生命、良心行醫、造福同胞」。其中豐富生命造福同胞，何其亮節高風！所謂「上醫醫國、中醫醫人、下醫害人」，劉醫師雖然說不上是上醫，但說他是良醫，卻也是當之無愧。

就診後，我突然覺得溝通真是一門藝術，用對的方法跟患者對話，患者就很容易受教，也有安全感。

來了這裡我彷彿也上了一課，那就是醫病的互動甚為重要，有好的互動，才會有好的醫病關係，也才會有好的口碑，這就是良好的互動行銷。

18.5 結語

　　本書自始即一再強調服務生產組織中，各構成要素之間的系統相關性的重要。它在這裡介紹的服務行銷的三個領域的關係中，也是同樣的重要。「外部環境行銷」、「內部環境行銷」、「互動行銷」與「作業活動」等四個領域的活動，必須彼此連動、互相影響，才能創造更高的顧客價值（服務價值）。愼重且有計畫地從部分著手改善，可以產生良好的波及效果，相對的，如果只是爲求迅速而做部分拙劣的變更，反而會抵消相互產生的效果。因此，企業若想應對新的環境，必須針對這四個領域，繼續謀求策略的革新，達成新的均衡，繼續爲創造更高的顧客價值而努力。

知識補充站

　　在互動行銷中，互動的雙方一方是消費者，一方是企業。只有抓住共同利益點，找到巧妙的溝通時機和方法才能將雙方緊密的結合起來。互動行銷尤其強調，雙方都採取一種共同的行為。

　　互動行銷是指企業在行銷過程中充分利用消費者的意見和建議，用於產品的規劃和設計，為企業的市場運作服務。企業的目的就是盡可能生產消費者需求的產品，但企業只有與消費者進行充分的溝通和理解，才會有真正行銷對路的商品。互動行銷的實質就是充分考慮消費者的實際需求，切實實現商品的實用性。互動行銷能夠促進相互學習、相互啟發、彼此改進，尤其是通過「換位思考」會帶來全新的觀察問題的視角。互動行銷的表現方式：目前的主要有付費搜索廣告、手機簡訊行銷、廣告網路行銷、電子郵件市場行銷等，主要藉助互聯網技術實現行銷人員和目標客戶之間的互動。互動行銷是精準行銷模式的核心組成部分，是實現和客戶互動的主要手段之一，互動行銷強調和客戶良性互動。

參考文獻

一、英文部分

1. C. H. Lovelock Product Plus, McGraw-Hill, 1994, p.88.

2. G. L. Shostack 'Breaking Free from Product Marketing' Journal of Marketing Vol. 41, April 1977.

3. R. T. Rust and R. L. Oliver 'Service quality: Insights and man-agerial implications from the frontier' Service Quality SAGE Publications, 1994 p.11.

4. B. Schneider and D. E. Bowen, Winning the Service Game, HBS Press, 1994, p.7.

5. V. A. Zeithaml and M. J. Bitner, Services Marketing, McGraw-Hill 1996, p.105.

6. C. H. Lovelock, Services Marketing, Prentice Hall, 1996, p.29.

7. C. H. Lovelock, AMA Special Conferece (June12-14, 1997 Dublin Ireland).

8. J. L. Heskett, W. E. Sasser, Jr. and C. W. L. Hart, Service Bre-akthroughs, The Free Press, 1990 p.37.

9. E. Gummesson 'Quality Dimensions' T. A. Swartz, D. E. Bowen and S. W. Brown, Advances in Services Marketing and Mana-gement, Vol. 1, JAI Press, 1992, pp.179-205.

10. A. Parasuraman, V. A. Zeithaml and L. L. Berry 'SERVQUAL' Journal of Retailing , Vol. 64 No. 1, Spring, 1988.

11. M. Christopher The Customer Service Planner, Butterworth Hei-nemann, 1992, p.26.

12. C. Gronroos 'Toward a Third Phase in Service-Quality Rese-arch' T. A. Swartz, D. E. Bowen and S. W. Brown Advances in Service Marketing and Management Vol. 2 JAI Press, 1993, p.51.

13. A. Parasuraman, L. L. Berry and V. A. Zeithaml 'Refinement and Reassessment of the SERVQUAL Scale' Journal of Retailing Vol. 67 No. 4 Winter, 1991.

14. D. Iacobucci, K. A. Grayson and A. L. Ostrom 'The Calculus of Service Quality and Customer Satisfaction' T. A. Swartz, D. E. Bowen and S. W. Brown Advances in Services Marketing and Management Vol. 3, JAI Press, 1994, pp.9-15.

15. L. L. Berry and M. S. Yadav, 'Capture and Communicate Value in the Pricing of Services', Sloan Management Review, Summer, 1996, p.49.

16. D. D. Gremler and S. W. Brown, 'Service Loyalty', QUIS5 Pro-ceedings, p.173.

17. R. Quinn and G. M. Spreitzer, 'The Road to Empowerment', Organizational Dynamics, 1997 Autumn, p.38.

18. Goodman, Malech and Marra 1987 p.176f in B. Stauss Research Plan on Complaint, 1997.

19. R. Zemke Service Recovery, Productivity Press, 1995, p.5.
20. N. Bendapudi and L. L. Berry 'Customers' Motivation for Mai-ntaining Relationships with Service Providers' Journal of Re-tailing, Vol. 73(1) 1997, p.18.
21. L. L. Berry and A. Parasuraman, Marketing Services, The Free Press, 1991, pp.136-142.
22. P. Kotler, Principles of Marketing, Prentice-Hall, 1994, p.643.

二、日文部分

1. ペッツィ・サンダース著、和田鄭春訳「サービスが伝説となる時」ダイヤモンド社、1996 年、146 頁。
2. リチャード・ノーマン著、近藤隆雄訳「サービス・マネジメント」NTT 出版、1993 年、60 頁。
3. 清水滋「サービスの知識」日本実業出版社、1994 年、16 頁。
4. 前田勇、作古貞義「サービス・マネジメント」日本能率協会、1989 年、31 頁。
5. 近藤隆雄「サービス・マネジメント入門」生産性出版、1995 年。
6. 田村正記「現代の市場戦略」日本経済新聞社、1989 年、125 頁。
7. 上原征彦「サービス概念とマーケティング戦略」「経済研究」第 87 号、明治学院大学、1990 年。
8. 嶋口充輝「顧客満足型マーケティングの構図」有斐閣、1994 年、66 頁。
9. ウィリアム、デイビドープロ、ウタル著、柳澤健、和田正春訳「顧客満足のサービス戦略」ダイヤモンド社、1993 年、198 頁。
10. 近藤隆雄「サービス・マーケティング」生産性出版、1999。
11. ジェームス著、島田陽介訳「カスタマー・ロイヤルティの経営」日本経済新聞社、1998 年、16 頁。
12. サンダース著、山中鎮監訳「ノードストローム・ウェイ」日本経済新聞社、1996 年。
13. 岡本康雄編「現代経営学事典」同文館、平成 8 年、355 頁。
14. 嶋口充輝「マーケティング戦略」多摩大学総合研究所編「フードサービス経営を考える」実教出版、1993 年、153 頁。
15. 野口悠紀雄「情報の経済理論」東洋経済新聞社、1974 年、26 頁。
16. 上原征彦「価格革命の行方と日本経済」「RIRI」流通産業研究所、1994 年 12 月、53 頁。
17. 井本省吾「進化するサービス」日本経済新聞社、1997 年、68－73 頁。
18. 平松由美、木村恵子「アメリカ発ニュービジネス新着 200 選」日本実業出版社、1997 年、136 頁。
19. 近藤隆雄「顧客の満足（CS）経営再考」「RIRI」1997 年 4 月号、流通産業研究所、33 頁。
20. 井関利明「リレイションシップ・マーケティング」"やさしい経済学"日本新

聞、1996 年 11 月 16 日－22 日。

21. 上原征彦、（株）ジェイ・アール東日本編「流通フォーキャスト」1997 年、47 頁。

22. 高山靖子「顧客満足とリレーションシップ・マーケティングに関する一考察」多摩大学大学院研究実習リポート、平成 9 年 10 月、25 頁。

23. カールスウェル久保島英二訳「一回のお客を一生の顧客とする法」ダイヤモンド社、1991 年、229 頁。

24. D、ペッパーズ著、井関利明監訳「One to One 企業戦略」ダイヤモンド社、1997 年、20 頁。

25. 近藤隆雄「サービス・マーケティング・ミックスと顧客価値の創造」「経営・情報研究」多摩大学研究紀要 NO.1、1997 年、79 頁。

國家圖書館出版品預行編目資料

圖解服務業管理／陳耀茂著. －－初版.－－
臺北市：五南圖書出版股份有限公司,
2021.08
面； 公分
ISBN 978-986-522-900-9（平裝）

1.服務業管理

489.1   110010090

5A14
圖解服務業管理

作　　者－ 陳耀茂

發 行 人－ 楊榮川

總 經 理－ 楊士清

總 編 輯－ 楊秀麗

副總編輯－ 王正華

責任編輯－ 張維文

封面設計－ 王麗娟

出 版 者－ 五南圖書出版股份有限公司

地　　址：106台北市大安區和平東路二段339號4樓

電　　話：(02)2705-5066　　傳　　真：(02)2706-6100

網　　址：https://www.wunan.com.tw

電子郵件：wunan@wunan.com.tw

劃撥帳號：01068953

戶　　名：五南圖書出版股份有限公司

法律顧問　林勝安律師事務所　林勝安律師

出版日期　2021年8月初版一刷

定　　價　新臺幣420元

經典永恆·名著常在

五十週年的獻禮 —— 經典名著文庫

五南,五十年了,半個世紀,人生旅程的一大半,走過來了。

思索著,邁向百年的未來歷程,能為知識界、文化學術界作些什麼?

在速食文化的生態下,有什麼值得讓人雋永品味的?

歷代經典·當今名著,經過時間的洗禮,千錘百鍊,流傳至今,光芒耀人;

不僅使我們能領悟前人的智慧,同時也增深加廣我們思考的深度與視野。

我們決心投入巨資,有計畫的系統梳選,成立「經典名著文庫」,

希望收入古今中外思想性的、充滿睿智與獨見的經典、名著。

這是一項理想性的、永續性的巨大出版工程。

不在意讀者的眾寡,只考慮它的學術價值,力求完整展現先哲思想的軌跡;

為知識界開啟一片智慧之窗,營造一座百花綻放的世界文明公園,

任君遨遊、取菁吸蜜、嘉惠學子!